国家示范骨干高职院校重点建设专业系列教材

养猪与猪病防治

程喜荣　戴益刚　主编

中国农业大学出版社
·北京·

内容简介

本教材以养猪实用技术的介绍为主，内容涵盖了养猪生产的整个流程，包括猪的选育与行为特性、种猪饲养管理技术、仔猪饲养管理技术、肥猪生产技术、猪场建设与管理技术和猪病防治技术6个项目。

图书在版编目(CIP)数据

养猪与猪病防治/程喜荣，戴益刚主编. —北京：中国农业大学出版社，2012.12
ISBN 978-7-5655-0643-7

Ⅰ. ①养… Ⅱ. ①程…②戴… Ⅲ. ①养猪学 ②猪病-防治 Ⅳ. ①S828 ②S858.28

中国版本图书馆CIP数据核字(2012)第300047号

书　名 养猪与猪病防治
作　者 程喜荣　戴益刚　主编

策划编辑 康昊婷　伍　斌　**责任编辑** 冯雪梅
封面设计 郑　川　**责任校对** 陈　莹　王晓凤
出版发行 中国农业大学出版社
社　址 北京市海淀区圆明园西路2号　**邮政编码** 100193
电　话 发行部 010-62818525,8625　读者服务部 010-62732336
编辑部 010-62732617,2618　出　版　部 010-62733440
网　址 http://www.cau.edu.cn/caup　**e-mail** cbsszs@cau.edu.cn
经　销 新华书店
印　刷 涿州市星河印刷有限公司
版　次 2012年12月第1版　2012年12月第1次印刷
规　格 787×1 092　16开本　11.5印张　280千字
定　价 21.00元

编写人员

主　编　程喜荣（黄冈职业技术学院）

　　　　　戴益刚（黄冈职业技术学院）

副主编　刘师利（武汉天种畜牧股份有限公司）

　　　　　胡　晋（湖北省武穴市畜牧局）

参　编　王小芬（黄冈职业技术学院）

　　　　　陈继武（黄冈职业技术学院）

　　　　　万　娟（武汉金龙畜禽有限公司）

　　　　　耿淑春（华中农业大学种猪测定中心）

　　　　　石浪涛（黄冈职业技术学院）

　　　　　胡建国（武汉天种畜牧股份有限公司）

前　言

我国是养猪大国，生猪存栏数超过了世界总存栏量的一半，肉猪出栏量和猪肉产量占世界总量的近50%，养猪业在我国乃至世界经济中扮演着重要角色。但我国的养猪技术水平与发达国家相比仍有不小的差距，其中最大的差距是从业者的职业技能。

高职高专畜牧兽医专业的人才培养目标是培养畜牧行业高端技能型人才。从培养的目标出发，本教材以养猪实用技术的介绍为主，内容涵盖了养猪生产的整个流程，包括猪的选育与行为特性、种猪饲养管理技术、仔猪饲养管理技术、肥猪生产技术、猪场建设与管理技术和猪病防治技术6个项目。在教材中引进了与养猪相关的国家标准及一些养猪企业的先进技术、操作规程和操作标准，在此，非常感谢合作院校、企业的大力支持和技术帮助。另外，教材提供了一些国内外养猪业的最新研究成果，具有很好的参考意义。

本教材的概述、项目1、项目2、项目3由戴益刚、王小芬编写；项目4、项目5由胡晋、刘师利、耿淑春编写；项目6由程喜荣、陈继武、石浪涛编写，戴益刚、程喜荣、万娟、胡建国负责了教材的审核与校对工作。

本教材作为农村创业培训和畜牧企业员工培训教材使用多年，经过专业教师和企业专家的多次修订和完善，仍有不少错误之处，敬请读者指正。

编　者

2012年10月

目 录

概　述

◈目标

1.通过学习，你能够了解中国养猪业的现状及存在的问题。

2.通过学习和思考，有助于你从宏观上看待中国养猪业。

我国是猪生产和猪肉消费大国，猪肉在肉类总量中占到64%左右，养猪成为促进农民增收和保障食品安全供应的基础产业。四川、湖南、河南、山东、河北、广东、湖北、广西、江苏及安徽是我国十大生猪主产区，生猪出栏总数占全国出栏总数的1/2以上。2010年我国生猪存栏4.65亿头，出栏肉猪6.67亿头，年猪肉产量5 071.2万t，生猪饲养量、猪肉产量均位居世界第一。

我国虽是养猪大国，但不是养猪强国。我国养猪业面临生产标准和生产方式落后、生产力水平低、养殖环境恶化、疫病横行、滥用药物等诸多问题，影响了我国猪肉的出口。与美国、丹麦等养猪业发达国家相比，在种猪生产、养殖理念、经营管理等方面仍有不小的差距。如每头母猪每年平均分娩胎数，美国为2.28胎，我国仅有1.7胎；每头母猪每年提供断奶仔猪，美国为20头，我国仅为16头；仔猪存活率，美国为95%，我国仅为84%；肉猪出栏率，世界先进水平为160%，我国平均仅为125%左右。

一、中国养猪业的历史及发展趋势

我国是个农业大国，有7 000～8 000年的养猪历史，猪肉是我国人民的主要肉食。但长期以来都是传统饲喂方式和自给自足的小农经济。随着改革开放和经济发展，我国养猪业逐步走出家庭副业地位向现代化养猪业方向发展。

(一)新中国养猪业发展历程

1.农村养殖主体期

从新中国成立到20世纪70年代末，我国养猪业的主体形式是千家万户的分散型养猪，其特点是：①农副产品为主要饲料。②以养殖脂肪型的猪种为主。③养殖方式是圈养或散养，每户1～5头占多数。④以"着重加强地方品种选育，同时积极培育新猪种"为主要育种目标，推动了兼用型猪新品种培育工作的开展。这一时期培育出的新品种主要有哈白猪、上海白猪、北京黑猪、新金猪等。⑤以传统的饲养经验和方法为主要生产技术，部分地方推广应用了猪人工授精技术和配合饲料的生产。⑥以"预防为主，治疗为辅"为防病原则，建立了全国性的兽医防疫体系，有效地控制了猪瘟等重大疫病的流行。这一时期研制出了猪瘟兔化疫苗，推广了猪瘟、猪丹毒、猪肺疫等几大传染性疾病的疫苗注射和控制技术，目前我国的猪瘟疫苗仍闻名于世。

2.专业养殖兴起

从70年代末到90年代初，由于国家农业政策的变化，特别是包产到户后，农民有了生产自主权，个体专业化的养猪开始兴起。同时，国际交流在增多，国外的养殖理念和模式对国内产生了强烈的影响，规模化的养猪生产开始逐渐增多。主要特点是：①专门从事养猪生产的农户数量增多。②养殖的猪种从脂肪型逐步转向瘦肉型。在育种技术上，广泛采用育成杂交、级进杂交、品系繁育、后裔测定、同胞选择、活体测膘、BLUP 等方法，极大地推动了我国猪育种工作的开展。我国先后培育出了三江白猪、湖北白猪、浙江中白猪等一批瘦肉型猪新品种（系），并于 1985 年在我国武汉建立了第一个种猪测定中心，标志着我国种猪选育工作步上新的台阶。③在育肥生产中，广泛开展杂交组合试验和配合力测定，筛选杂优组合生产商品育肥猪。④随着正大集团进入中国，带动了中国饲料产业的发展。我国饲料工业和饲料配合技术发展迅速，先后研制出了猪系列饲料配方，猪用预混料、浓缩料、添加剂在广大农村和规模化猪场广泛应用，促进了我国养猪水平的显著提高。⑤在生产技术上，以鲜精为主的人工授精技术、超声波妊娠诊断技术、母猪的发情控制技术、肉猪的直线育肥技术、饲料配合技术等有了较大发展，但工厂化养猪技术、冻精、冻胚技术仍处在引进消化阶段。⑥在环境控制上，随着规模化养猪技术的发展，设施环境控制技术、粪污净化处理技术也开始探索研究和应用；疫病防制也逐渐转向立体化控制、疫苗研制开发、病毒病诊断技术的方向发展。

3. 规模化养猪的高速发展

从 1990 年至今，是我国养猪朝集约化、现代化、标准化发展的重要时期。其特点是：①大量的资本进军养猪业和饲料工业。②设施现代化。伴随我国养猪产业化的发展，发展了一批专业化养猪设备企业，研制开发系列养猪设施、设备和产品，并应用计算机辅助设计（CAD）技术装备了工厂化猪场。引进开发了粪污处理设施生产生物有机复合肥、建设沼气池等进行粪污处理和再生利用，减少了环境污染，提高了养猪的综合经济效益。③工艺流程化。模仿工业化生产流程，以生产线的形式，实行流水作业，按照固定周期节点（以 1 周为单位），连续均衡地进行生产，生产过程包括了配种、怀孕、分娩、哺乳、育成和育肥等六大环节，并进行专业化的分工。现代化养猪分工明确，设备使用熟悉，饲料利用规范，生产标准高。④饲料系列化。目前全国饲料企业已达 10 000 余家，年生产饲料产品 6 000 多万 t，新型饲料研究也取得了很大成就。⑤育种配套化。目前我国畜牧科技工作者充分利用国内外两类猪种基因资源，培育出多个专门化父母本品系，生产性能接近或达到国际先进水平。种猪测定工作得到广泛开展，集中测定站继武汉之后，在北京、广东、四川、浙江等地也相继展开；现场测定在大型种猪场广泛应用，遗传评估方案开始试行。同时随着国际动物生物技术的迅猛发展，分子生物技术在我国猪育种方面的研究和应用也迅速展开。⑥养猪主体发生变化。据报道，1995—2005 年间，在我国的养猪业总体结构中，南方地区的专业化养殖已占到 30%～40%，北方地区的专业化养殖已占到 20%～30%，且初步形成比较完善的生产服务体系，主要包括良种繁育体系，饲料生产体系，疫病防制体系，粪污处理体系，科技推广体系。

（二）我国养猪业存在的主要问题

虽然我国养猪业发展迅速，但仍面临前所未有的挑战，养猪业存在很多亟待解决的问题，主要有以下几个方面。

1. 生产力水平低

我国养猪业的单产和群体生产水平仍十分低下。从 2007 年主要养猪国家的生产水平看，我国猪的出栏率为 135%，而同期英国为 184.6%，美国为 176%，丹麦为 170%。我国养猪业存在存栏多、质量差、产仔数多、育成数低的问题。

2. 病疫防控难度大

目前我国养猪行业的平均死亡率水平为10%～12%，有的大型猪场的死亡率甚至达到了20%以上，而发达国家的平均水平在5%以下。病疫防控难度大有很多因素，如中国人喜欢消费鲜活产品、猪病的防控理念差、频繁地引种等，尤其是养殖环境的控制技术比较落后，导致猪的死亡率提高。

3. 环境污染严重

我国养殖业的发展所带来的环境污染已经超过工业污染。目前国内猪舍粪便排放方式大多是结合水冲洗的直接排放，对地表水、地下水、土壤等直接产生了严重的有机污染，使地表水富营养化。环境的恶化对养殖业和人民生活造成极大的风险。

4. 标准化和安全性有待提高

我国养猪业标准化程度普遍不高，与国际标准差距尚远，劣质及有害饲料、饲料添加剂、兽药等流行市场，滥用药物影响了猪肉质量。

5. 兽医公共卫生体系有待加强

我国对某些疾病，特别是人畜共患病的控制能力差，在疫病监测、诊断、预防、扑灭等环节存在体系不健全、设施简陋、技术落后等问题。在兽医公共卫生体系的建立上，我们应该向西方国家学习，树立“同一世界，同一医学”的理念，即兽医与人医相统一，重视畜禽的生产与用药就是重视人的生命安全。

（三）我国养猪业发展措施

1. 扶持龙头企业，推进产业化进程

以生产、加工利益的联结为核心，加快养殖联盟的建设；以政府为主导，加快社会服务体系的建立。倡导专业化分工与协作，采取有效组织方式，推行公司＋农场（农户）的经营模式，协调和引导龙头企业与基地农户通过契约、股份合作等方式结成利益共同体。通过生猪产业化经营机制的创新，稳步增强国际市场竞争能力和抗风险能力。

2. 加强种猪选育，完善良种繁育体系

我国没有机构真正系统地做育种。中国如想走出“引种—维持—退化—再引种”的恶性循环，必须将育种标准化，建立国家核心育种场，收集、分享全国优秀种猪的数据。我国种猪场长期处于不良循环状态，在“金字塔”繁育体系中顶端核心种猪资源大部分依赖进口。2011年全国引种数量超过1万头，这几乎接近全国核心种猪群年更换数额的1/4。我国部分大中型种猪企业育种体系加盟NSR（美国国家种猪登记协会）、CCSI（加拿大种猪登记协会）。当前，在中国的国外种猪公司共有14家，不少通过产业联盟的模式运营品牌。依托国外育种体系必然产生严重依赖性，长期为他人积累数据资源。我国育种界对现代育种理论的掌握与先进国家差距并不大，育种工作落后与知识产权的保护不力、科研的急功近利、企业的财力薄弱等息息相关。

目前中国的育种已经迈出了第一步：在2016年以前全国遴选100家国家核心育种场，并将各项生产数据共享到国家种猪登记协会的网站上。截至目前，全国共选出核心育种场37家，分布15个省、3个直辖市，其中广东6家，广西4家，河南、四川、湖北各3家，地域性明显。

种猪繁育体系要按照核心群、繁殖群、生产群的金字塔要求，确定原种猪场、祖代猪场、繁殖猪场，实行配套生产，完善良种猪生产、供应和推广体系。在养猪业的集中产区开展区域性的种猪测定，加强猪的遗传评估。在种猪场全面推行最佳线性无偏预测（BLUP）方法，通过对猪的育种值评估预测、猪数量性状主效基因的检测与利用、猪数量性状的标记辅助选择等措施，选择优良种猪，搞好杂交改良，加快种猪改良速度，不断提高猪的品质及有效的制种能力，为养猪业的持续发展提供良种保证。

3.利用现代繁殖技术改良猪种

采用人工授精技术改良和推广优良猪种。在养猪集中产区建立种公猪站，实行市场化运作，为广大养猪户提供良种猪精液和人工授精技术。积极推广生猪实用繁殖技术，包括猪的发情鉴定、排卵及分娩控制、早期妊娠诊断、生殖免疫、胚胎移植等，推动我国猪种改良步伐，提高种猪生产性能水平。

4.建立和完善科学的饲养管理体系

通过科学的饲料营养配合、设施环境调控、疫病免疫控制、粪污净化处理等措施，建立和完善各类猪群的饲养管理体系，保证猪群发挥最大生长潜力。充分利用地方饲料发展养猪业，研究玉米、豆粕的替代饲料以应对饲料紧缺状况。

5.切实抓好种猪防疫及安全生产

当前，我国养猪业仍然受重大疫病的威胁，除原有的猪瘟、猪肺疫、猪丹毒、仔猪副伤寒等几种传染病外，猪伪狂犬病、猪繁殖与呼吸障碍综合征、猪细小病毒病、猪流行性腹泻、猪传染性胃肠炎、猪传染性胸膜炎、猪萎缩性鼻炎、仔猪水肿病、仔猪黄痢等给我国养猪业带来严重威胁，由于检疫制度不完善，猪种流通日益频繁，规模化猪场消毒、隔离不彻底，直接传播疫病造成的损失越来越大，疫病控制体系建设刻不容缓。

6.提供安全卫生的优质猪肉产品

现代养猪生产要做到绿色、环保，优质、高效，要为人们提供放心食品。确保肉食品的安全生产，首先要树立正确的理念，要树立“养重于防，防重于治”的思想。要从后备种猪群的生产抓起，把控制猪的主要疫病放在突出的位置，建立和完善有效的疫病检测标准制度和有效的监测体系，落实行之有效的措施，从源头上控制种猪疫病，特别是重大疫病的发生和流行；要大力推行肉猪标准化生产，严格控制滥用饲料添加剂和肉猪生产中的药物残留，净化饲养环境；要积极建立生猪及产品流通的标识制度，杜绝加工流通过程中的污染，落实市场准入制度，确保优质猪肉的生产。

7.提高养猪附加值

通过正确处理好养猪业和猪肉深加工的关系来发展养猪的附加值。引进国外先进技术，实现品种优良化、饲料配方科学化、技术装备现代化、生产经营集约化，采取自动化、半自动化、机械化、手工劳动相结合的方法，不断提高先进技术的比重，减少初级产品的份额。把科技的引进、开发、推广和生产结合起来，形成一个上下衔接、左右配合的技术体系。以提高生产力为根本出发点，利用有利的自然条件，生产成本比较低的商品，通过国际市场的交换获取较大的价值。

(四)我国养猪业发展趋势

借鉴和学习国外生产模式和先进技术，发展我国养猪业，可以使我们少走弯路，加快发展速度。但我国人口众多，土地资源有限，因此，在发展中国养猪业的道路上，我们既要学习，更要创新。

1.适度规模

虽然规模化养殖是养猪业发展的方面，但我国土地资源贫乏，人口众多，特别是农村人口数量巨大的国情，要求中国养猪业要开创“中国模式”，发展适度规模养殖。适度规模不追求养殖规模，在有限的空间发展相应规模的养殖。通过种养结合，利用发酵、青贮等生物技术，将中低档饲料原料转化为优质或者可利用的动物饲料，将动物的粪便等排泄物转化为安全的有机肥，实现生态循环养殖。尽管养猪生产水平会略低，但综合经济效益可观，且能够解决中国的部分“三农”问题。

2. 智能养猪

加大智能技术在养猪业的应用，通过智能感知、自动控制、监控预警等技术，提升养殖生产水平，提高工作效率，降低能源与投入品消耗。智能养猪业主要有 3 块：①产品追溯。通过 RFID 对猪肉进行全程追溯(从生产场到餐桌)，保证猪肉质量。②精细养殖。根据每一个体所处的生长发育阶段以及生产状态进行个性化饲养，最大限度提升个体的生产成绩。由于全过程由电脑自动控制，在提高劳动生产率的同时，减少了饲料、兽药等的无谓消耗。③智能装备。包括智能猪舍、智能饲喂站、智能粪污处理、自动检测与报警等。所有智能设备能通过控制中心进行自动协调与管理，对提升管理水平与降低管理成本有显著作用。

3. 动物福利

国际公认的五大动物福利是：生理福利，即无饥渴之忧虑；环境福利，也就是要让动物有适当的居所；卫生福利，主要是减少动物的伤病；行为福利，应保证动物表达天性的自由；心理福利。即减少动物恐惧和焦虑的心情。动物福利在西方发达国家和很多发展中国家早已成为大众话题，而进入我国是近 10 年的事情。人们通常认为动物福利会提高生产成本，这也成为人们反对动物福利的主要理由之一。其实并非如此，基本的动物福利措施都有助于改善动物的健康状况，而动物的健康同动物生产性能有着直接的密切联系。而且，动物福利措施有助于提高动物源性食品的安全，在健康舒适环境下的家畜会给经营者带来更高的收入。在干净、舒适的环境中，施以合理的管理措施，家畜便能充分地发挥遗传潜力，有助于保持和改善家畜的健康，提高家畜生产的经济效益。近年来，西方国家进一步加强了动物福利保护，并以此设立贸易壁垒，限制非动物福利产品进入本国市场，因此，实施动物福利，对动物、对人类健康、对产品出口都有好处。

4. 低碳排放

根据联合国粮农组织的报告，畜牧业是温室气体排放的主要产业之一。其氯的排放量就占全球总量的 2/3，其甲烷排放量占全球总量 1/3，在畜禽养殖中，“碳排放”主要有 4 个方面，一是养殖场需要消耗能源，生产这些能源要排放温室气体；二是生产畜禽所吃饲料需要排放温室气体；三是畜禽呼吸要排放温室气体；四是畜禽粪便的处理要排放温室气体。在不同畜种中，虽然牛的排放居首位，但由于中国的猪远多于牛，养猪业的排放总量也非常大。没有低碳畜牧业，就没有低碳生活，解决养猪业的碳排放问题是未来工作的一个重要任务。

二、国外养猪业发展概况

1. 全球养猪业发展概况

现代养猪生产的发展起始于西方，20 世纪 40 年代，国外逐步形成了规模化、专业化的商品猪生产，至 70 年代开始了趋向于集中化、集约化、专业化和工厂化，并随动物科学和其他相关学科的发展，养猪生产从种猪繁育到肥育，从屠宰到产品加工逐步形成了完整的现代养猪生产体系。

1990—2003年，全球猪肉产量稳步上升，1990年约为7 000万t，到2003年达到了近1亿t。其中亚洲占56%，欧盟占25.6%，美国占17.1%，非洲占0.80%，大洋洲占0.5%。以中国为主的亚洲占了世界猪肉产量的1/2以上。丹麦被公认为“养猪王国”，全国有养猪农场1.6万余个，约6 000人从事养猪生产，生猪年出栏量超过1万头的养猪农场有84个，生猪屠宰量为2 740万头，其中80%供出口。美国是全世界猪肉生产大国之一，每年出口的猪肉占世界出口总量的10%以上。2004年，欧盟15国的猪屠宰量为20 228万头，其中约70%来自德国、西班牙、荷兰、法国、丹麦等5个主要养猪生产国。

2. 发达国家生猪生产的发展特点

(1)养猪业趋向工业化。养猪场数量逐年减少，养猪规模不断扩大，工业化水平不断提高。如美国1980—1986年猪场总数从67.04万个减少到34.7万个，每场平均猪数从96头增加到147头。在美国，最大的养猪公司，圈存母猪28万头，年出栏肉猪达500多万头。

(2)猪品种和类型的转变。脂肪型猪种趋向消亡，而腌肉型和瘦肉型猪种在不断增加扩大，发达国家饲养和出栏的生猪85%～95%以上都为瘦肉型品种，如德国长白猪占90%左右；法国约克夏猪占63%、长白猪占14%以上；丹麦、荷兰等长白猪占85%以上；日本纯种公母猪中，四个主要瘦肉型猪种占97%。丹麦、荷兰、英国、德国、美国、加拿大、比利时等，把以前脂肪型猪改良培育成瘦肉型猪的成绩显著。

(3)饲料工业发达。为适应和促进集约化养猪生产的发展，各国都在研制开发能符合猪生长发育所需要的营养标准和全价配合饲料，并从原粮的选择、加工配合、营养的需求、饲料的运输等各方面入手，来调制和提高饲料的营养水平，提高饲料的质量和转化效率。目前世界饲料工业最先进的国家——美国的饲料工业发展已有100多年的历史，已形成了一个成熟的工业体系，成为美国十大工业产业之一，年产值220亿美元以上，无论在动物营养、饲料添加剂的开发运用、全价配合饲料的生产等方面都超过世界各国的水平。

(4)高效益的饲养管理新技术。种猪的繁育体系、杂交优势的利用、猪的人工授精、肥猪的全进全出饲养、仔猪的早期隔离断乳和理想蛋白质理论等新的技术理论都被迅速推广运用，并产生了巨大的经济效益。

总结

我国养猪业总体发展趋势是光明的，养猪业的发展与国民经济的发展是相适应的。养猪业中诸多问题的实质是经济能力问题，如基础设施差、采取治疗而不是净化的方式处理病猪、猪只的福利受到漠视等。但养猪业毕竟在国民经济中占有重要位置，随着我国经济发展，人民收入的增加和生活质量的改善，对养猪业提出的要求会更高，我国养猪业的发展前途一片光明。

◆思考题

1. 你认为湖北成为养猪大省的主要因素有哪些？

2. 谈一谈你对“同一世界，同一医学”的理解？

3. 农村养猪是我国猪肉供应的主力军。现在很多人反对农村养猪，认为猪肉价格波动、疫病流行、环境污染是农村养猪造成的。你对农村养猪有什么看法？提出理由。

项目 1　猪的选育与行为特性

◈目标

1. 通过学习，你能够了解生产中常用种猪的生产性能及在杂交中的作用。

2. 你学习了猪的生活习性之后，可以有针对性地改善饲养环境和饲养技术。

任务 1-1　识别猪的品种

一、猪的经济类型和品种

1. 猪的经济类型

猪的类型主要由 3 种因素决定：①消费者的消费习性；②当地可利用的饲料；③符合消费者需求，生产能力突出的猪种。

生猪的经济类型分为脂肪型、兼用型（腌肉型）和瘦肉型 3 种（表 1-1）。

表 1-1　猪的经济类型

类型	主要特征
脂肪型	胴体瘦肉率在 45%，背膘厚度 5～7 cm，体躯深、宽，全身肥胖，四肢短，头颈粗，体长与胸围大致相等
兼用型	瘦肉率在 45%～55%，体格大，体躯长短适中，结构匀称，体长比胸围大 5 cm 以上
瘦肉型	瘦肉率在 55%以上，背稍成弓形，背宽、腰窄而体长，体长大于胸围 15～20 cm

2. 猪的品种

品种是指通过人工选育产生的具有经济价值和育种价值的家畜类群。作为品种必须遗传性能稳定，具有相同或相似的外形外貌特征和一定的数量与结构。

据统计，全世界家猪品种 300 多个。我国第一部《中国猪品种志》将我国地方猪种定为 48 个，培育品种 12 个。

二、中国地方猪种

（一）中国地方猪种类型

地方猪种可划分为华北、华南、华中、江海、西南和高原共六大类型。

1. 华北型

分布：主要在淮河、秦岭以北。包括东北、华北、内蒙古、新疆、宁夏；以及陕西、湖北、安徽、江苏四省的北部地区和青海的西宁市、四川省广元市附近的小部分地区。

品种特征:毛色多为黑色,体躯较大,四肢粗壮;头较平直,嘴筒较长;耳大下垂,额间多纵行皱纹;皮厚多皱褶,毛粗密,鬃毛发达,冬季密生绒毛,抗寒力强。

生产性能:乳头8对左右,产仔数一般在12头以上,母性强,泌乳性能好,耐粗饲,消化能力强。

代表猪种:民猪、八眉猪、黄淮海黑猪、汉江黑猪和沂蒙黑猪等。

2.华南型

分布:在云南省西南部和南部边缘,广西和广东偏南的大部分地区,以及福建的东南角和台湾各地。

品种特征:毛色多为黑白花,在头、臀部多为黑色,腹部多为白色,体躯偏小,体型丰满,背腰宽阔下陷,腹大下垂,皮薄毛稀,耳小直立或向两侧平伸。

生产性能:性成熟早,乳头多为5~7对,产仔数较少,每胎6~10头;脂肪偏多。

代表猪种:两广小花猪、海南猪、滇南小耳猪、香猪等。

3.华中型

分布:长江南岸到北回归线之间的大巴山和武陵山以东的地区,包括江西、湖南和浙江南部以及福建、广东和广西的北部,安徽和贵州也有局部分布。

品种特征:体躯较华南型猪大,体型则与华南型猪相似。毛色以黑白花为主,头尾多为黑色,体躯中部有大小不等的黑斑,个别有全黑者,体质较疏松,骨骼细致,背腰较宽而多下凹。

生产性能:乳头6~7对,每窝产仔10~13头;肉质细嫩。

代表猪种:如宁乡猪、金华猪、大花白猪、华中两头乌猪等。

4.江海型

分布:主要分布于汉水和长江中下游沿岸以及东南沿海地区。

品种特征:江海型猪种的毛色从地理分布上看,自北向南由全黑逐步向黑白花过渡,个别猪种全为白色。骨骼粗壮,皮厚而松,多皱褶,耳大下垂。

生产性能:繁殖力高,乳头多为8~9对,窝产仔13头以上,高者达15头以上;脂肪多,瘦肉少。

代表猪种:如太湖猪、姜曲海猪、虹桥猪等。

5.西南型

分布:主要分布在云贵高原和四川盆地的大部分地区,以及湘鄂西部。

品种特征:毛色多为全黑和相当数量的黑白花,"六白"或不完全"六白"等,但也有少量红毛猪。头大,腿较粗短,额部多有旋毛或纵行皱纹。

生产性能:乳头多为6~7对,产仔数一般为8~10头;屠宰率低,脂肪多。

代表猪种:如内江猪、荣昌猪、乌金猪等。

6.高原型

分布:高原型猪种主要分布在青藏高原。

品种特征:被毛多为全黑色,少数为黑白花和红毛。头狭长,嘴筒直尖,犬齿发达,耳小竖立,体型紧凑,四肢坚实,形似野猪。

生产性能:乳头多为5对,每窝产仔5~6头;生长慢,胴体瘦肉多;背毛粗长,绒毛密生,适应高寒气候。

代表猪种:藏猪为典型代表。

(二)地方猪种的优良遗传特性

与国外猪种相比,中国猪具有以下优良遗传特性。

1.繁殖力强

我国地方猪种的性成熟早。初情期平均为98日龄,而国外主要猪种在200日龄左右,几乎是中国猪的2倍。普遍具有很高的产仔数。如东北民猪每窝平均产仔13.5头,尤其是太湖猪平均窝产仔15.8头。我国地方猪种的胚胎死亡率也低。

2.肉质优良

中国猪肌肉颜色鲜红,系水力强,肌肉大理石纹适中,肌内脂肪含量高。食用口感是"肉嫩多汁,肉香味美"。

3.抗应激和适应性强

中国猪种具有较强的适应性和抗应激能力,如对严寒(民猪等)、酷暑(华南型猪)和高海拔条件(藏猪和内江猪)的适应性。

4.矮小特性

我国贵州和广西的香猪、海南的五指山猪、云南的版纳微型猪以及台湾的小耳猪,成年体高在35~45 cm,体重只有40 kg左右,是我国特有的遗传资源。

我国地方猪种虽具有以上优良特性,但存在生长慢、脂肪多和皮厚等缺点,需要扬长避短,合理利用。

(三)地方主要猪种简介

1.民猪

民猪是东北地区的一古老的华北型地方猪种。民猪具有产仔多,肉质好,抗寒,耐粗饲的突出特点,受到国内外的重视。

产地与分布:辽宁、黑龙江、河北、内蒙古自治区。

体型外貌:全身被毛为黑色,体质强健,头中等大,面直长,耳大下垂,背腰狭窄,单脊,乳头7~8对,四肢粗壮,猪鬃良好,冬季密绒毛。

繁殖性能:在止常饲养管理条件下,仔猪生后3~4月龄即有发情表现。发情周期为18~24天,持续期3~5天,多至7天。公母猪生后6~7月龄,体重50~60 kg即开始配种。成年母猪受胎率一般为98%;妊娠期114~115天,每窝产仔数为14.7头。种公猪的利用年限较短,一般为3~4年,母猪为5~6年。

生长肥育性能:240日龄肥育猪体重为98 kg以上,日增重495 g,料肉比4.23∶1,屠宰率75.6%,胴体瘦肉率为40.29%。

主要特点:抗寒力强、体质强健、产仔数多,与大白猪、长白猪杂交效果好。

2.太湖猪

太湖猪产于江苏、浙江的太湖地区,是我国乃至今世界猪种中繁殖力最高,产仔数最多的品种。

产地与分布:长江下游,江苏、浙江省和上海交界的太湖流域。

体型外貌:体型中等,以梅山猪较大,二花脸、枫泾和嘉兴黑猪次之。太湖猪头大额宽,颈部皱褶多、深,耳特大稍软而下垂,耳尖同嘴角齐或超过嘴角,形成大蒲扇。全身被毛黑色或青灰色,毛稀,也有鼻吻白色或尾尖白色的,梅山猪的四肢末端为白色。成年公猪体重150~

200 kg,成年母猪体重 150～180 kg。

繁殖性能:太湖猪性成熟早。公猪 4～5 月龄时,精液品质已基本达到成年公猪的水平。二花脸母猪 64 日龄、体重 15 kg 时首次发情。母猪在一个发情期内的排卵数较多,二花脸母猪 8 月龄时排卵 26 枚,枫泾母猪 17 枚,成年枫泾母猪 31 枚,成年嘉兴黑母猪 25 枚,成年梅山母猪 29 枚。太湖猪初产仔数 12 头以上,产活仔数 11 头以上;2 胎产仔数 14 头以上,产活仔数 13 头以上;3 胎以上产仔数 16 头,产活仔数 14 头以上。

生长肥育性能:梅山猪在体重 25～90 kg 阶段,日增重 400 g;枫泾猪在体重 15～75 kg 阶段,日增重 444 g。太湖猪屠宰率 65%～70%,胴体瘦肉率较低,宰前体重 75 kg 的枫泾猪,胴体瘦肉率为 39.9%;宰前体重 74 kg 的嘉兴黑猪,胴体瘦肉率为 45%。

主要特点:产仔力最高、品种内部结构丰富、肉质好,与长白猪、大白猪杂交效果好。

3.金华猪

金华猪产于浙江省金华市,金华猪具有性成熟早、繁殖力高、皮薄骨细、肉质好等特点,以金华猪肉加工而成的金华火腿驰名中外,行销日广。

产地与分布:浙江金华地区的东阳、义乌和金华等地。

体型外貌:体型中等偏小,耳中等大、下垂。背微凹,腹大微下垂,臀较倾斜。四肢细短,蹄坚实。毛色以中间白、两头黑为特征,即头颈和臀尾部为黑皮黑毛,体躯中间为白皮白毛,故又称“两头乌”或“金华两头乌猪”。成年公猪体重 110 kg,体长 127 cm;成年母猪体重 97 kg,体长 122 cm。

繁殖性能:金华猪具有性情温驯,母性好,性成熟早和产仔多等优良特性,公猪 100 日龄已能采得精液,其质量已近似成年公猪;母猪 110 日龄、体重 28 kg 时开始排卵。母猪初产头数平均 10.5 头,成活数 10.2 头;3 胎以上产仔数 13.8 头,成活数 13.4 头。

生长肥育性能:体重 17～76 kg 阶段平均饲养期 127 天,日增重 464 g,体重 67 kg 屠宰,屠宰率 72%,胴体瘦肉率 43%。

主要特点:繁殖率高,肉质好,适宜腌制火腿,与长白、大白、杜洛克和汉普夏等品种杂交效果好。

4.荣昌猪

荣昌猪具有适应性强,瘦肉率较高,配合力较好和品质优良等特点。

产地与分布:主要分布于四川省荣昌、隆昌、永川、宜宾和重庆等地。

体型外貌:体型较大,头大小适中,面微凹,耳中等大、下垂,额面皱纹横行、有旋毛,背腰微凹,腹大,臀稍倾斜,四肢结实,除两眼四周或头部有大小不等的黑斑外,被毛均为白色。成年公猪体重 158 kg,成年母猪体重 144 kg。

繁殖性能:公猪 4 月龄性成熟,5～6 月龄可用于配种。母猪初情期为 71～113 天,初配以 7～8 月龄、体重 50～60 kg 为宜。母猪初产仔数 7 头左右,3 胎以上母猪产仔数 10.2 头。

生长肥育性能:在体重 15～90 kg 阶段,日增重 633 g,体重 87 kg 屠宰,屠宰率 69%,瘦肉率 39%～46%。

主要特点:适应性强、胴体瘦肉率较高、鬃质优良,与长白、大白猪杂交效果好。

5.两广小花猪

产地与分布:分布于广东、广西相邻的浔江、西江流域的南部,中心产区有陆川、玉林、合浦、高州、化州、吴川、郁南等地。

外貌特征：两广小花猪体短和腿矮为其特征，表现为头短、颈短、耳短、身短、脚短、尾短，故又称为六短猪，额较宽，有Y形或菱形皱纹，中有白斑三角星，耳小向外平伸，背腰宽而凹下，腹大多拖地，体长与胸围几乎相等，被毛稀疏，毛色均为黑白花，黑白交界处有4～5 cm宽的晕带，乳头6～7对。

繁殖性能：性成熟较早，小母猪4～5月龄体重不到30 kg即开始发情，多在6～7月龄、体重40 kg时初配，初产平均产仔8头，三产以上平均产仔10头。

生长肥育性能：肥育猪自11～87 kg，日增重309 g，每千克增重消耗混合料4.22 kg、青料3.42 kg；体重75 kg屠宰，屠宰率67.72%，瘦肉率37.2%。

主要特点：皮薄、肉嫩美，与长白、大白猪杂交效果好。

6.香猪

香猪的突出特点是体型小、体重小。

产地与分布：黔、桂交界的榕江、荔波及融水等县。

外貌特征：体躯矮小，头较直，额部皱纹浅而小，耳较小而薄，略向两侧平伸或稍下垂。背腰宽而微凹，腹大，丰圆触地，后躯较丰满。四肢短细，后肢多卧系。皮薄肉细。毛色多全黑，但亦有“六白”或完全“六白”的特征。

繁殖性能：性成熟早，公猪170日龄配种，母猪120日龄初配，成年母猪体重41.1 kg，头胎产仔4.5头，三胎以上5～6头。

生长肥育性能：肥育期日增重较好条件下为210 g，香猪早熟易肥，宜于早期屠宰。屠宰率为65.7%，膘厚3 cm，眼肌面积12.7 cm^2，瘦肉率为46.7%。肉质鲜嫩宜做腊肉和烤乳猪。

主要特点：体型小、胴体瘦肉率较高、肉嫩味鲜，适宜做烤乳猪，也适宜于做实验动物。

(四)我国地方猪的开发利用

我国丰富的猪种资源一直被国外养猪同行所羡慕，中国猪种有着多仔产、肉质好、抗应激、适应性强及耐粗饲优良遗传特性，经常用于母本。中国地方猪种开发利用主要集中在以下几个方面。

1.在杂交繁育中作母本品系

良好的繁殖性能是杂交利用中母本品系的必备条件。我国地方猪种普遍符合母本品系应具备的条件，作为父本品种较少。采用地方品种猪作母本，以引进的优良瘦肉猪种为父本，进行二元或三元杂交(俗称内三元)生产商品肉猪，既能充分利用地方品种和引入品种各自的特点，又可适应当前农村生态经济条件而提高生产水平。

2.作为育成新品种(系)的原始素材

为使育成新品种对当地的环境和饲养管理条件有良好的适应性，经常利用地方品种和外来品种杂交。如东北民猪与约克夏猪等杂交，培育成的哈白猪、三江白猪等品种，就很好地保留了民猪抗寒性、繁殖力高和肉质好的特点。

3.改善商品瘦肉猪的肉质

我国地方猪种肉质优良，在肉色、大理石纹、系水力及肌间脂肪含量等方面一般优于国外肉用型猪，故杂交后代肉质一般也优于国外品种。猪的瘦肉率与肉质之间存在一定的负相关，因此，很多养猪专家建议通过适当降低瘦肉率的追求，来改善商品肉猪的肉质。我国地方猪种在改善肉质方面是一个非常理想的杂交母本。

4.利用特殊基因资源开发产品

在我国地方猪种的特殊基因库中，最值得一提的是微型基因，我国微型猪资源丰富，品质优良，香猪、藏猪、五指山猪、版纳微型猪等，其成年体重多在40～50 kg，比国外小型猪都要小得多，可作为烤乳猪、生物医学的实验动物及人体组织器官移植的原材料。

三、引入品种

1.长白猪(兰德瑞斯猪)

引进简况：长白猪原产于丹麦，原名兰德瑞斯，是一个著名的瘦肉型品种猪，也是当今世界上最为流行的品种之一。长白猪引入我国后，由于其体躯长，毛色全白，故称为长白猪。

品种特征：长白猪的颜面直，耳大下垂或前倾向下并覆盖颜面。颈部、肩部较轻，背腰长直，体侧长深，腹开张良好但不下垂，腹线平直。腿臀丰满，蹄质结实。全身被毛为白色，皮肤薄、骨细结实。乳头6～7对。

生产性能：成年公猪体重约246 kg，母猪约218 kg。产仔数平均为11～12头。肥育猪在良好条件下，日增重可达800 g以上，胴体瘦肉率60%～63%，各地依来源不同，饲养水平不同，有较大差异。

利用：我国各地根据自身的实际情况，因地制宜地开展了以长白猪为父本的二元或三元杂交工作，对提高我国养猪生产水平方面起到了积极的作用。长白猪的引进，在我国新品种培育中也起到了重要的作用。

2.大白猪

引进简况：大白猪又称之为大约克夏猪，原产于英国的约克郡。约克夏猪在1852年正式确定为品种，以后又逐渐分化成了大、中、小三个类型，并各自形成独立的品种，分别称之为大白猪(大约克夏猪)、中白猪(中约克夏猪)、小白猪(小约克夏猪)。

品种特征：大白猪的体格较大，体型匀称。颜面宽而略凹；鼻直、耳立。四肢高大，背腰略呈流线型。全身白色，少数猪只的额部有很小的青斑。乳头数7对左右。在饲养条件较差的地区，大白猪的体型变小，腹围增大。

生产性能：成年公猪体重约263 kg，母猪约224 kg。产仔数平均为11～12头。肥育猪在良好条件下，日增重可达850 g以上，胴体瘦肉率61%，各地因饲料水平与饲养条件不同而有所差异。

利用：利用大白猪做父本与我国的本地猪品种进行杂交，都能取得良好的效果。与民猪、荣昌猪、内江猪、两头乌猪及大花白猪等杂交，其一代杂种的日增重比其母本提高20%以上。

3.杜洛克猪

引进简况：原产于美国。是美国目前分布最广的品种，也是当今世界较为流行的品种之一。

品种特征：杜洛克猪颜面微凹，耳中等大小，为半垂耳。体躯深广，背腰稍弓，较宽，肌肉丰满，四肢粗长。毛色为红棕色，深浅不一，从枯草黄色到暗红色。乳头数6对左右。

生产性能：成年公猪体重约250 kg，母猪约300 kg。产仔数平均为8～9头。肥育猪20～90 kg阶段，日增重可达850 g以上，胴体瘦肉率62%～63%。

利用：杜洛克猪的适应性强，对饲料要求较低，食欲好，耐低温，对高温的耐受性差。杜洛克猪以生长快、饲料转化率高而闻名，利用杜洛克猪做父本，进行杂交生产商品肉猪，能大幅度地提高商品代的增重速度和饲料转化率。一般多用于三元杂交的终端父本。

4. 皮特兰猪

引进简况：皮特兰猪原产于比利时的布拉帮特地区，是欧洲近年来比较流行的一个瘦肉型品种猪。1950年确定为新品种，我国从20世纪80年代开始引进。

品种特征：皮特兰猪的毛色大多呈现灰白花色，或是大块的黑白花色。耳中等大小，略向前倾。背腰宽大，平直，体躯短。腿臀丰满，方臀。全身的肌肉丰满，体形呈圆筒形。

生产性能：皮特兰猪以胴体瘦肉率高而著称，90 kg体重时胴体瘦肉率高达70%左右，但繁殖性能欠佳，产仔数平均为10～11头。

利用：皮特兰猪胴体瘦肉率高，背膘薄，后腿发达，是其他品种所无法比拟的。用皮特兰猪做父本与其他品种猪进行杂交，胴体瘦肉率得到明显的提高。

5. 汉普夏猪

引进简况：汉普夏猪原产于美国，是北美分布较广的品种。由于该猪的肩部及其前肢为一白色的被毛环所覆盖，故称之为“白带猪”。

品种特征：汉普夏猪的嘴筒长直，耳中等大小且直立。体型较大，体躯较长，四肢稍短而健壮。背腰微弓，较宽。腿臀丰满。毛色为黑色，在猪体的肩部、前肢有一个白色的毛环。乳头6对以上，排列整齐。

生产性能：成年公猪体重为315～410 kg，母猪为250～340 kg。产仔数平均为9～10头。肥育猪在20～90 kg阶段，日增重可达725～845 g，胴体瘦肉率64%左右。

利用：汉普夏猪突出的优点是眼肌面积大，胴体瘦肉率高，不足之处是繁殖力偏低。为此，汉普夏猪主要作为杂交的父本（特别是终端父本）利用，以提高商品猪的胴体瘦肉率。国内常见的杂交组合有：汉太（太湖猪）组合、汉长桃组合、汉长梅组合及汉长华组合等。

四、培育品种

我国从19世纪后期从国外引进猪种开始进行杂交育种，也有利用血统不明的杂种猪群加以整理选育而成，至今培育新品种或品系约有38个，其中已通过鉴定的有12个，有6个品种曾作为优良肉用型品种在全国推广。与引入品种相比，培育品种具有发情明显、繁殖力高、抗逆性强、肉质鲜嫩无应激综合征和PSE肉的特点。与地方品种相比，培育品种皮较薄，背腰宽平，大腿丰满，采食量大，生长速度、屠宰率和瘦肉率明显提高。培育品种平均产仔数9～12头/窝，20～90 kg阶段日增重达600 g，瘦肉率可达53%。

缺点：因培育品种在选育程度上远不及引入品种，所以品种外形整齐度差，体躯（后躯）结构不够理想，生长速度、料重比、瘦肉率均低于引入品种，还有一些培育品种生产性能退化严重。

1. 哈白猪

产地及分布：哈白猪产于黑龙江省南部和中部地区，以哈尔滨市及其周围各县饲养较多，并广泛分布于滨州、滨绥、滨北及牡佳等铁路沿线。

体型外貌：体型较大，被毛全白，头中等大小，两耳直立，颜面微凹，背腰平直，腹稍大但不下垂，腿臀丰满。四肢粗壮，体质结实，乳头7对以上。

生产性能：一般生产条件下，成年公猪体重为222 kg，母猪体重为172 kg。平均产仔数为11～12头。肥育猪15～120 kg阶段，平均日增重587 g，屠宰率74%，胴体瘦肉率45.05%。

利用:哈白猪与民猪、三江白猪和东北花猪进行正反交,所得一代杂种猪,在日增重和饲料转化率上均有较高的杂种优势。以其做母本,与引入品种进行二三元杂交也可取得很好的效果。

2. 三江白猪

产地和分布:三江白猪主要产于黑龙江省东部合江地区的红兴隆农场管理局,主要分布于所属农场及其附近的市、县,是我国在特定条件下培育而成的国内第一个瘦肉型新品种。

体型外貌:三江白猪头轻,嘴直,两耳下垂或稍前倾。背腰平直,腿臀丰满。四肢粗壮,蹄质坚实,被毛全白,毛丛稍密。乳头7对。

生产性能:8月龄公猪体重达111.5 kg,母猪107.5 kg。产仔数平均为12头。肥育猪20～90 kg阶段,日增重600 g。体重90 kg时,胴体瘦肉率59%。

利用:三江白猪与国外引入品种和国内培育品种以及地方品种都有很好的杂交配合力,是肉猪生产中常用的亲本品种之一。

3. 北京黑猪

产地和分布:北京黑猪属于瘦肉型的配套母系品种猪。北京黑猪的中心产区是北京市国有北郊农场和双桥农场,分布于北京的昌平、顺义、通县等京郊的各区、县,并向河北、山西、河南等25个省、市输出。北京黑猪品种内有关2个品系:以繁殖性能为主的"多产系"和以胴体瘦肉率为主的"体长系"。

体型外貌:北京黑猪头清秀,两耳向前上方直立或平伸,面部微凹,额部较宽,嘴筒直。颈肩接合良好。背腰平直、宽,四肢强健,腿臀丰满,腹部平。被毛黑色。乳头7对以上。

生产性能:成年公猪体重约260 kg,产仔数平均为11～12头。肥育猪20～90 kg阶段,日增重609 g,屠宰率72%,胴体瘦肉率51.5%。

利用:北京黑猪在猪的杂交繁育体系中是一个较好的配套母系品种。与大白猪、长白猪进行杂交,可获得较好的杂交优势。杂种一代猪的日增重在650 g以上,胴体瘦肉率达到56%～58%。三元杂交的商品后代的胴体瘦肉率可达58%以上。

五、种猪的选择与引进

(一)种猪选择的基本要求

良好的种猪是成功生产的基础,种猪的选择取决于养猪的生产方向和种猪的生产性能,也与人们的消费习惯、当地的饲料资源和气候条件等有关联。

一般要求种母猪产仔数多,种公猪精液品质好,肥育猪生长快,饲料转化率高,瘦肉率高。

1. 一般标准

健康无病,无外伤、无疫病、无皮肤病表现;无遗传疾患(主要指阴囊疝、脐疝、瞎乳头、隐睾、六趾、卧系等);符合品种外貌特点。

2. 特殊标准

生殖器官发育正常;公猪尿包大小适中,睾丸大小整齐均匀一致,对已经进入繁殖年龄的公猪,要求精液质量良好;母猪不能有瞎乳头,乳头排列均匀,6对以上,阴门明显。

(二)种猪的引进

从外地引进种猪时,必须注意以下问题:

1. 制订引种计划

猪场应该结合自身的实际情况，根据种群更新计划，确定所需品种和数量，购进能提高本场种猪某种性能，并与自己的猪群健康状况相同的优良个体。

2. 选择符合需要的品种

引种必须考虑社会发展的需要和引入后的用途，同时应具有良好的经济价值、育种价值和适应性，适应性是高产的先决条件。

3. 引入品种要注意个体选择

在选择个体时，除注意该品种的特征外，还要进行系谱审查，要求供种场提供该场免疫程序及所购买的种猪免疫接种情况，并注明各种疫苗注射的日期。种公猪最好经测定后出售，并附测定资料和种猪三代系谱。注意亲本或同胞间生产性能的表现、遗传疾病和血缘关系等。

4. 引种时，应切实做好检疫工作，严格执行隔离观察制度

引种是提高猪群生产水平的主要措施之一，但容易引来疫病。因此，引种时要确认引种地无重大的疫病发生；引进的种猪，至少隔离饲养 30 天，在此期间进行观察、检疫，经兽医检查确定为健康合格后，才可混群饲养。种畜禽调运检疫技术规范主要有以下几方面的内容：

①调出种畜禽起运前的检疫。调出种畜禽于起运前 15～30 天，在原种畜禽场或隔离场进行检疫。调查了解该畜禽场近 6 个月内的疫情情况，若发现有一类传染病及炭疽、布鲁氏菌病、猪密螺旋体痢疾的疫情时，停止调运易感畜禽。查看调出种畜禽的档案和预防接种记录，然后进行群体和个体检疫，并作详细记录。经检查确定为健康动物者，发给“健康合格证”，准予起运。

②种畜禽运输时的检疫。种畜禽装运时，当地畜禽检疫部门应派员到现场进行监督检查。运载种畜禽的车辆、船舶、机舱以及饲养用具等必须在装货前进行清扫、洗刷和消毒；经当地畜禽检疫部门检查合格，发给运输检疫证明。

③种畜禽到达目的地后的检疫。种畜禽到场后，根据检疫需要，在隔离场观察 15～30 天。在隔离观察期间，须进行群体检疫、个体检疫、临床检查和实验室检验的检疫。经检疫确定为健康动物后，方可供繁殖，生产使用。

5. 妥善安排运输

为使引入猪种安全到达目的地，防止意外事故发生，运输时要准备充足的饲料，尤其是青绿饲料。夏天做好防暑降温工作，冬天注意防寒保暖。

6. 种猪到场后的饲养管理

①新引进的种猪，应先饲养在隔离舍，而不能直接转进猪场生产区，因为这样做极可能带来新的疫病，或者由不同菌株引发相同疾病。

②种猪到达目的地后，立即对装猪台、车辆、猪体及卸车周围地面进行消毒，然后将种猪卸下，按大小、公母进行分群饲养，有损伤、脱肛等情况的种猪应立即隔开单栏饲养，并及时治疗处理。

③先提供饮水，休息 6～12 h 后方可供给少量饲料，第二天开始可逐渐增加饲喂量。种猪到场后的前 2 周，由于疲劳加上环境的变化，机体对疫病的抵抗力会降低，应注意尽量减少应激，可在饲料中添加抗生素（可用泰妙菌素 50 mg/kg、金霉素 150 mg/kg）和多种维生素，使种猪尽快恢复正常状态。

④隔离与观察：种猪到场后必须在隔离舍隔离饲养 30～45 天，严格检疫。

⑤种猪到场1周开始，应按本场的免疫程序接种猪瘟等各类疫苗，7月龄的后备猪在此期间可做一些防止引起繁殖障碍疾病的防疫注射，如细小病毒病、乙型脑炎疫苗等。

⑥种猪在隔离期内，接种完各种疫苗后，进行一次全面驱虫。可使用多拉霉素或长效伊维菌素等广谱驱虫剂，皮下注射进行驱虫。隔离期结束后，对该批种猪进行体表消毒，再转入生产区。

7.进行引种试验及观察

判断引入品种价值高低的最可靠办法，就是进行引种试验。先引入少量个体，进行观察，经证明该品种既有良好的经济价值和种用价值，又能适应当地的自然条件后，再大规模进行引种。

任务1-2　猪的生物学特点

一、猪的生物学特性

1.性成熟早，多胎高产

猪性成熟较早，常年发情，多胎高产。地方母猪一般4～6月龄达到性成熟，6～8月龄即可初次配种；怀孕期为110～118天，平均114天。在正常情况下，一头母猪每年至少可分娩两胎，每胎产仔数10～12头，若缩短哺乳期，每年可产2.5胎。我国太湖猪窝产活仔数平均超过14头，个别高产母猪一窝产仔数超过22头，最高纪录窝产仔数达42头。

2.生长速度快，沉积脂肪能力强

猪的初生重较小，平均为1～1.5 kg，仅占成年猪体重的1%左右。但生后生长速度很快，30日龄时体重达6～10 kg，60日龄时体重达18～20 kg，160～170日龄时体重可达90～120 kg左右。猪的生长特点不仅在于体重的增加很快，而且体组织的变化也呈现明显的规律性。一般情况下，保育猪（1～2月龄）阶段骨骼生长较快，进入生长猪（3～4月龄）阶段肌肉生长加快，肥育猪（5～6月龄）阶段，脂肪沉积速度显著加快。生产中应根据这一规律科学饲养后备猪和肥育猪，即在猪的生长发育前期充分饲养，后期可适当限饲，这样不但能提高肉猪的胴体瘦肉率，而且有利于降低饲料消耗。

3.食性广，饲料转化率高

猪是杂食动物，猪胃的结构属食肉动物单胃和反刍动物复胃之间的中间类型，容量较大。正是这样的消化道结构，使猪能够广泛采食动物性、植物性和矿物质等饲料，并且采食量大，消化能力强，利用率高。猪对精料有机物的消化率为76.7%，对青草和优质干草的消化率分别为64.6%和51.2%。但应注意，猪对含纤维素多、体积较大的粗饲料利用能力差。由于猪的采食量大，对精料消化利用率高，因此，猪的饲粮应以精料为主，并控制粗纤维在日粮中的适当比例。

4.嗅觉和听觉灵敏，视觉较差

猪嗅黏膜的绒毛面积大，嗅区的神经非常密集，因此猪的嗅觉非常灵敏。仔猪在生后几小时便能依靠嗅觉辨别气味，寻找乳头，3天内即可固定乳头；猪还能依靠灵敏的嗅觉有效地寻找埋在地下的食物，识别同群内的个体，辨别自己的圈舍，并对外来的猪只迅速识别，加以驱逐；同时猪灵敏的嗅觉在性活动当中，也占有重要地位。例如发情母猪闻到公猪特有的气味，即使公猪不在场，也会表现"呆立"反应。

猪具有外形大、内腔深而广的耳朵，因而听觉相当发达，即便很微弱的声音都能敏锐地觉察到；这种特点虽有利于管理猪群，但也容易使猪群产生应激反应。

5. 对温、湿度敏感，喜欢清洁，容易调教

猪对温度和湿度的反应比较敏感。大猪怕热，小猪怕冷，尤其是初生仔猪。另外，猪在阴暗潮湿的环境中易患感冒、肺炎、皮肤病和其他疾病，特别是高温高湿和低温高湿的环境条件，对猪群的健康和生产有着明显影响。生产中为了使猪群的生产性能得到充分发挥，应给不同类别的猪群创造适宜的环境条件。

猪是爱清洁的动物，采食、趴卧和排泄粪尿往往都有固定的地点，通过调教训练可有效地培养猪群采食、趴卧休息和排粪尿"三点定位"的良好习性。

6. 定居漫游，群体位次明显

猪群在开放式饲养或散养情况下，表现出定居漫游的习性。但在圈养时又表现出一定的群居性和明显的位次秩序。生产中应根据这一特点，合理安排猪群的饲养密度，及时进行调教，保证猪群健康有序的生活，以利生产性能的提高。

养猪生产中，可根据猪的这些特性对猪群进行合理的调教、分群、合群、发情鉴定、采精训练和猪舍建设等，以方便管理；同时要求饲养员不要粗暴对待猪只，影响猪只的生产性能。

二、猪的行为习性

随着养猪生产的发展，猪的行为活动方式越来越被生产者重视，人们对这些行为加以训练和调教，在创造适合于猪生活习性的环境条件的同时，使其后天行为符合现代化生产要求，以充分发挥猪自身的生产潜能，获得最好的经济效益。近几十年来，通过对猪行为的观察与研究表明，猪的行为一般可分为以下几个类型：

1. 采食行为

猪的采食行为包括摄食与饮水，并具有各种年龄特征。

猪生来就具有拱土的遗传特性，因此在建设猪栏的时候，水泥地面一定要牢固。猪的采食具有选择性，特别喜欢甜食，喜食颗粒料大于粉料，喜食湿料大于干料。猪的采食具有竞争性，群饲的猪比单饲的猪吃得多、吃得快，增重也高。猪在白天采食 6～8 次，比夜间多 1～3 次，每次采食时间 10～20 min，限饲时少于 10 mim，自由采食不仅采食时间长，而且表现每头猪的嗜好与个性。仔猪每昼夜吸吮次数因日龄不同而异，为 15～25 次，占昼夜总时间的 10%～20%。

在多数情况下，饮水与采食同时进行。猪的饮水量相当大，仔猪出生后就要饮水，主要来自母乳，仔猪吃料时饮水量约为干料的 2 倍，即水与料之比为 3∶1；成年猪的饮水量除饲料组成外，很大程度取决于环境温度(表 1-2)。吃混合料的小猪每昼夜饮水 9～10 次，吃湿料的平均 2～3 次，吃干料的猪每次采食后立即需要饮水，自由采食的猪通常采食与饮水交替进行，直到满意为止，限制饲喂的猪则在吃完料后才饮水。仔猪出生 1 周就可学会使用自动饮水器饮水。

表 1-2　不同环境温度下猪的饮水量　L/kg 饲料

体重(kg)	室温		
	9℃	20℃	30℃
20	0.088	0.116	0.170
60	0.066	0.087	0.118
20	2.53	2.86	4.06
60	2.47	2.91	4.45

2. 排泄行为

猪不在吃的地方排粪尿，在良好的管理条件下，猪是家畜中最爱清洁的动物。猪能够保持睡窝干洁，能在猪栏内远离窝床的一个固定地点排泄。排泄有一定的时间与地域，一般多在采食、饮水后或起卧时。选择阴暗潮湿或污浊的角落排泄，且受近邻猪的影响，因此我国有些猪场根据猪的这些特征，发明了猪用水厕所。

据观察，生长猪在采食过程中不排粪，饱食后 5 min 左右开始排粪 1～2 次，多为先排粪再排尿，在饲喂前也有排泄的，但多为先排尿后排粪，在 2 次饲喂的间隔里猪多为排尿而很少排粪，夜间一般排粪 2～3 次，早晨的排泄量最大。

3. 活动和睡眠

猪的行为有明显的昼夜节律。猪的活动大部分在白天，夜间也活动和采食；猪的躺卧和睡眠时间很多，延长休息和睡眠时间是正常的功能行为。

昼夜活动因年龄及生产特性不同而有差别，仔猪昼夜休息时间平均为 60%～70%，种猪为 70%，母猪为 80%～85%，肥猪为 75%～85%，根据年龄、体重和机能状况有很大的变动，体重小的猪躺卧时间占 63%，体重大的休息占 73%，妊娠母猪休息时间占 95%，休息高峰在半夜，清晨 8 点左右休息最少。

哺乳母猪在哺乳期内白昼各阶段睡卧次数无明显规律，随哺乳天数的增加睡卧时间逐渐减少。哺乳母猪睡卧休息有两种：一种是静卧，休息姿势多为侧卧，少有伏卧，呼吸轻微而均匀，虽闭眼但易惊醒。另一种是熟睡，为侧卧，呼吸深长，有鼾声且常有皮毛抖动，不易惊醒。

仔猪生后 3 天内，除吃乳和排泄外，几乎全是酣睡不动的。随着日龄增长和体质的增强，活动量逐渐增大，睡眠相应减少。大约在出生后 5 天随母猪活动，出生后 10 天左右，开始同窝仔猪群体活动，单独活动减少。睡眠休息主要表现为群体睡卧。

在饲养管理中，工作人员应能识别猪的正常睡眠和休息形式，以便发现有异常症状情况，同时，尽可能少地干扰猪正常生理行为的节奏，即有利于增重，又可提高饲料利用率。

4. 热调节行为

猪从出生到成年，随着体格大小和体重的变化，对温度耐受力也发生了较大变化，即对冷耐受力提高，对热的耐受力降低。对成年猪而言，热应激比冷应激影响更大。因此，在高温时，猪喜欢在泥水中打滚，或躺在阴凉的地面上，四肢张开，同时表现喘气。夏天，猪在睡觉时，充分伸展身体，以使身体表面得到最大限度的暴露。

新生仔猪适应环境温度的能力是极其有限的，在它们出生时若环境温度偏低，则仔猪的体温很快下降，所以保温是提高仔猪成活率的重要措施之一。

5. 探究行为

探究行为包括探查和体验行为，这种探查和体验行为促进了猪对新事物的学习和适应能力。猪的一般活动大部分来源于探究行为，大多数是通过看、听、闻、尝、啃、拱和触摸等感官进行探究。

探究行为在仔猪中表现最为明显：如仔猪出生后 2 min 左右即能站起来，并开始用鼻子拱掘，来探查搜寻母猪的乳头，可见猪的探究行为是一种本能，仔猪还用鼻拱或口咬周围环境中所有东西来认识新的事物。

摄食行为与探查行为有密切联系，猪在觅食时，首先是采用拱掘动作，这就是一种探究行为，如仔猪在接触到食物时，先是闻，然后用鼻拱或嘴啃，当诱食料合乎其口味时，仔猪便会经常去采食，训练仔猪吃料便易于成功。再如母仔彼此能准确认识、仔猪吮吸母猪乳头的序位等都是通过嗅觉探查而建立起来。

6. 争斗行为

争斗行为包括防御、进攻(侵袭)、躲避和守势的活动。争斗行为常发生在相互陌生的两头猪或两群猪之间，它的作用是确立等级，在生产中常见到的争斗行为，是群体内为了争夺饲料和地盘所引起的，新合并猪群内相互交锋，除争夺饲料和地盘外，还有调整群居结构的作用(这方面因素起主导)。猪第一次放在一起时，彼此会发生猛烈争斗，争斗激烈的程度取决于双方之间的坚韧性。故对成年猪群的管理甚为重要，尤其是在混群时，必须十分小心。实践证明，当猪群的组成发生变动时，常使用镇静剂和能掩盖气味的气雾剂喷洒，可以减少猪群的对抗和攻击行为，降低经济上的损失。

猪的争斗行为除了受个性特征影响外，主要受饲养密度的影响，饲养的群体过大或密度增加，猪的争斗频率也随之增加。因而，大群猪或高密度饲养时，猪的采食量和饲料利用率都有所下降，严重的表现为只吃不长。

7. 群居行为

猪是群居家畜，在野生状态下，常以母猪带领它们的仔猪组成群体，一般 3～4 头母猪和它们的仔猪形成一群。

在组群时，群内个体体重差异不宜悬殊太大，更不宜将不同品种的猪混养，以免抢食和采食不均造成生长发育不整齐。另外，建立优势序列的猪群，应与动物交往中能够相互识别群内各个体的头数相适应，一般猪以 20 头为宜，如果头数过多，就难以建立等级关系，相互斗架频率高而影响休息和吃食。

虽然现代化的养猪使猪的许多生活习性发生了变化，但我们必须重视猪的生物学特性。据研究，猪对不熟悉人或饲养员的粗暴动作，会产生恐惧的心理行为反应，饲养员的亲和友善行为，有助于猪的生长。抚摩和对话都有利于建立良好的人猪关系。

三、猪的福利

人类在生产中追求高额利润的同时，采用大量技术来提高劳动效率，这对自然生长的动物肯定会产生许多负面作用，即牺牲了动物的福利。猪的福利包括很多方面，如运动、人为的伤害、应激、长途运输、屠宰等。

1. 限位栏

在猪生产中应用的分娩栏是为了防止母猪对仔猪的挤压，减少仔猪的死亡率。最初只是在产前第一天到产后第二天使用，这是仔猪最易遭受挤压的危险时期。由于分娩栏方便了生产者的管理，因而应用于整个哺乳期。分娩栏使母猪无法运动，阻碍了母猪与仔猪的交流，妨碍了母猪产前正常行为，增大青年母猪攻击仔猪的可能性，还容易造成母猪的皮肤损伤。很多养殖者把母猪体质和生产性能下降归结于限位栏。

2.应激和繁殖性能

正常情况下母猪在115天的妊娠期内会失去20%～30%的胚胎，应激会导致母体对胚胎产生排异反应。随着仔猪早期断奶的普及，应激对猪的影响越来越严重，早期断奶的母猪更易失去胚胎。母猪将经历三大应激：分娩、断奶、在妊娠期间与其他母猪合圈。早期断奶使两大应激（分娩、断奶）的时间靠近，导致母猪缺乏足够的恢复时间，加重应激的影响。如今的建议是，母猪在配种后4周内不要离开配种区域与不熟悉的母猪合圈，否则三大应激加在一起，产生更严重的影响。

将妊娠母猪与熟悉的母猪合圈会提高产仔数，妊娠早期的母猪如果处于社会关系比较稳定的群体将有助于提高它的繁殖性能。应激也会影响母猪的发情表现，高饲养密度下后备母猪繁殖性能下降，部分原因是因为母猪的发情不明显。

正常情况下，一头独立觅食的泌乳母猪白天要采食5次，夜间还要采食1次。当发生热应激时，它会减少采食次数，第一次采食时间常常推迟到早晨的晚些时候，而每次的采食量一般保持不变，使总的采食量减少。泌乳母猪适宜温度的上限为22℃。高温会降低公猪的性欲和精子质量，会导致母猪隐性发情并且发情周期不固定，胚胎的早期损失严重。

给母猪和公猪降温以防热应激，另外可以通过适当的安排解决热应激带来的繁殖问题：如果夏季对大群母猪的配种率影响严重，可重新安排小母猪的分娩时间，留下淘汰母猪重新配种以弥补夏季配种率低导致的分娩不足。在天气炎热的时候（尤其是公猪受天气影响严重的时候）选择在舍内配种。胚胎着床期要尽量减少母猪应激，在圈舍内放置足够多的饲料以减少母猪之间的争斗。

3.饥饿

饥饿会引起群养舍饲的妊娠母猪狂躁不安，继而会导致争斗的发生。这可以通过改变饲喂方式或加大喂料量来解决。一些国家使用甜菜渣这一优质粗饲料来降低妊娠母猪的饥饿感。与传统的大麦、豆粕日粮相比，甜菜渣可减少母猪的争斗行为和陈规行为。添加甜菜渣的饲料能够延长猪饱腹感的时间，这可能与甜菜渣占据的肠道容积较大或者后肠道对甜菜渣发酵时间较长有关，目前还不清楚肠道容积增大是否会增加母猪分娩时出现脱肛的危险，但是目前已有报道发现母猪分娩时肠脱肛的发生率增加的现象。

4.母猪的使用寿命

现代猪的生产模式一直受到人们的抨击，认为母猪的使用寿命不断缩短是过度提高猪的生产性能的一种表现。繁殖障碍是导致母猪使用寿命减短的主要原因。对瘦肉率的持续选育可让母猪提早发情并能够提高每胎产仔数。但是瘦肉品系母猪的繁殖寿命缩短，降低了母猪的使用寿命。

一些地方为了限制母猪的生长，获得成熟体重小的母猪，往往在母猪第一次发情时（体重100 kg）进行配种。这样做不仅节约饲料，而且体型小的猪比较灵活，不易压伤仔猪。与第3次发情才配种的母猪（120 kg）相比，这些母猪蹄病的发病率明显降低。但过早产仔对母猪会有很大危害，这不仅会缩短母猪使用年限，而且产下的仔猪个体较小。如果通过限饲的方法来降低母猪的体重，那么母猪的使用寿命也会缩短。

5.断奶

断奶时仔猪的消化道需要适应从乳汁到谷物饲料的骤变。在断奶初期适应固体饲料之前,仔猪的采食量可能会不足。在这个时期,仔猪胃内容物的pH会上升,饲料的消化率下降,直到胰腺和消化道分泌的酶适应了这种变化,pH和消化率才会趋于正常。未消化的固体饲料经过小肠,在后段肠道内发酵,可能会导致仔猪发生渗透性的断奶后腹泻。胃内pH上升会降低蛋白质的消化率和造成致病性大肠杆菌的大量繁殖。致病性大肠杆菌伴随富含蛋白质的未消化饲料一同进入小肠,此时肠黏膜由于固体饲料的摩擦而损伤,而且肠道的免疫能力低下,因此很容易发生分泌型腹泻。在这种情况下,通常使用药物治疗,但营养学家认为营养调控更可取,但没有一个更好的断奶饲喂方案。

断奶腹泻是养猪生产中一个严重的福利问题。感染的猪群中80%以上的猪会发病,严重时死亡率超过25%,猪粪中大肠杆菌的数量将会增加10^3～10^4倍。断奶对仔猪来说是一个短暂的应激,断奶2天后,仔猪就会出现玩耍行为。

相当数量的仔猪在21日龄以前并不采食补料。但在早期断奶中要求仔猪在19日龄内断奶。为确保断奶对仔猪生长抑制影响较小,断奶仔猪要求体重大且均一。因此对断奶仔猪和断奶时间的选择非常重要。每窝仔猪在6～10头之间仔猪的生长速度最大,体重变异最小,这些仔猪早期个体之间体重变异也不会太大。在天气炎热的时候可以将早期断奶的时间推迟一些,因为母猪的产奶量会下降,导致仔猪的体重也相应降低。

与3周龄断奶相比,早期断奶(9～12日龄)会导致仔猪以后出现更多的争斗行为。设置公共的补饲区,让断奶前不同窝的仔猪在那儿混合,有助于减少它们之间的争斗行为。与28天断奶的猪相比,早期断奶的仔猪嗅腹部更加频繁,逃跑行为和咀嚼行为也明显增多。

瑞典的仔猪通常在5周龄断奶,这常常会产生母猪产奶紊乱的问题,表现为母猪3周后停止泌乳。发生产奶紊乱的原因并不清楚,但已经怀疑与乳房炎有关。在一些猪群里产奶紊乱的发病率高达10%,遗传力高达0.7,所以产奶紊乱可能与猪的遗传有关。

6.阉割

阉割用于改善生长公猪的肉品质。一些国家已经停止了对公猪的阉割,因为阉割令公猪感到痛苦,并影响公猪的经济性能。首先,阉割会减慢猪的生长速度,而且公猪在性成熟前屠宰并不影响猪肉风味;其次,阉割会影响猪的体液免疫应答。阉割的时间应在仔猪10日龄或更晚一些。

目前一些屠宰用猪的性成熟提前了,这就增加了阉割的需要。在育种时引入梅山品种可以使后代性成熟提前,并提高母系的繁殖性能,但也容易使杂交后代的猪肉出现公猪味,因此需要阉割。除了阉割还有一种办法,在生长猪的饲料中添加一定量的糖浆,这可以减少粪臭素在胴体脂肪中的沉积,粪臭素是产生公猪味的重要物质之一。

四、猪的一般饲养原则

1.科学配制日粮

根据猪体对各种营养物质的需要量及各类饲料中营养物质的种类和数量来科学配合日粮,多种饲料合理搭配,千万不可长期饲喂单一的饲料。

2.分群分圈饲养

为有效地利用饲料和圈舍,提高劳动生产率,降低生产成本,应按品种、性别、年龄、体重、强弱、吃食快慢等进行分群喂养，以保证各类猪的正常生长发育。但成年公猪和妊娠后期的母猪应单圈饲养。

3. 不同的猪群采用不同的饲养方案

为使各类猪只正常生长发育，应根据各猪群的生理阶段和体况对营养的需求，拟定合理的饲养方案，做到精确饲喂。

4. 坚持“四定”喂猪

根据猪的生活习性，应建立“四定”生活制度。即：定时饲喂，定量饲喂，定温饲喂，定质饲喂。

5. 合理调制饲料

应根据饲料的性质，采取适宜的调制方法。

6. 改进饲喂方法

不同的饲喂方法，对饲料利用率和胴体品质均有一定影响。应普及生饲料喂猪，一般以湿拌料、稠粥料或生干粉料喂猪，并应积极发展利用颗粒饲料饲喂。

7. 供给充足饮水

每天必须供应充足而清洁的饮水，猪在夏季需水多，冬季需水少；喂干粉料需水多，喂稠料需水少。猪每采食 1 kg 干饲料需水 1.90～2.50 kg，夏季天气炎热时，每采食 1 kg 干饲料需水 4～4.50 kg。

8. 加强猪的护理

低温会造成猪能量消耗，高温会影响猪的食欲，冬季应搞好防寒保温，夏季应注意防暑降温。圈养密度过大，会导致增重速度和饲料利用率降低。训练猪只养成固定地点排泄、采食、睡觉和接近人的习惯，有助于提高管理工作的效率。防疫卫生是管理中的一项经常性工作，应经常保持圈舍的清洁卫生，定期进行消毒、防疫和驱虫。

◉思考题

1. 你认为猪的哪些行为习性有助于管理的改善？并陈述理由。

2. 学习并查阅资料，回答猪群不合理的结构表现在什么地方？会带来什么后果？

3. 你认为关注动物福利会给养猪生产带来什么样的变化？

项目 2　种猪饲养管理技术

◈目标

1. 通过学习，你可以了解种猪的培育目标。

2. 通过学习，你能够知道种猪饲养管理的主要工作。

3. 通过学习，你能够知道种猪的生长需求。

种猪生产是养猪生产的核心，种猪生产力的高低决定了养猪的效益。养殖者非常重视母猪、仔猪和肥育猪的生产管理，因为这些环节的工作有比较直观的效益，而后备猪的培育效益是长远的，因而容易被忽视。

种母猪的生产目标是体况优良，产仔数多，仔猪成活率高，断奶窝重大；种公猪的饲养目标是体况健康结实，适宜配种，性欲旺盛，能够产生优良的精子。

任务 2-1　后备猪的培育

一、后备猪培育要求

后备猪就是指仔猪育成到初次配种前留做种用的猪。此阶段饲养管理对后备猪的培育起着十分重要的作用，也将直接影响到将来种猪的体质健康、生产性能以及终生的繁殖性能。

二、后备猪饲养管理技术

(一)后备猪生长发育规律

1. 体重的增长

体重是身体各部位及组织生长的综合度量指标。体重的增长因品种类型不同而异。在正常的饲养管理条件下，体重的绝对增长随年龄的增加而增大。

2. 猪体组织的生长

猪体的骨骼、肌肉、脂肪生长顺序和强度，随年龄的增长而出现规律性变化。即在不同的时期和不同阶段各有侧重。以瘦肉型猪为例，骨骼从出生到 4 月龄相对生长速度最快，以后较稳定。肌肉一直在生长，但 4～5 月龄以后生长速度稍有减慢。脂肪 6 月龄以前生长较慢，6 月龄以后生长速度加快。

(二)后备猪饲养与管理

1. 适宜的营养水平和饲养方式

后备猪不同于生长肉猪其生长速度越快越好，生长速度过快会使将来体质不结实，种用效果不理想，特别是后备母猪会影响终生的繁殖和泌乳，其主要后果是后备母猪发情配种困难。

应通过限量饲喂的方法来培育后备猪,控制其生长速度。我国瘦肉型后备猪饲养标准要求,每千克饲粮中含有可消化能 12.13～12.55 MJ,粗蛋白质水平 14%～16%。美国 NRC(1998)要求饲粮中赖氨酸水平为 0.76%～0.88%,钙 0.95%,总磷 0.80%。后备母猪在 8 月龄左右,体重控制在 110 kg 左右;后备公猪 9～10 月龄,体重控制在 110～120 kg。

2.科学管理

(1)分群。后备猪育成阶段每栏可饲养 8～10 头,60 kg 以后每栏饲养 4～6 头。在限制馒头时要准备充足的饲槽,防止个别胆小后备猪抢不上槽,影响生长,降低全栏后备猪的整齐度。每栏的饲养密度不要过大,防止互出现咬尾、咬耳、咬架等现象。

(2)运动。为了增强后备猪的体质,在培育过程中必须安排适量运动。有条件的猪场最好搞放牧运动,使后备猪充分接触土壤,春、夏、秋三季节放牧可采食一些青草野菜,补充体内营养。不能放牧的猪场可在场内建运动场,驱赶运动时一则要求公母分开运动;后备公猪间应分开饲养和运动,防止互相爬跨和争斗咬架。

(3)调教。饲养员应经常接触后备猪,为以后调教和使用打下基础。后备公猪 5 月龄以后每天按摩睾丸 10 min 左右,配种使用前 2 周左右安排后备公猪进行观摩配种和采精训练;后备母猪后期认真记录好初次发情时间,便于制订合理的配种方案。

(4)定期称重。为了使后备猪稳步均匀地生长发育,后备猪应每月进行一次称重,检验饲养效果,及时调整饲粮和日粮。根据各个品种培育要求进行饲养和培育,以达到种用要求。

(5)其他方面。后备猪在配种前 3～5 月龄要进行驱虫和必要的免疫接种工作。

三、后备猪饲养管理操作规程

(1)每日清扫栏舍 2 次,保持栏舍干燥清洁和猪体卫生。

(2)40～70 kg 自由采食;70～100 kg 分阶段饲养;100 kg 至配种,限制饲养,喂量定为 2～2.5 kg(或采食量占体重 2.5%～3%);猪体重在 100 kg 左右(或免疫程序做完)改喂怀孕料,并饲喂青菜。

(3)环境的控制。注意通风换气,保持良好的卫生环境,每周进行至少 2 次消毒。

(4)驱虫。定期进行体内外寄生虫的杀灭,特别是对蚧螨的控制。

(5)接种疫苗。按照猪场制定的免疫程序执行,免疫间隔为 5～7 天。

(6)经常观察后备母猪发情,每日把猪赶起观察 2 次,并记录观察情况。

(7)公猪诱情。经常混圈,按发育程度调栏,逐渐增加与公猪的接触次数。配种前期,每天与公猪接触 2 次,每次 10～15 min。定期对后备母猪进行转栏、圈养、户外运动,加强光照等外因刺激,有利于后备母猪的发情。

(8)淘汰。170～195 日龄在同公猪接触的情况下,观察记录发情期,一般在第三个发情期配种最佳。后备母猪超过 230 天还不能发情的,注射 PG600 一次,7～10 天内不发情予以淘汰。

任务 2-2　种公猪的饲养管理

公猪在养猪生产中,虽然饲养的头数比母猪要少得多,但是公猪在养猪生产中所起的作用无论从其产生后代的数量,还是从其对后代生长速度和胴体品质的影响程度上都远远超过母猪。在本交季节性配种的情况下,1 头公猪 1 年要负担 20～30 头母猪的配种任务,则 1 头公猪 1 年可以产生 400～700 头后代;如果实行人工授精技术,则 1 头公猪 1 年至少可以完成 200 头左右母猪的输精任务,1 头公猪 1 年可以产生 4 000 头左右的后代。公猪种质的质量将直接影响着后代的生长速度和胴体品质,选择种质好的公猪并实施科学饲养管理是提高养猪生产水平和经济效益的重要基础。

一、种公猪种类

种公猪有纯种和杂种之分。纯种公猪产生的后代可用于种用和商品肉猪生产。而杂种公猪产生的后代只能用于商品肉猪生产。杂种公猪与纯种公猪比较,前者具有适应性强、性欲旺盛(性冲动迅速)等优点,因此日益被养猪生产者所接受。

近几年,在我国养猪生产中常用的纯种公猪有:长白猪、大白猪、杜洛克猪、皮特兰猪等。杂种公猪常用长白×大白、杜洛克×汉普夏、皮特兰×杜洛克等。生产实践证明,利用杂种公猪进行商品肉猪生产其后代的生长速度和胴体瘦肉率均得到较大的提高。在使用引进品种做父本时有一点应引起注意,生产实践中发现凡是含汉普夏血统的商品肉猪,出现了肌肉颜色较浅等问题,影响人们外观选择。

二、种公猪的生长特点及营养需要

1. 种公猪生长特点

年龄是决定公猪繁殖性能的重要因素,公猪比母猪性成熟晚,12～18 月龄才能达到完全性成熟。公猪较母猪生长得更快,成年体重也更大。因此,应严格控制青年公猪的生长速度和使用频率。在保持繁殖性能方面,公猪的背膘厚没有母猪那样重要,因此,需要通过限制饲喂来控制公猪的体重和体况,以便延长其使用年限。

睾丸重量和精液容量决定了公猪的繁殖力,公猪的睾丸会一直生长到 12 月龄。而精液产量需 18 个月才能达到最高水平,因此是 12 月龄以上的公猪,其产仔率和产仔数会明显提高的原因。在成熟阶段,对公猪的过度使用或使用不当都会降低其终生性能,因此,1 岁以前的公猪不应被看作成年公猪,而应给予特殊的关照。

2. 种公猪营养需要

配种公猪营养需要包括维持、配种活动、精液生成和自身生长发育需要。所需主要营养包括能量、蛋白质(实质是氨基酸)、矿物质、维生素等。各种营养物质的需要量应根据其品种、类型、体重、生产情况而定。

(1)能量的需要。一般瘦肉型成年公猪(体重 120～150 kg)每天在非配种期的消化能需要量为 25.1～31.3 MJ,配种期消化能需要量为 32.4～38.9 MJ。北方冬季,圈舍温度不到 15～20℃时,能量需要应在原标准基础上增加 10%～20%。南方夏季天气炎热,公猪食欲降低,按正常饲养标准营养浓度进行饲粮配合,公猪很难全部采食所需营养。能量供给过高或过低对公猪均不利。

(2)蛋白质和氨基酸的需要。公猪饲粮中蛋白质数量和质量、氨基酸水平直接影响公猪的性成熟、身体素质和精液品质,但目前公猪的营养研究并不深入。对成年公猪来说,蛋白质水平一般以 14%左右为宜,不要过高和过低。在考虑蛋白质数量同时,还应注重蛋白质质量,即必需氨基酸的平衡，特别是玉米-豆粕型日粮，赖氨酸、蛋氨酸、色氨酸尤为重要。目前国外先进的做法是以计算氨基酸含量来平衡饲料中含氮物营养。根据美国NRC(1998)建议，配种公猪日粮中赖氨酸水平为0.60%。其他氨基酸可以参照美国NRC(1998)标准酌情添加。

(3)矿物质需要。矿物质对公猪精子产生和体质健康影响较大。美国NRC(1998)建议，公猪日粮中钙为0.75%，总磷0.60%，有效磷0.35%。

(4)维生素需要。维生素营养对于种公猪也十分重要，在封闭饲养条件下更应注意维生素添加，否则，容易导致维生素缺乏症。

NRC提供的数据，只是一般情况下最低必需量，在实际生产中可酌情增加。一般维生素添加量应是标准的2～5倍。

(5)水的需要。除了上述各种营养物质外，水也是公猪不可缺少的营养物质。因此，必须按其日粮3～4倍量提供清洁、卫生、爽口的饮水。

三、种公猪饲养管理

1.分群

公猪一般在4月龄有性行为，5月龄后有精子产生。因此，公、母猪应在5月龄后分开饲养，防止偷配。此外，群饲的种公猪，到5月龄时爬跨现象频繁，由于处于生长发育阶段，可导致被爬跨猪的腰、肢容易受损，爬跨的小公猪阴茎也容易受到损伤，严重者则丧失配种能力。所以5月龄后，后备公猪要单饲。

2.配种管理

青年后备公猪早期的配种经验对其将来的性行为和配种性能有着决定性的作用，应注意加强对后备公猪的配种调教。后备公猪一般在6月龄进入种群，此时虽然已经性成熟，但身体发育还未完成，青年公猪应在回避母猪的情况下熟悉配种圈。

一般建议国内品种宜在出生后8～9个月、体重在80 kg以上，国外引进品种在出生后10个月以上、体重在100 kg以上进行初配。在自然交配时需要有配种员帮助以完成初配。在选择初次配种对象时，应选择体格较小、产过多胎、站立稳定、无攻击性的母猪。建议成年公猪每天配种一次，配种5天休息一天，必要时可配2次，但必须隔8 h以上；初配公猪每周1～2次为宜。

3.选留与调教

后备公猪的选留要经过2月龄、4月龄和6月龄3个阶段。期间淘汰体型变异、睾丸过小或不均和发育落后者。4月龄以后每栏5～6头为宜，不要让其过肥和增长过快，每日给予适量的运动。体重达95 kg时测定背膘、眼肌面积，调教人工采精并化验精液质量，把背膘薄、精液品质好的留下继续调教。5月龄分成单栏饲养，让其适应配种相互刺激，提高后备公猪的性欲，并让其观看成年公猪的配种。

8月龄以上后备公猪即可与发情稳定的小母猪调教配种，每周1～2次，经过2～3周成功的配种可增加其配种的信心和经验。对于调教成功的合格后备公猪，每天保持适量的运动，适当的接触后备母猪，待其9月龄、体重达120 kg时即可正式使用。

4.采精训练

实行人工授精的猪场，应在公猪使用前进行采精训练。具体做法是：使用金属或木制的与母猪体形相似、大小相近的台猪，固定在坚实的水泥地上。前几次采精训练前应涂上发情母猪尿液或黏液，便于引诱公猪爬跨。先将公猪包皮内残留尿液挤排出来，并用0.1%的高锰酸钾溶液将包皮周围消毒。然后将发情母猪赶到台猪的侧面，让被训练公猪爬跨发情母猪，当公猪达到性欲高潮时，立即将母猪赶离采精室，再引导公猪爬跨台猪。当阴茎勃起伸出后，进行徒手采精或使用假阴道采精。

采精训练成功后应连续训练5～6天，以巩固其建立起来的条件反射。训练成功的公猪，一般不要再进行本交配种。训练公猪采精时要有耐心，采精室要求卫生清洁、安静、光线要好，温度15～20℃。要防止噪声和异味干扰。

5.定期检查精液品质和称重

无论是自然交配还是人工授精，都要定期检查种公猪的精液品质，以便根据精液的质量对饲养管理做出相应的调整。公猪在使用前2周左右应进行精液品质检查，防止因精液品质低劣影响母猪受胎率和产仔数，最好3～5天检查一次，对于精子活力0.7以下，密度1×10^8/mL以下，畸形率18%以上的精液不宜进行人工授精。其次要定期称重，了解其体重变化，调整日粮营养水平及运动强度。

6.合理饲喂

在满足种公猪需要的前提下，要采取限制饲喂，定时定量，每顿不能吃得过饱，要求日粮容积不能太大。否则，容易上膘造成腹围增大，影响配种能力；臃肿的体重也会影响健康，产生肢蹄病，使生殖机能衰退，严重时会完全丧失生殖能力。若喂量过少，尤其是低温的冬季，公猪采食的营养大部分转化成热能用于自身御寒，就会造成精液品质下降。成年种公猪的饲喂量，在非配种季节，每天每头2.5～3 kg，分两次喂完，全天24 h供新鲜饮水；寒冷的冬天，要适当增加饲喂量，同时饲喂时要根据个体的膘情适当增减。特别反对自由采食的方法来饲喂公猪。

7.加强运动

合理的运动是增强种公猪体质、提高配种能力、保证精液品质的良好措施。在晴好天气，每天进行1～2次圈外驱赶或自由运动，每次50 min，但速度不能太快，夏季炎热时，需在早晚凉爽时进行，冬季可在中午运动。如果遇到酷热或严寒、刮风下雨等恶劣天气时，应停止运动。

8.肢蹄保护

肢蹄不良对公猪来说是致命的，所以日常应特别注意对肢蹄的保护。公猪舍地面平坦、不光滑，但也不能过于粗糙。舍内地面若受损，高低不平，要及时修补，以免公猪滑倒或扭伤肢、蹄和肘。同时，舍内地面上要放少许垫草或锯末，以便公猪躺卧时保护肢、蹄或关节。

9.刷拭

在驱赶运动中，可用硬毛刷刷拭猪体，增加血液循环，促进新陈代谢，增强种公猪体质，也可以起到预防皮肤病、体外寄生虫的作用。经常刷拭也能使种公猪性情温驯，便于采精和防疫注射等。

10.切除犬齿和防止咬架

公猪的犬齿生长很快，并且尖端锐利，极易伤害饲养管理人员和母猪，所以兽医人员要定期切除公猪的犬齿。

公猪好斗，有时相遇就会咬架。此时可以迅速放出发情母猪将其引走，或用木板将公猪隔开，也可以用水冲公猪眼部将其撵走。

11. 环境管理

公猪的最适温区为18～20℃，30℃以上就会对公猪产生热应激，公猪遭受热应激后会降低精液品质，并在4～6周后降低繁殖配种性能，主要表现为返情率高和产仔数少，因此，在夏天对公猪有效的防暑降温，将圈舍温度控制在30℃以内是十分重要的。

在公猪管理中，光照最容易被忽视，光照时间太长和太短都会降低公猪的繁殖配种性能，适宜的光照时间为每天10 h左右，在猪舍建设时要考虑公猪的光照需要。

四、种公猪的利用

公猪的配种能力和使用年限，与公猪使用强度关系较大，如果公猪使用强度过大，将导致公猪体质衰退，降低配种成绩，造成公猪过早淘汰。种公猪其使用年限一般为3年左右。国外利用年限平均为2～2.5年。

五、种公猪选择和更新淘汰

1. 种公猪选择

在养猪生产上要选择生长速度快、饲料转化率高、背膘薄的品种或品系作为配种公猪，从而提高后代的生长速度和胴体品质。其外形要求身体结实强壮、四肢端正、腹线平直、睾丸大并且对称、乳头6对以上并且排列整齐，无瞎乳头。

2. 淘汰更新

公猪更新淘汰率一般为35％～40％，那些配种成绩较低，配种使用3年以上，或患有国家明令禁止的传染病或难以治愈和治疗意义不大的其他疾病的公猪应进行淘汰。

六、种猪淘汰标准

(一)母猪

(1)基础母猪8胎以上的高胎龄母猪。

(2)连续2胎产仔数低于6头以下。

(3)连续返情3次。

(4)连续空怀2次。

(5)连续流产2次。

(6)连续2窝母性差，如咬仔猪、泌乳性能差、缺乳。

(7)使用PG600和卜安得后还不发情的。

(8)疾病因素：产后瘫痪、难产、大出血、子宫脱出、脱肛、子宫内膜炎(流脓)、其他久治不愈的疾病。

(9)有生理缺陷及生长缓慢的。

(二)公猪

(1)有遗传缺陷的。

(2)肢体损伤，不能爬跨或上采精台的。

(3)睾丸萎缩的。

(4)出现血精、死精、精子畸形、精液量稀少，经45天休整，治疗仍不能恢复的。

(5)性欲减退，不能按计划完成配种或采精工作的。

(6)有攻击人的行为的。

任务 2-3　种母猪的饲养管理

一、配种前母猪饲养管理

配种前母猪分两种，一种是仔猪断奶后至配种的经产母猪，也称空怀母猪；另一种是初情期至初次配种的后备母猪。

(一)母猪配种前总体要求

母猪配种前的饲养管理目标是多排卵、多产仔。母猪的排卵是观察不到的，只能通过母猪的膘情来推断饲养效果。生产实践中，要求母猪在配种前应具有一个良好的繁殖体况，不肥不瘦，七八成膘。具体地讲就是母猪外观看不到骨骼轮廓，也不能因肥胖出现的"夹裆肉"，以用手稍用力触摸背部可以触到脊柱为宜。有条件的猪场使用超声波来测定母猪背膘厚度，根据背膘厚度来判定母猪饲养效果，判定母猪的膘情是否适宜配种。母猪适宜配种的背中部膘厚一般为 16～18 mm。因此，过肥、过瘦都不利于繁殖，将来均会出现发情排卵和产仔泌乳异常等不良后果。

(二)母猪配种前营养需要

母猪空怀时间较短，往往参照妊娠母猪饲养标准进行饲粮配合和饲养。后备母猪饲粮在蛋白质、氨基酸、主要矿物质供给水平上，应略高于经产母猪，以满足其自身发育和繁殖的需要。营养物质需要量参照美国 NRC(1998)标准，酌情执行(表 2-1)。

表 2-1　后备母猪、经产母猪饲粮中主要营养物质含量

类别	能量(MJ/kg)	蛋白质(%)	钙(%)	磷(%)	赖氨酸(%)
后备母猪	14.21	14～16	0.95	0.80	0.70
经产母猪	14.21	12～13	0.75	0.60	0.50～0.55

1. 能量需要

能量水平与后备母猪初情期关系密切。一般情况下，能量水平偏高可使后备母猪初情期提前；能量水平低，后备母猪生长缓慢，初情期延迟。对于经产母猪能量水平过高或过低同样影响其发情排卵，甚至不孕。因此，后备母猪日供给消化能应为 35.52 MJ，经产母猪为 28.42 MJ。

2. 蛋白质、氨基酸需要

后备母猪粗蛋白质为 14%～16%，赖氨酸 0.7%左右；经产母猪的粗蛋白质为 12%～13%，赖氨酸 0.50%～0.55%。

3. 矿物质需要

后备母猪饲粮中的钙为 0.95%，总磷为 0.80%；经产母猪饲粮中钙为 0.75%，总磷为 0.60%。对于其他营养物质供给量可参照美国 NRC(1998)妊娠母猪营养需要标准酌情执行，但要注重各种营养物质之间的平衡。

4.维生素需要

维生素使用与否或使用数量,将直接关系到母猪繁殖和健康。

5.水的需要

由于配种前母猪饲粮中粗纤维含量往往较高,所以需要水较多,一般为日粮的4～5倍,即每日每头12～15 L,饮水不足将会影响母猪健康和生产。

(三)母猪配种前饲养

根据后备母猪和经产母猪的饲养标准科学地配合饲粮,满足其能量、蛋白质、氨基酸、矿物质和维生素的需要。经产空怀母猪一般每日每头给混合饲料2.5 kg左右;后备母猪每日每头给混合饲料2 kg左右。北方冬季圈舍温度达不到15～20℃时,可以增加日粮给量10%～20%。为了增加母猪排卵数,尤其是初配母猪排卵数,可以对后备母猪实施短期优饲。具体做法是:在配种前1～2周至配种结束,增加日粮给量2～3 kg,这样不仅可以增加排卵数1～2枚,而且可以提高卵子质量。

(四)配种前母猪管理

母猪配种前管理中要认真观察发情,特别是后备母猪初次发情,征兆不明显,持续时间较短,因此,一定要认真观察并做好记录,以便安排母猪配种。

配种前母猪多实行群养,群养一般每栏饲养6～8头为宜,不要过多,以免影响观察发情或强夺弱食,影响生产。要求舍内光线良好,一般采光系数为1∶10,同时地面不要过于光滑,防止跌倒摔伤和损伤肢蹄。有条件的猪场,舍外应设运动场。

此外,还应注意母猪配种前免疫接种,防止传染病发生。每个猪场应根据流行病学调查结果(查找以往发病史)、血清学检查结果等适时适量地进行传染病疫苗接种。

(五)母猪的选择与更新淘汰

1.母猪的选择

进行纯种繁殖的猪场,应选择相同品种但无亲缘关系的公母猪;生产杂种母猪的猪场,应选择经过配合力测定或经多年生产实践证明杂交效果较好的杂交组合品种;生产商品肉猪的猪场,根据生产需要,选择二元或三元杂种母猪进行生产,目前多选择长大杂种母猪。母猪应该食欲旺盛,发情正常,体质结实健康,四肢端正,活动良好。背腰平直或略弓,腹线开张良好。乳头6对以上,并且排列整齐,无瞎乳头、内凹乳头、外翻乳头等畸形。外阴大小适中无上翘。

2.母猪淘汰更新

正常情况下母猪7～8胎淘汰。但遇到下列情形之一者应随时淘汰:

(1)产仔数低于7头。

(2)连续两胎少乳或无乳(营养、管理正常情况下)。

(3)断奶后两个情期不能发情配种。

(4)食仔或咬人。

(5)患有国家明令禁止的传染病或难以治愈和治疗意义不大的其他疾病(如口蹄疫、猪繁殖与呼吸障碍综合征、圆环病毒病等)。

(6)肢蹄损伤。

(7)后代有畸形(如疝气、隐睾、脑水肿等)。

(8)母性差。

(9)体型过大,行动不灵活,压踩仔猪。

(10)后代的生长速度和胴体品质指标均低于猪群平均值。

(六)母猪繁殖障碍及解决方法

1.母猪繁殖障碍的原因

繁殖障碍是母猪不能正常地发情排卵,其原因有以下几个方面:

(1)疾病性繁殖障碍。主要是由于卵泡囊肿、黄体囊肿、永久性黄体而引起的。

(2)营养性繁殖障碍。不合理的营养会造成母猪的繁殖障碍,如长期营养水平偏高或偏低,导致母猪过度肥胖或消瘦,导致母猪发情和排卵失常;母猪长期缺乏维生素和矿物质,使母猪不能按期发情排卵。

2.解决母猪繁殖障碍的方法

母猪出现繁殖障碍,首先要分析查找原因。封闭式饲养管理条件下,首先,要考虑营养因素,其次,考虑疾病或卵巢功能问题。如果是营养方面的原因,要及时调整饲粮配方,满足繁殖母猪所需要的各种营养物质;如果是疾病原因造成的母猪繁殖障碍,有治疗可能的应积极治疗,否则应及时淘汰。

后备母猪初次发情配种困难比较常见,可以通过诱情办法来解决。具体做法是:每天早饲后或晚饲后将体质强壮、性欲旺盛的公猪与不发情母猪放在同一栏内一段时间,每次 30 min 左右,公猪爬跨行为和外激素刺激可以促进母猪发情,一般经过 1 周左右即可以有母猪发情。

通过以下几种做法也能刺激母猪发情排卵:

(1)母猪运输或转移到一个新猪舍,在应激刺激作用下可使母猪发情排卵。

(2)重新组群。

(3)将正在发情时期的母猪与不发情母猪同栏饲养。

(4)封闭式饲养条件下的母猪安排几天户外活动,接触土壤及青草野菜。

母猪的繁殖障碍形成因素比较复杂,要根据实际情况进行试验性的探究,即使是营养或疾病的因素,解决的办法也要根据实际情况确定。

二、妊娠母猪饲养管理

(一)妊娠母猪早期表现

母猪配种妊娠后在采食、睡眠、行为活动和体形等方面会发生一系列变化,表现为食欲旺盛,喜欢睡眠,行动稳重,性情温顺,喜欢趴卧,尾巴常下垂不爱摇摆,被毛渐有光泽,体重有增加的迹象。观其阴门,可见收缩紧闭成一条线,这些均为妊娠母猪的综合表征。但个别母猪在配种后 3 周左右出现假发情现象,发情持续时间短,一般只有 1～2 天。对公猪不敏感,虽然稍有不安,但不影响采食。

(二)胚胎生长发育规律及影响因素

1.胚胎生长发育规律

精子与卵子在输卵管上 1/3 壶腹部完成受精后形成合子。一般猪胚胎在输卵管内停留 2 天左右,然后移行到子宫角内,在子宫角内游离生活 5～6 天,第 13～14 天开始与子宫壁疏松附着(着床)。在第 18 天左右着床完成。着床以前胚胎营养来源是,在输卵管内靠卵子本身,在子宫角内靠子宫乳供养。第 4 周左右胚胎具备与母体胎盘进行物质交换的能力，而胚胎在没有利用胎盘与母体建立交换物质的联系之前是很危险的时期，此时胚胎死亡率占受精合子的 30%～40%。妊娠 41～80 天，胚胎生长速度达到高峰。仔猪初生重的 60%～70%在此期间内生长完成。可见妊娠后期是个关键时期，母猪的饲养管理将直接影响仔猪初生重。

2. 影响胚胎生长发育因素

母猪每次发情排卵为 20～30 个，完成受精形成合子乃至胚胎的为 17～18 个，但真正形成胎儿出生的仅有 10～15 头。造成这种情况的原因主要是胚胎各时期的死亡。引起胚胎死亡或者母猪流产的因素有以下几个方面：

(1)遗传因素。公猪或母猪染色体畸形可以引起胚胎死亡，对这种情况应进行实验室遗传学检查，淘汰染色体畸形种猪。另外，近亲繁殖使得胚胎的生活力降低，从而导致胚胎中途死亡数量增加或者胚胎生存质量下降，弱仔增多，产仔数降低。

(2)营养因素。母猪日粮中维生素 A、维生素 E、维生素 D、维生素 B_1、维生素 B_2、维生素 B_6、维生素 B_{12}、泛酸、叶酸、胆碱、硒、锰、碘、锌等不足会导致胚胎死亡、胚胎畸形、仔猪早产、仔猪出生后出现“劈叉症”、母猪“假妊娠”等。母猪在妊娠前期能量水平过高，母猪过于肥胖，引起子宫壁血液循环受阻，导致胚胎死亡。

(3)环境因素。母猪妊娠期间所居环境温度，对胚胎发育也有一定的影响。高温条件下容易导致子宫内环境发生不良变化，造成胚胎附植受阻，胚胎存活率降低，产仔数减少，木乃伊、死胎、畸形增加。这种现象常发生在每年 7、8、9 三个月份配种的母猪群中，猪场应在饲料中添加一些抗应激物质如维生素 C、维生素 E、硒、镁等，同时注意母猪所居环境的防暑降温、通风换气，以便减少繁殖损失。

(4)疾病因素。某些疾病对母猪的繁殖形成障碍。临床上出现母猪“假妊娠”，死胎、木乃伊增加，产弱仔、产后即死和母猪流产等不良后果，如：猪瘟、猪繁殖-呼吸障碍综合征、日本乙型脑炎、衣原体病、猪伪狂犬病、猪细小病毒病、布氏杆菌病等。

(5)其他方面。母猪铅、汞、砷、有机磷、霉菌、龙葵素中毒，药物使用不当，疫苗反应，核污染，公猪精液品质不佳或配种时机把握不准等，均会引起胚胎畸形、死亡乃至流产。

(三)妊娠母猪饲养管理

怀孕母猪饲养是要达到 3 个指标，一是生产出体大、健壮、数量多的活仔猪；二是产后母猪乳腺发育正常，产奶多；三是尽可能地节省饲料，降低初生仔猪生产成本。所以，怀孕母猪饲养是既简单又复杂的一项工作。

妊娠母猪的特点和营养需要：

(1)妊娠母猪的特点。母猪在整个妊娠期要完成子宫、胎衣、羊水的增长和胚胎的生长发育以及乳腺系统的发育，对于身体尚未成熟的青年母猪还要进行自身继续生长发育。母猪妊娠末期，子宫重量是空怀时子宫的 10～17 倍，胚胎生长主要集中在妊娠期的最后 1/4 时间内。对于青年母猪自身还要继续生长发育，青年母猪在妊娠期间自身体重增长为 5～10 kg，经过 2 次妊娠和泌乳，可以完成其体成熟的生长发育。

(2)妊娠母猪营养需要。

①能量需要：1998 年 NRC 推荐的妊娠母猪消化能为 25.56～27.84 MJ/天。妊娠母猪能量供给过多会影响母猪繁殖成绩和将来的泌乳，乃至整个生产。过高的能量水平会降低胚胎的存活。配种后 4～6 周胚胎的存活率为 67%～74%，而低能量日粮[ME 20.90 MJ/(天・头)]存活

率77%～80%。仔猪初生重大小主要取决于能量水平，特别是妊娠后期能量水平高低对仔猪初生重影响较显著。

妊娠母猪能量水平对将来泌乳影响较大，妊娠期间能量水平过高，母猪体重增加过多，泌乳期间母猪体重就会失重过大，不但浪费饲料增加饲养成本，而且还会出现泌乳母猪产后食欲不旺，泌乳性能下降，母猪过度消瘦，并且断奶后发情配种也将受到影响。

②蛋白质、氨基酸需要：为了使母猪正常进行繁殖泌乳，并且身体不受损，保证正常产仔7～8胎，NRC(1998)建议，妊娠母猪粗蛋白质水平为12%～12.9%。玉米-麸子-豆粕型日粮中赖氨酸是第一限制性氨基酸，在配制日粮时不容忽视。NRC(1998)推荐赖氨酸水平为0.52%～0.58%，其他氨基酸的需要参照NRC(1998)标准酌情执行。

③矿物质需要：矿物质对妊娠母猪的身体健康和胚胎生长发育影响较大。美国NRC(1998)推荐钙0.75%，总磷0.60%，有效磷0.35%。氯化钠0.35%左右。在考虑数量的同时还要考虑质量，配合日粮时要选择容易被吸收，重金属等杂质含量低的矿物质原料。

④维生素需要：妊娠母猪对维生素的需要有13种，日粮中缺乏将会出现母猪繁殖障碍乃至终生不育，现推荐NRC(1998)妊娠母猪维生素需要量，配合饲粮时可酌情添加。

⑤水的需要：妊娠母猪日粮量虽较少，但为了防止饥饿增加饱腹感，粗纤维含量相对较高，一般为8%～12%，所以对水的需要量较多，一般每头妊娠母猪日需要饮水12～15 L。

(四)妊娠母猪饲养

根据胚胎生长发育规律和妊娠母猪本身营养特点，整个妊娠期本着“低妊娠、高泌乳”的原则，即削减妊娠期间的饲料给量，但要保证矿物质和维生素的供给。

一般175～180 kg经产七八成膘的妊娠母猪为：前期(40天内)2 kg左右，中期(41～80天)2.1～2.3 kg，后期(81天以后)2.5 kg左右。青年母猪可相应增加日粮量10%～20%，以确保自身继续生长发育的需要；圈舍寒冷可增加日粮10%～20%。

整个妊娠期间严禁饲喂发霉变质饲料和过冷的饲料。并且控制粗饲料喂量。近几年，国内外有些厂家在母猪产前2～4周至仔猪断奶，向母猪饲粮中添加3%～5%动物脂肪，有利于提高仔猪初生重和育成率，有利于泌乳。

生产实践证明，妊娠母猪限制饲养有许多益处：①可以增加胚胎存活；②减少母猪难产；③减少母猪压死出生仔猪可能性；④减少母猪哺乳期失重；⑤有利于母猪泌乳期食欲旺盛；⑥降低养猪饲料成本；⑦减少乳房炎发病率；⑧减少肢蹄病发生率；⑨延长母猪使用寿命。

妊娠母猪限制饲喂的方法有：

(1)单栏饲养法

(2)隔日饲喂法。此饲养方法适于群养母猪，也就是将一群母猪1周的日粮集中3天喂饲，使用前应设计一个饲喂计划表，允许母猪在1周的3天中每日自由采食8 h，剩余4天不再投料，但要保证清洁爽口的饮水。

饲喂计划实例：

周一	周三	周五
8 h自由采食	8 h自由采食	8 h自由采食
5.5～6.3 kg	5.5～6.3 kg	5.5～6.3 kg

(3)日粮稀释法。在饲粮配合时使用一些高纤维饲料，如苜蓿草粉、干燥的酒糟、麦麸等，

降低饲粮的能量浓度。稀释后的日粮具有较好的饱腹感，防止母猪饥饿躁动，影响其他母猪休息，同时也降低了饲料成本。

（五）妊娠母猪管理

1.饲养方式

妊娠母猪多采取群养的饲养方式，一般每栏饲养 6～8 头为宜。

2.运动

有条件的厂家可以进行放牧运动，即有利于母猪健康和胚胎发育，也有利于将来的分娩。

3.创造良好环境

妊娠舍要求卫生、清洁，地面不过于光滑，注意通风换气。妊娠猪舍要安静，防止强声刺激引起流产。

4.其他方面

初配母猪妊娠后期应进行乳房按摩，有利于乳腺系统发育，有利于泌乳。猪场根据本地区传染病流行情况，在妊娠后期进行疫苗的免疫接种工作。如果有寄生虫要进行体内外寄生虫的驱除工作。

（六）防止流产

1.流产原因

(1)营养性流产。妊娠母猪日粮中长期严重缺乏蛋白质会导致流产。母猪采食发霉变质饲料、有毒有害物质、冰冷饲料等也能引起流产。

(2)疾病性流产。当妊娠母猪患有卵巢炎、子宫炎、阴道炎、感冒发烧时可能会引起母猪流产。有些传染病和寄生虫病将引起母猪中止妊娠或影响妊娠母猪正常产仔。

(3)管理不当造成流产。夏季高温天气可诱发母猪流产。妊娠母猪舍地面过于光滑，行走摔倒，出入圈门挤撞，饲养员拳打脚踢或不正确的驱赶、突发性惊吓刺激等都将会造成母猪流产或影响正常产仔。

(4)其他方面。不合理用药、免疫接种不良反应。

2.防止流产措施

针对上述流产原因，在妊娠母猪饲粮配合上，应根据其饲养标准结合当地饲料资源情况科学地进行配合。注意矿物质和维生素的合理添加，根据本地区传染病流行情况，及时接种疫苗进行预防，并注意猪群的淘汰和隔离消毒。加强猪场内部管理，减少饲养员饲养操作带来的应激。禁止母猪在光滑的水泥地面上或冰雪道上行走或运动，控制突发噪声等。

三、泌乳母猪饲养管理

（一）母乳的作用和成分

1.母乳的作用

母乳是仔猪生后 1 周内唯一的营养来源，仔猪生后 2 周内生长发育所需的各种营养物质主要来源于母乳。初乳是迄今为止任何代乳品所不能替代的一种特殊乳品，详细情况将在以后内容中阐述。由此可见，养好泌乳母猪对于仔猪的成活和生长发育十分重要。

2.母乳成分

猪乳成分与其他家畜乳比较，干物质含量多，蛋白质、矿物质含量高（表 2-2）。

表 2-2 各种家畜乳成分 %

畜别	水分	干物质	干物质中			
			蛋白质	脂肪	乳糖	矿物质
乳牛	86.30	13.70	4.00	4.03	5.00	0.70
水牛	82.20	17.80	4.70	7.80	4.50	0.80
马	89.50	10.50	2.30	1.70	6.10	0.40
绵羊	83.44	16.56	5.15	6.14	4.17	1.10
山羊	86.88	13.12	3.76	4.07	4.44	0.85
猪	80.95	19.05	6.25	6.50	5.20	1.10

(二)泌乳机制及影响因素

1.乳房的构造

母猪的乳房构造比较特殊,每个乳房均没有贮备乳汁的乳池,而是由 1～3 个乳腺体组成的。每个乳腺体是由许许多多的乳腺泡汇集成一些乳腺管,这些乳腺管最后又汇集成乳头管开口于乳头。其结构不同于其他家畜,泌乳机制也有区别。除产后最初的 1～3 天外,其余时期如果仔猪不拱揉刺激是吃不到乳的。猪的所有乳房中乳腺数量并不是相等的,其中前边乳房的乳腺数多于中部,中部又多于后部。乳腺的数量直接影响着每个乳房的泌乳量,乳腺数量多,泌乳量就多。因此,前边乳房的泌乳量高于中、后部的乳房。

2.泌乳机制

母猪的泌乳是受神经和内分泌双重调节的,每一次放乳均是由于仔猪用嘴拱揉乳房产生神经刺激,经神经传到大脑神经中枢,在神经系统的干预下,促使脑下垂体释放排乳激素进入血液中。在排乳激素作用下,乳腺泡开始收缩产生乳汁流淌到乳腺管内,由乳腺管又流淌到乳头管。排乳激素的活性在血液中很快被破坏,导致母猪排乳时间较短,一般只有 15～30 s。母猪在仔猪的鸣叫下,做出“哼哼”召唤仔猪反应,使得其他仔猪同时来拱揉乳房,母猪这时应声侧卧,经过一窝仔猪一段时间(1～2 min)的拱揉下,母猪发出急迫的“哼哼”叫声,说明此时已排乳,可以看到仔猪的吞咽动作。

3.影响泌乳因素。

(1)品种。不同的品种或品系其泌乳量不同,一般瘦肉型品种(系)的泌乳量高于肉脂兼用型或脂肪型(表 2-3)。

表 2-3 不同品种不同阶段泌乳量 kg

品种	产后天数						平均	全期
	10	20	30	40	50	60		
金华猪	5.17	6.50	6.70	5.56	4.80	3.50	5.47	328.20
民猪	5.18	6.65	7.74	6.31	4.54	2.72	5.65	339.00
哈白猪	5.79	7.76	7.65	6.19	4.10	2.98	5.74	344.40
枫泾猪	9.29	10.31	10.43	9.52	8.94	6.87	9.23	553.80
大白猪	11.20	11.40	14.30	8.10	5.30	4.10	9.27	557.40
长白猪	9.60	13.33	14.55	12.34	6.55	4.56	10.31	618.60
平均	7.81	9.33	10.23	8.00	6.21	4.12	7.60	456.90

(2)年龄(胎次)。正常情况下,第1胎的泌乳量较低,第2胎开始上升,第3、4、5、6胎维持在一定水平上,第7、8胎开始下降,因此,现在工厂化养猪主张母猪7～8胎淘汰。

(3)哺乳仔猪头数。母猪带仔头数的多少将影响着泌乳量,带仔头数多,则母猪泌乳量就高,但每头仔猪日获得的乳量却减少了(表2-4)。

表2-4 母猪哺乳头数对泌乳量的影响 kg

哺乳仔猪头数	母猪的日泌乳量	每头仔猪日获得乳量
6	5～6	1.0
8	6～7	0.9
10	7～8	0.8
12	8～9	0.7

(4)营养。营养水平高低直接影响着母猪的泌乳量,特别是能量、蛋白质、矿物质、维生素、饮水等对母猪泌乳性能均有影响。为了提高母猪泌乳量,提高仔猪生长速度,应充分满足母猪所需要的各种营养物质。

(5)乳头位置。乳头位置不同,泌乳量不同(表2-5)。原因是由于乳房内的乳腺体数量不同。一般前3对乳头泌乳量高于中、后乳头。

表2-5 不同乳头位置的泌乳量比例 %

乳头位置	1	2	3	4	5	6	7
所占泌乳量比例	23	24	20	11	9	9	4

(6)环境。温湿度适宜,安静舒适有利于泌乳,反过来高温、高湿、低温、噪声干扰等环境将使母猪泌乳量降低。

(三)泌乳母猪饲养管理

1.泌乳母猪营养需要

母猪在整个泌乳期分泌大量乳汁,目前瘦肉型猪种产后3～5周平均每昼夜泌乳8～10 kg。由于泌乳排出大量的营养物质,如果不及时满足泌乳母猪所需要的各种营养物质,将会影响母猪泌乳和健康。

(1)能量。泌乳母猪能量需要取决于很多因素。①妊娠期间营养水平决定了母猪开始泌乳时的体能储备和泌乳期间的采食量和体重变化,从而影响母猪的能量需要。②泌乳期间体重损失对整个繁殖周期的体重变化也有重要影响。母猪的体能很容易被动员,使泌乳的实际能量需要量降低。体重损失成分不同,损失体重的能值就有差异,使得泌乳的能量需要量降低程度不同。能量供给水平是导致其差异的主要因素,当泌乳母猪能量摄入不足时,母猪就会动用体内脂肪和蛋白质,使其表现消瘦。③母猪食欲影响采食量,进而影响能量摄入量。母猪妊娠期间过于肥胖、环境温度偏高导致母猪食欲不好(表2-6),同时饲料的类型和适口性、饲养方式等也会影响母猪采食量,最终影响能量摄入量。④产仔数、仔猪体重、生命力等均能影响能量需要。母猪产仔数多、仔猪窝重大、仔猪生命力强等将会使母猪能量需要增加。⑤哺乳期长短既影响母猪的总泌乳量,又影响母猪的哺乳期体重损失。表2-7显示的是泌乳期不同阶段母猪的能量需要量计算值，说明泌乳前2周泌乳量少，饲料需要量就少；3～4周泌乳量增加，饲料需要量就多。泌乳期越短，泌乳对饲料能量的需要量就越低(表2-7)。

表2-6 环境温度对母猪采食量、体重损失和仔猪体重的影响

(宋育，猪的营养，1995)

项目	试验1		试验2	
环境温度(℃)	27	21	27	16
母猪头数(头)	20	20	16	16
母猪日采食量(kg)	4.6	5.2	4.2	5.6
母猪体重损失(kg)	20	13.5	22	13
仔猪28日龄体重(kg)	6.2	7.0	6.4	7.3

表2-7 泌乳期不同阶段的能量需要量计算值

(宋育，猪的营养需要，1995)

项目	泌乳周期	
	第1、2周	第3、4周
泌乳量(kg/天)	5.8	7.15
乳能含量(MJ/天)①	26.22	32.22
饲料需要量(kg/天)②	6.6	8.15

注：①假定含能4.52 MJ/kg；②假定含消化能12.55 MJ/kg。

对于泌乳母猪的维持需要量，各文献说法不一，NRC(1998)建议泌乳母猪每天维持能量需要量(MEm)为443 kJ/kg $BW^{0.75}$(代谢体重)或460 kJ/kg $BW^{0.75}$。

泌乳的能量需要取决于泌乳量、乳能含量和饲料转化率(表2-7)。产乳量则因品种、带仔头数、泌乳阶段、营养水平、环境条件的不同而异。乳的能量含量一般为5.2～5.3 MJ/kg。母猪在泌乳期间(3～5周)的体重损失为9～15 kg，体重损失的主要成分为脂肪，而脂肪的能量含量为39.4 MJ/kg。由此可计算出整个泌乳期间的体重损失所需总能量(表2-8、表2-9)。

表2-8 哺乳母猪能量需要量的析因估计

(宋育，猪的营养，1995)

哺乳阶段(周)	体重(kg)	MEm(MJ/天)	泌乳量(kg/天)	泌乳需要(ME,MJ/天)	失重(kg/天)	失重能值(ME,MJ/天)	总ME需要(MJ/天)
1	159.1	19.7	5.1	40.8	0.13	6.2	54.3
2	157.8	19.5	6.5	52.0	0.18	8.3	63.2
3	156.4	19.4	7.1	56.8	0.20	9.5	66.7
4	154.9	19.3	7.2	57.6	0.21	9.5	67.4
5	153.5	19.1	7.0	56.0	0.21	9.5	65.6
6	152.2	19.0	6.6	52.8	0.18	8.3	63.5
7	151.0	18.9	5.7	45.6	0.18	8.3	56.2
8	150.0	18.8	4.9	39.2	0.14	6.6	51.4

表 2-9 青年哺乳母猪和成年泌乳母猪每天能量和饲料需要量 NRC(1998)

采食和生产水平	分娩后哺乳母猪体重(kg)		
	145	165	185
产奶量(kg)	5.0	6.25	7.5
能量需要量(DE,MJ/kg)			
维持①	18.8	20.9	23.0
产奶②	41.8	52.3	62.8
总数	60.6	73.2	85.8
饲料需要量(kg/天)③	4.4	5.3	6.1

注:①每天维持需要量(DE)是 460 kJ/kg $BW^{0.75}$;②产奶需要量(DE)8.4 MJ/kg;③每天饲料需要量(DE)依据含 13.97 MJ/kg。

综合考虑妊娠期和泌乳期母猪的能量供给,应采取“低妊娠、高泌乳”的原则,可以使母猪得到最佳的饲喂效果。

(2)蛋白质、氨基酸的需要。除保证泌乳母猪能量需要外,还需要蛋白质、氨基酸的充足供给。泌乳母猪的蛋白质、氨基酸需要量同样分为维持需要和泌乳需要两个部分。NRC(1998)推荐泌乳母猪体重 175 kg(产后),带仔 12 头,仔猪预期日增重 250 g,母猪 4 周泌乳失重 10 kg 情况下,母猪每日应采食粗蛋白质为 1 086 g(粗蛋白质 19.3%, 日粮 5.66 kg)。对泌乳所需赖氨酸,NRC(1998)推荐量为每千克窝增重需 22g 表观回肠可消化赖氨酸。如果日粮中赖氨酸供给不足(玉米-豆粕型日粮),母猪将会分解自身组织用于泌乳,造成泌乳母猪失重过大,延长其断奶后发情配种时间,减少母猪年产仔窝数。据研究表明,日粮中赖氨酸水平 0.60%(35 g/天)与日粮中含 0.75%～0.90%赖氨酸相比(45～55 g/天),哺乳仔猪多的高赖氨酸泌乳母猪不仅泌乳量大(由仔猪断奶体重增加反映)而且失重少。断奶后 1 周左右发情配种率较高。其他氨基酸的需要量可参照 NRC(1998)标准酌情执行。

(3)矿物质需要。日粮中钙、磷不足或比例不当,一方面影响母猪泌乳量,影响仔猪生长发育;另一方面影响母猪的身体健康,出现瘫痪、骨折等不良后果。NRC(1998)推荐的钙、磷供给量为钙 0.75%、总磷 0.60%、有效磷 0.35%,同时要求泌乳母猪日粮至少为 4～5 kg,如果日粮低于这个数字,应酌情增加日粮中钙、磷的浓度,使母猪日采食钙至少 40 g,磷至少 31 g,从而保证母猪既能正常发挥泌乳潜力,哺乳好仔猪,又不会使自身健康受到影响,减少母猪计划外淘汰率,提高养猪生产经济效益。

其他矿物质如铁、铜、锌、硒、碘、锰等也应根据 NRC(1998)推荐标准酌情执行。

泌乳母猪日粮中食盐的含量应为 0.5%(NRC,1998),夏季气候炎热,舍内无降温设施,母猪食欲减低时,可添加到 0.6%左右。

(4)维生素需要。猪乳中维生素的含量取决于日粮中维生素的水平,因此,应根据饲养标准添加各种维生素。但是饲养标准中推荐的维生素需要,只是最低数值,实际生产中的添加量往往是饲养标准的 2～5 倍。

(5)水的需要。猪乳中含有 80%左右的水,饮水不足会使母猪泌乳量下降,甚至影响母猪身体健康。泌乳母猪每日饮水量为其日粮量的 4～5 倍,同时要保证饮水的质量,要求饮水清洁、卫生、爽口。

2.泌乳母猪饲养

(1)饲喂方式。母猪产前1～2天减料，产仔3天迅速恢复正常饲养。分娩当天不喂料，分娩后第1天上午喂0.5kg，第2天上午1.0 kg，下午1.0～1.5 kg（如果需要），第3天上午1.5 kg，下午1.5 kg（如果需要），以后逐渐增加（表2-10）。哺乳母猪采用哪种饲喂方式众说不一，共同之处是生后前几天逐渐增加喂量，7天后尽可能多地让猪多采食，达到5～7 kg/天的采食量。产后母猪身体虚弱，应以流食为主，逐渐加料，同时喂一定量的麸皮和加有电解质的清洁温开水防止母猪便秘。使用潮拌料分顿给料要优于干粉料自由采食。潮拌料适口性优于干粉料，可刺激猪采食，便于掌握猪采食情况，这一点在夏季体现得更为明显。同时定时饲喂也便于粪便清理，有利于保持卫生，防止各种疾病。

表2-10 哺乳母猪投料规则 kg

时间(产后)	喂料量	时间(产后)	喂料量
第1天	0	断奶前5天	4.5
第2天	0.5	断奶前4天	4.0
第3天	1.5	断奶前3天	3.5
第4天	3.5	断奶前2天	3.0
第5天	4.0	断奶前1天	2.5
第6天到断奶前6天	自由采食(不浪费)	断奶当天	0

备注：每头母猪须带9头奶猪。

(2)提高母猪泌乳的饲养方法

①降低母猪妊娠期间的饲料供给量，这是因为研究表明，母猪泌乳期间的饲料供给量和妊娠期间的供给量呈负相关；

②增加母猪泌乳期间日粮蛋白水平，母猪在泌乳期所食日粮蛋白水平越低，则日采食量减少，在实际生产当中泌乳母猪日粮中粗蛋白含量不低于15%（赖氨酸0.7%）；

③增加饲料中能量的含量，如加植物油2%～4%；

④增加饲喂次数，采用自由采食；

⑤使用潮拌料，供给母猪充足的饮水（每头母猪每日20～25 L）；

⑥控制猪舍内小环境，注意夏天降温。

3.泌乳母猪管理

母猪哺乳期最适温度为20～22℃，生产中，许多饲养员为保证仔猪温度，往往提高舍内温度，甚至高达27℃以上，高温的结果是降低了母猪的采食量，产奶量减少，部分母猪出现喘气急促现象，还会使仔猪出保温箱不愿回去，出现腹泻等症状。控制好温度是能否养好母猪和仔猪的关键措施。哺乳母猪的管理技术要点如下：

(1)上产床前对母猪乳头进行清洁消毒，洗去身上污物，不让任何东西带上产床，特别注意的是蹄部的冲洗消毒；哺乳期间也应保持乳头的清洁卫生。

(2)在保证仔猪温度需要的前提下，将舍温适当调低至20℃左右，以保证母猪采食量正常。

(3)产仔舍以保温为主，但也要注意适当的通风换气，排除过多的水汽、尘埃、微生物、有害气体（如NH_3、H_2S、CO_2等），但必须防止贼风，同时注意通风时控制气流速度在0.1 m/s以下，且风速均匀、平缓。

(4)母猪哺乳时必须保证环境安静，噪声小有利于泌乳和仔猪吃奶，否则对母仔都有不利影响；对母猪要温和，不能吆喝和鞭打。

(5)母猪舍应保持清洁干燥，高床漏缝地板饲养，不宜用水带猪冲洗网床，床下粪污每天清扫两次，若水冲则注意防止水溅到网床上；猪排便后，立即清除，产床上不留粪便。如母猪沾上粪便，应立即用消毒抹布擦净。

(6)每天注意观察母猪有无乳房炎、无乳症、便秘等疾病，或食欲是否旺盛，精神是否较好，身体是不是过瘦等。

(7)合理的保健措施。如母猪产前产后药物预防等，可有效地预防疾病的侵害。

(8)及时填写哺乳母猪卡片。记录记载母猪品种、耳号、胎次、产仔日期、产仔数以及母猪分娩情况、哺育泌乳与健康状况、转入转出数等。对上述观察中发现的异常母猪应做好各种记录，以提供给兽医和管理技术人员作参考并采取相应措施。

4.防止母猪无乳或乳量不足

(1)原因

①营养方面：母猪在妊娠期间能量水平过高或过低，使得母猪偏肥或偏瘦，造成母猪产后无乳或泌乳性能不佳，泌乳母猪蛋白质水平偏低或蛋白质品质不好，日粮中严重缺钙、缺磷，或钙、磷比例不当，饮水不足等都会出现无乳或乳量不足。

②疾病方面：母猪患有乳房炎、链球菌病、感冒发烧、肿瘤等疾病将出现无乳或乳量不足。

③其他方面：高温、低温、高湿、环境应激，母猪年龄过小、过大等，都会出现无乳或乳量不足。

(2)防止母猪无乳或乳量不足的措施。根据饲养标准配合日粮，满足母猪所需要的各种营养，在确认无病的情况下，可以用下列方法进行催乳。

①将胎衣洗净煮沸 20～30 min，去掉血腥味，然后切碎，连同汤一起拌在饲料中分 2～3 次喂无乳或乳量不足的母猪。严禁生吃，以免造成消化不良或养成食仔恶癖。

②产后 2～3 天内无乳或乳量不足，可给母猪肌肉注射催产素，剂量为每 100 kg 体重 10 IU。

③用淡水鱼或猪内脏、猪蹄、白条鸡等煎汤拌在饲料中喂饲。

④泌乳母猪适当喂一些青绿多汁饲料，可以增加母猪的乳量，但要控制量，防止过多饲喂青绿饲料而影响混合精料的采食，造成能量、蛋白质、矿物质营养的摄入量不足，长此下去泌乳母猪身体受损。

⑤中药催乳法。王不留行 36 g、漏芦 25 g、天花粉 36 g、僵蚕 18 g、猪蹄 2 对，水煎分两次拌在饲料中喂饲。

四、断奶后母猪饲养管理

仔猪断奶当天，对于七成膘的母猪，其日粮量为 2 kg 左右，日喂 2 次，停喂青绿多汁饲料。下床或驱赶时要正确驱赶，以免肢蹄损伤。断奶后 3 天内，注意观察母猪乳房的颜色、温度和状态，发现乳房炎应及时诊治。断奶后 1 周左右，注意观察母猪发情，及时安排配种。对于泌乳期间失重较大的母猪，应给予特殊饲养，使其体况迅速恢复，便于母猪配种妊娠。

五、母猪的营养与繁殖关系

母猪的营养状况不仅直接影响母猪的生产性能，如产仔数、断奶后再发情、有效利用年限，而且关系到仔猪的生产性能，尤其是断奶前的增重和成活率。随着现代育种技术的不断应用和改进，母猪的潜在生产力不断提高，主要表现为多产性和种用年限的提高。母猪繁殖周期的各阶段是密切相关的，某一阶段的营养会影响后一阶段乃至全程的生产性能。现代品系的母猪具有初配年龄小、体型瘦、食欲差、繁殖力高以及泌乳量大的特点，如何制订出与这种高生产性能相适应的饲喂方案。是种猪生产者尤为关注的问题。

(一)能量需要

1. 妊娠母猪的能量需要

母猪在繁殖周期的各阶段(发情—配种—妊娠—分娩—哺乳)与营养密切相关。某一阶段的营养会影响下一阶段乃至全程的生产性能。母猪生活状态影响其营养需要。妊娠、胚胎着床、胚胎发育、乳腺发育等生理阶段的营养需要各不相同，因此，对母猪也应该像对生长猪一样采用分阶段饲养。

妊娠早期，过度的能量水平会导致胚胎的死亡率增高。在妊娠期前两周摄入高能量可能会增加胚胎死亡率，减少分娩的活仔数。发情到配种后 3 天，青年母猪的高采食量会明显降低血浆孕酮浓度和胚胎存活率，但在配种当天降低采食量对胚胎成活率无明显影响。能量过高或过低都对繁殖力有不良影响，配种前 15～20 天阶段，饲喂高能量日粮，提高饲粮的能量水平，可促进母猪发情，增加排卵数。在母猪妊娠前期限制能量水平能促进胎儿的生长发育，对提高仔猪的初生重有益。对于青年母猪，进行短期优饲，适当提高能量的采食量，有助于早日达到初情期，而且还可以增加其排卵数；初情期后 10 天，喂给青年母猪高能量饲料，可多产 2～4 个黄体。

提高整个妊娠期内的采食量，会降低哺乳期的自由采食量。由于妊娠期采食量与泌乳期采食量呈负相关，因此，在妊娠期间，切忌过量饲喂。妊娠期高采食量以及相应哺乳期低采食量都会抑制黄体素(LH)分泌频率，延长初产母猪断奶至发情的时间间隔。母猪从妊娠第 25～80 天增加采食量可提高仔猪出生后的生长速度与饲料转化率。

妊娠后期乳腺发育是妊娠的重要表现，它为哺乳做准备，此阶段的营养影响乳腺发育，妊娠 75 天摄入能量过多会减少青年母猪乳腺中泌乳软组织的数量。

2. 哺乳母猪的能量需要

鉴于妊娠期采食量对泌乳期采食量产生的负影响，常采取的策略是妊娠期低能量摄取量，泌乳期高能量摄取量。泌乳母猪的能量需要量取决于体重、产奶量以及体重和体组织的变化。泌乳母猪的能量维持需要量约为 460 kJ DE/kg $BW^{0.75}$，泌乳母猪 DE 的变化范围为 50～92 MJ/天。

泌乳期间的总采食量与母猪的泌乳性能及以后的繁殖性能呈正相关。除总采食量外，泌乳期间采食模式对母猪的繁殖性能也产生重要影响。泌乳期间的饲喂方案是最大限度地采食，哺乳母猪(尤其是初产母猪)损失过量的体重能严重影响其泌乳量和以后的繁殖性能，包括断奶至发情间隔期延长，受胎率和胚胎成活率降低等。限制能量摄入量减少了 LH 的分泌并延长断奶至发情的时间间隔，将初产母猪的采食量由 4.5 kg/天增重 5.5 kg/天，则第二胎的窝产仔数可由 10.2 头增加至 11.2 头。如果饲喂得太少，将会使母猪断奶后再次发情的时间间隔延长。在泌乳期任一阶段限制采食量即会减少排卵数，增加断奶至发情的时间间隔。

对自由采食的泌乳母猪而言，若日粮中添加5%～10%的脂肪，使总采食量略有下降，但增加可代谢能摄取量。在泌乳母猪的日粮中，添加脂肪主要是增加了猪奶的脂肪含量和总能值，减少了母猪的体重损失，提高断奶窝重，但可能对以后的繁殖性能有副作用。与高脂肪(10%)日粮相比，哺乳母猪饲喂低脂肪(3.6%)日粮增加了LH的分泌。因为增加日粮脂肪提供能量的比例就会降低淀粉提供能量的比例，从而会对母猪的繁殖性能产生负面影响。

(二)蛋白质和氨基酸的需要

1.妊娠母猪的蛋白质和氨基酸需要

由于妊娠期CP轻微不足带来的负面影响可在哺乳期喂以超过推荐量的CP水平加以补偿，因此，在日常生产管理中很少发生因CP不足而降低母猪生产成绩的现象。对于良种猪而言，妊娠日粮的CP和赖氨酸水平在14.0%和0.6%左右，并可维持良好的繁殖性能。

体重150 kg的母猪，妊娠期内蛋白质需要量为233 g/天，赖氨酸总需要量为10.5 g/天。妊娠期间母猪的蛋白质需要量逐渐增加。妊娠母猪的赖氨酸需要量因能量摄取量的不同而有明显的差异，初产母猪的赖氨酸与代谢能之比为2 mg/kcal，老龄母猪为1.3 mg/kcal(1 cal=4.186 J)。当日粮能够满足母猪对能量的需要时，日粮赖氨酸水平达到0.4%～0.6%即可满足母猪的需要。另外，可使用几种不同的妊娠期日粮。妊娠母猪通常只饲喂一次，因此，不宜使用合成氨基酸。在妊娠期内饲喂低蛋白质(13%)和低赖氨酸(0.55%)日粮可增加母猪的脂肪沉积量，提高仔猪的出生体重。

2.哺乳母猪的蛋白质和氨基酸的需要

(1)赖氨酸。赖氨酸作为日粮第一限制性氨基酸，对于改善母猪的繁殖性能具有重要意义。初产母猪哺乳期日粮的赖氨酸水平从0.6%增至1.51%，下一窝产仔数从10头增加到11头。初产母猪在泌乳期间饲喂高赖氨酸的日粮，可增加窝产仔数。

经产母猪的哺乳期日粮中赖氨酸需要量为20～55 g/天，初产母猪为60 g/天，高产泌乳母猪对赖氨酸的需要量为54 g/天。研究表明，哺育10头仔猪的母猪，其对赖氨酸的需要量为52 g/天可消化的赖氨酸。

此外，能量与蛋白质具有互作效应，母猪体重下降是由于日粮的必需养分、能量和蛋白质的缺乏及其组织、脂肪和肌肉的动员。

(2)支链氨基酸。支链氨基酸是猪的必需氨基酸，支链氨基酸对于泌乳母猪具有特殊的生理意义。支链氨基酸包括亮氨酸、异亮氨酸和缬氨酸，其中最主要的是缬氨酸。

亮氨酸可促进乳腺的发育，改善泌乳性能，亮氨酸的代谢产物具有调节蛋白质代谢的作用。

缬氨酸对泌乳母猪的繁殖性能具有重要影响，当日粮中的赖氨酸水平超过0.9%时，窝断奶仔数多于10头时，添加缬氨酸能明显改善母猪泌乳性能。

随着断奶重和窝重的增加，高产母猪对缬氨酸的需要比赖氨酸高。为保证泌乳量和提高仔猪日增重，在哺乳母猪日粮中添加结晶赖氨酸。研究表明窝产仔数多的母猪，日粮中缬氨酸的含量至少要达到10.5 g/kg；缬氨酸与赖氨酸的比例为117%时，仔猪生长明显加快；缬氨酸的最大供给量可达11.5 g/kg，与赖氨酸的比例为128%。

(3)氨基酸平衡

①支链氨基酸的拮抗作用：支链氨基酸对产奶和奶成分具有重要作用，但支链氨基酸之间

存在着拮抗作用,其拮抗作用的主要表现为:由过量亮氨酸引起的动物生长迟缓和采食量下降可通过适量的缬氨酸和(或)异亮氨酸加以消除。而且为了保证支链氨基酸之间的平衡,异亮氨酸、缬氨酸与亮氨酸应分别为0.85%、1.07%与1.35%。

②支链氨基酸与色氨酸:将日粮的色氨酸水平从0.12%提高到0.17%可增加母猪泌乳期的采食量及减少体重损失,因此,在日粮应注意色氨酸与支链氨基酸的合适比例。

(三)妊娠母猪的纤维素需要

妊娠母猪饲喂高纤维日粮时,可使窝产仔猪数增加0.3～0.7头。除了增加窝仔数外,妊娠母猪饲喂高纤维也可减少咬栏、舔地板或假咀嚼等异常行为发生,使母猪产生更大的"满足感"。

纤维有益作用的机制是,增加了血浆中的生酮基质的含量,从而节约母体的葡萄糖,增加母体血浆中的代谢物,从而为胎儿提供更多的养分,增加胎儿体内的能量储备;生酮基质还可直接作用于生后24 h的仔猪,以提高其生后成活率。

由于纤维素可与氨基酸结合而抑制氨基酸的消化,所以纤维素含量高的日粮,氨基酸量应该高些。同时,给妊娠母猪饲喂高纤维日粮时,还应添加微量元素预混料。

(四)母猪的维生素需要

维生素对母猪的繁殖性能具有重要意义,影响母猪繁殖性能的维生素包括维生素A与β-胡萝卜素、维生素E、叶酸、生物素以及其他维生素。

1.维生素A

在断奶发情及发情后7天给经产母猪注射β-胡萝卜素或维生素A,可使窝产仔数增加0.6～1.5头。维生素A可以改善胚胎大小的整齐度,提高胚胎的同步性,从而降低胚胎死亡率。另外,维生素A可以提高血清中的孕酮水平,从而提高胚胎的成活率。

在实际生产中,维生素A是以注射的方式应用的,注射比日粮补充更为有效。一般建议维生素A的需要量为5 000 IU/kg饲料。

2.β-胡萝卜素

长期以来,人们一直将β-胡萝卜素仅视为维生素A的前体,但它还具有维生素A以外的生理功能,对调节母猪的繁殖性能起着重要作用。

β-胡萝卜素可降低胚胎死亡率,增加窝产仔数,提高初产及断奶窝重。对于饲以含足量的维生素A日粮的母猪,补充β-胡萝卜素可以使窝产仔数进一步提高,因为β-胡萝卜素除了作为维生素A的前体发挥作用外,还具有不同于维生素A前体的独特作用,可进一步提高母猪的繁殖性能。β-胡萝卜素能提高胎儿成活率,效果比维生素A显著。所以,在给母猪补给维生素A的同时,注射β-胡萝卜素,比只补加维生素A更能提高繁殖性能。

3.维生素E

维生素E的作用主要表现为:①改善母猪繁殖性能:给妊娠期母猪饲喂维生素E强化日粮,可以提高窝产仔数和活产仔数;向母猪日粮中补充0.1 mg/kg硒与50 IU/kg的维生素E,可降低乳房炎-子宫炎-无乳综合征(MMA)的发病率。补充维生素E提高了母乳及仔猪血清中的维生素E含量,增强其抗氧化能力,提高其免疫水平,从而改善了母猪的繁殖性能及仔猪的生产性能。②维生素E对免疫功能有一定的影响,它可改善体液免疫和细胞免疫。

NRC推荐妊娠母猪维生素E需要量为44 IU/kg饲料,提高怀孕母猪日粮维生素E水平，最好在妊娠后期，如分娩前半个月。

4.叶酸

叶酸是母猪需要的另一种维生素，在妊娠早期的日粮中，添加叶酸，可以提高窝产仔数和窝产活仔数，尤其是经产母猪。补充叶酸提高了胚胎的成活率，而不是增加了排卵数，但当排卵数增加时，补充叶酸提高胚胎成活率的效果更明显。叶酸补充的关键时期是妊娠后期的头60天。

母猪对叶酸的需要量，在妊娠期头1周补充叶酸15 mg/kg饲料，以后补充10 mg/kg饲料直至分娩，可最大限度地发挥母猪的繁殖性能。

5.生物素

生物素也是影响母猪繁殖性能的一种重要维生素。母猪日粮中添加生物素主要与蹄部健康有关。繁殖母猪缺乏生物素可导致繁殖性能下降，断奶-发情间隔延长，皮肤及脚的健康状况恶化，补充生物素后，上述症状得到改善。补充生物素使蹄部的硬度、致密度和承压强度得到改善，蹄裂与脚垫损伤减少。

此外，母猪日粮添加生物素，可使窝产仔数、断奶仔猪数、断奶窝重及断奶至发情的间隔天数等指标得到改善。生物素的作用机制是：在妊娠中期到后期，增大子宫空间，促进胎盘的发育，最终促进了胎儿的存活。妊娠母猪与哺乳母猪对生物素的需要量为0.2 mg/kg。

6.其他维生素

维生素C可以缓解母猪分娩前后经受的生理应激；烟酸可以促进母猪及胎猪的代谢，减少乳房炎-子宫炎-无乳综合征的发生；核黄素可以提高母猪的受胎率；维生素D_3可提高母猪受胎率、窝产仔数及断奶时仔猪的成活率。

(五)母猪的矿物质需要

1.硒

硒的抗氧化特性对改善母猪的繁殖性能具有重要作用，同时，硒可提高母猪对各种营养物质的消化和吸收。母猪缺硒可导致发情紊乱，受胎率低，胎儿不能正常发育；而硒过多，可造成硒中毒，母猪受胎率和产仔率均下降，仔猪发育迟缓。所以，只有保持正常的硒水平，母猪的生殖机能才能正常。

硒的补充以有机硒（硒酵母）优于无机硒（亚硒酸钠），而补硒的效果主要体现在怀孕后期。

2.铬

铬是妊娠母猪营养中比较受重视的一种微量元素。母猪配种前6～7个月补充甲基吡啶铬，窝产仔数及断奶仔数会增加，断奶窝重得到提高。铬还可以提高猪的瘦肉率。给初产母猪补铬，可减少流产，降低死胎，促进母猪发情，提高产仔数。有机铬通过改变胰岛素、促卵泡素和促黄体素的分泌水平来影响母猪的繁殖性能。

3.铁

母猪分娩前后补充一般铁并不能增加胎儿体内铁的储备及猪奶中铁的含量，因而不能防止仔猪缺铁性贫血。给妊娠和哺乳母猪注射葡萄糖铁，几乎看不到通过胎盘和乳汁转移铁的效果，但是构成胎儿体蛋白的氨基酸却很容易通过胎盘转移给胎儿。若妊娠母猪口服苏氨酸铁，在分娩前便可将铁迅速转移并蓄积在胎儿体内，从而可预防分娩后的仔猪缺铁性贫血，而苏氨酸铁还可通过初乳转移给仔猪，一般给妊娠和哺乳母猪添加0.15%苏氨酸铁，可提高母猪的繁殖率、仔猪成活率和初生重。

4.钙和磷

母猪对这两种元素的需要量极大，日粮中钙和磷比例小于1.5∶1时，可使母猪受胎率下降，并诱发流产、胎衣不下，子宫和输卵管炎症等。而日粮中钙、磷比例大于4∶1时，同样影响母猪的生殖机能。一般认为，日粮中钙、磷比例保持在(1.5～2)∶1时，对母猪最有利。

六、母猪最佳生产力的饲养和管理措施

(1)尽早选择后备母猪，给后备母猪饲用专用日粮；配种前饲喂配种料促使其排卵率的提高。第一次配种：220～230天，130～140 kg体重，第2或第3个发情期配种。

(2)降低配种后3周的母猪采食量，提高胚胎成活率，并依体况饲喂，在产仔时的体况条件目标分为3.5分(计分1～5)；在低于20℃时，气温每低1℃，则饲喂量提高4%。

(3)在怀孕期的后4周，提高采食量可提高仔猪出生重和母猪的乳腺发育最优化。在分娩前两天降低饲喂量可加快产仔过程。在分娩后第一周逐渐提高日采食量。

(4)母猪在泌乳期极佳的食欲很关键，可使仔猪断奶重提高。泌乳期平均营养需要为：代谢能9.6 MJ，赖氨酸60 g/天；使母猪体重和体况损失最小化，断奶时的母猪体况目标分为2.5分(计分1～5)。给仔猪提供额外饲料，以降低母猪的营养需要。

(5)妊娠期和泌乳期日粮分开饲喂。怀孕期：代谢能12.6 MJ，赖氨酸6 g/kg；泌乳期：代谢能13.0～13.8 MJ，赖氨酸8～11 g/kg。

(6)泌乳母猪每天需要30～50 L水，奶流速大于2.0 L/min。

(7)减少空怀或非生产天数，有机矿物质硒、铬、铁有利于提高繁殖性能。甘露寡糖(MOS)可刺激免疫系统，母猪在整个怀孕后期和泌乳期间，饲喂MOS可使断奶前死亡率由11.27%下降至9.09%。要确保母猪健康和福利，保持良好的卫生条件。

(8)提高公猪的精液质量，公猪精液质量好意味着受精率高和窝产仔数多。

任务2-4　猪的配种技术

一、母猪的发情与初配适龄

(一)发情排卵规律

1.发情周期

达到性成熟而未妊娠的母猪，在正常情况下每隔一定时间就会出现一次发情，由一次发情开始到下一次发情开始的时间间隔称为发情周期。母猪发情周期一般为19～23天，平均21天。母猪发情周期分为发情前期、发情期、发情后期和间情期四个时期。母猪在发情过程中会产生一系列形态和生理变化。主要归纳为四个方面：

(1)机体精神状态的变化，如兴奋或安静。

(2)母猪对公猪的性欲反应。如交配欲的有无及其表现程度。

(3)卵巢变化情况，如卵泡的发育、排卵和黄体形成等。

(4)母猪生殖道生理变化，现将各时期的变化情况详述如下：

①发情前期：是卵巢卵泡准备发育时期。此时期母猪通常越来越躁动不安，食欲小或无，

开始寻找公猪，但母猪此时无性欲表现。

②发情期：母猪具有性欲表现；母猪阴门肿胀程度逐渐增强，到发情盛期达到最高峰；整个子宫充血，肌层收缩加强，腺体分泌活动增加，阴门处有黏液流出；子宫颈变松弛；卵巢卵泡发育加快，此时母猪试图爬跨并嗅闻同栏其他母猪，但本身不接受爬跨，母猪尿中和阴道分泌物中有吸引和激发公猪的外激素。一般在此时期的末期开始排卵。

③发情末期：在这个时期，母猪由发情的性欲激动状态逐渐转入静止状态；卵泡破裂排卵后形成红体，最后形成黄体。

④间情期：此时期又称为休情期。母猪的性欲已完全停止，精神状态也完全恢复正常。

2.排卵规律

母猪发情持续时间为 40～70 h，排卵在后 1/3 时间内，而初配母猪要晚 4 h 左右。现代引进品种母猪在每个发情期内的排卵数一般为 20 枚左右，排卵持续时间为 6 h 左右；地方品种猪每次发情排卵为 25 枚左右，排卵持续时间 10～15 h。

(二)初配适龄

一般适宜配种时间为：引进品种或含引进品种血缘较多的猪种(系)主张 7～8 月龄，体重 90～110 kg，在第二或第三个发情期实施配种；地方品种猪 6 月龄左右，体重 70～80 kg 时开始参加配种。

二、公猪精子的形成及初配适龄

(一)公猪精子的形成

1.性成熟

地方品种公猪 3～6 月龄即可达到性成熟，现代引进品种公猪一般 6～7 月龄达性成熟，可以产生正常成熟的精子，具有一定繁殖能力。

2.精子的形成

精原细胞→四次分裂形成 24 个初级精母细胞→分裂形成染色体单倍体的 2 个次级精母细胞→再分裂又形成 2 个精细胞→形成精子。从理论上讲一个精原细胞最终将形成 96 个精细胞，精子形成时间一般为 44～45 天。

(二)初配适龄

瘦肉型品种或含瘦肉型品种血缘的公猪，开始配种利用的年龄为 8～9 月龄，体重 100～120 kg。有些猪场公猪使用过早或配种强度过大，导致公猪体质严重下降，出现了消瘦、性欲减退，甚至不能参加本交配种，最后淘汰，增加了种猪更新成本。

三、配种技术

(一)母猪发情表现

母猪发情时表现为兴奋不安、哼叫、食欲减退。未发情的母猪食后上午均喜欢趴卧睡觉，而发情的母猪却常站立于圈门处或爬跨其他母猪。将公猪赶入圈栏内，发情母猪会主动接近公猪。母猪外阴部表现潮红、水肿，有的有黏液流出。

(二)配种时间

具体的配种时间应根据发情鉴定结果来决定，一般大多在母猪发情后的第 2～3 天。老龄母猪要适当提前做发情鉴定，防止错过配种佳期。青年母猪可在发情后第3天左右做发情鉴定，母猪发情后每天至少进行两次发情鉴定，以便及时配种(具体发情鉴定方法见实训六)。本交配种应安排在静立反射产生时；而人工授精的第一次输精应安排在静立反射(公猪在场)产生后的12～16 h，第二次输精安排在第一次输精后12～14 h。

(三)配种方式

1.单次配种

母猪在一个发情期内，只配种一次。这种方法虽然省工省事，但配种时间掌握不好会影响受胎率和产仔数，实际生产中应用较少。

2.重复配种

母猪在一个发情期内，用1头公猪先后配种2次以上，其时间间隔为8～12 h。生产中多安排2次配种，具体时间多安排在早晨或傍晚前。这种配种方式多用于纯种繁殖场。

3.双重配种

母猪在一个发情期内，用两头公猪分别交配，其时间间隔为5～10 min，此法只适于商品生产场，这样做的目的是可以提高母猪受胎率和产仔数。

(四)公母猪的交配行为

发情母猪见到公猪后，公母猪鼻对鼻进行接触；公猪嗅母猪的外阴；母猪嗅公猪的生殖器官；头对头进行接触，发出哼哼的求偶声，紧接着公猪开始不断地咀嚼，嘴中开始有泡沫，并有节奏地排尿；母猪有的也排尿；公猪用鼻拱母猪侧面或腹部，发出几声求偶声；母猪发呆静立；公猪爬跨时先是两前肢搭在母猪后臀部，然后两前肢前移进行交配。一般交配时间为10 min左右。

(五)配种方法

1.人工辅助交配

公母猪交配前，首先将母猪的阴门、尾巴、臀部用0.1%高锰酸钾溶液擦洗消毒，将公猪包皮内尿液挤排干净，使用0.1%的高锰酸钾将包皮周围消毒。配种人员带上消毒的橡胶手套或一次性塑料手套，准备做配种的辅助工作。当公猪爬跨到母猪背上时，用一只手将母猪尾巴拉向一侧，另一只手托住公猪包皮，将包皮口紧贴在母猪阴门口，这样便于阴茎进入阴道。公猪射精时肛门闪动，阴囊及后躯充血，一般交配时间为10 min左右。应注意的问题：地面不要过于光滑；把握好阴茎方向，防止阴茎插进肛门；配种结束后不要粗暴对待公、母猪。公、母猪休息10～20 nin后将公、母猪各自赶回原圈栏，此时公猪注意避免与其他公猪见面接触，防止争斗咬架，然后填写好配种记录表，一式两份，一份办公室存档，另一份现场留存，用于配种效果检查和生产安排；或将配种资料存入计算机，并打印一份，便于现场生产及配种效果检查。

2.人工授精

人工授精就是利用适宜的器械采集公畜的精液，再用器械把精液适时输入到发情母畜的生殖道以代替公、母畜直接交配而使其受孕的方法。人工授精可提高种公猪的利用率、扩大种公猪的利用范围、充分发挥优良公猪的作用和有利于防疫。

(1)公猪的训练。公猪接受训练的适宜时间为210～245日龄，开始训练时，可让发情旺期的母猪接受爬跨，手采精液。4天后重复第二次，然后把假台猪放入公猪圈中。用发情母猪的尿或阴道里的黏液，涂在假台猪的后躯上。将发情母猪赶到假台猪旁，让公猪爬跨母猪，待公猪性欲达到高潮时把母猪赶走，再引诱公猪爬跨假台猪。当公猪跨上假台猪后及时采精，并连续采几天，以巩固其建立起来的条件反射。训练好的公猪不可再进行本交配种。

(2)采精(徒手采精法)。当公猪爬上假台猪后，按采精人员的操作习惯，蹲在假台猪一侧，在公猪爬跨抽动几次阴茎挺出后，采精人员用手握住阴茎，握的松紧以阴茎不致滑脱为度。公猪开始射出的精液多为精清及脏物，不宜收集。待射出较浓稠的乳白色精液时，立刻以另一手持集精杯，在稍离开阴茎头处将射出的精液收集于集精杯内。公猪一次勃起射精至少 2 次，中间停顿时，采精人员手要仍然握住阴茎不放。采精完成后，阴茎自动变软并缩回包皮，然后把公猪轻轻地从假台猪上赶下来。

(3)精液品质的检查。采集精液后应及时送到实验室，把装有精液的集精杯迅速置于34～35℃的水浴锅中，并立即进行品质检查，以确定精液是否可用于输精。精液品质通常评定数量、气味、颜色、密度、活力等。

①数量：公猪一般一次采精量为 100～250 mL。

②气味：正常精液有微腥味；有臭味的精液不可用于输精，应废弃。

③颜色：正常精液为乳白色或灰白色；不正常精液为淡黄色或淡红色，应废弃。

④密度：精子的密度测定可用精子密度测定仪，也可用显微镜。显微镜检测可将精子密度分为密、中、稀三个等级。在显微镜的视野中，精子间的空隙小于一个精子者为密级、1～2 个精子者为中级、2～3 个精子者为稀级，无精子者应废弃。

⑤活力：精子活力的评定在显微镜下靠目力估测，一般采取 10 级制评分法。直线前进运动的精子占 100%则评为 1 分，90%评为 0.9 分，80%评为 0.8 分，以此类推。正常情况下用于输精的精子活力一般不宜低于 0.7 分。但需注意，测定活力时精子必须处在 34～37℃环境中，应看多个视野。

(4)精液的稀释与保存。稀释精液时，凡与精液直接接触的器材和容器，都应经过高温消毒处理。使用前用少量稀释液冲洗一遍。精液稀释倍数应根据原精液的活力和密度而定，一般可稀释 3～5 倍。

为了取用方便，最好把稀释后的精液分装在 80～100 mL(一个输精量)的小瓶或专用塑料袋内保存。保存的环境温度为 17℃左右(15～20℃)。

(5)输精。输精是人工授精技术的最后一关，输精效果的好坏，关系到母猪情期受胎率和产仔数的高低，而输精管插入母猪生殖道部位的正确与否，则是输精的关键。

①判定母猪输精适期：一般可通过下面的方法进行鉴定：发情鉴定最佳方法是当母猪喂料后半小时表现平静时进行，每天进行两次发情鉴定，上、下午各一次，检查采用人工查情与公猪试情相结合的方法。发情的母猪，外阴开始轻度充血红肿，后较为明显，若用手打开阴户，则发现阴户内表颜色由红到红紫的变化，部分母猪爬跨其他母猪，也任其他母猪爬跨，接受其他猪只的调情，当饲养员用手压猪背时，母猪会由不稳定到稳定，当赶一头公猪至母猪栏附近时，母猪会表现出强烈的交配欲。当母猪阴户呈紫红色，压背稳定时，则说明母猪已进入发情旺期。

一般地，上午发现站立反应的母猪，下午应输精一次，第二天下午再进行第二次输精；下午发现站立反应的母猪，第二天上午输精一次，第三天上午再进行第二次输精，两次输精时间间隔至少 8 h。

②输精量的确定：每次输精不能低于 80 mL，一般为 80～100 mL，至少含有 30 亿个精子，且活力在 0.7 以上。

③输精准备:输精人员洗净手,把输精器材用少量稀释液冲洗一遍。输精前,精液要进行镜检,检查精子活力,死精率等。对于死精率超过20%的精液不能使用。对于多次重复使用的输精管,要严格消毒、清洗,使用前最好用精液洗一次。母猪阴部冲洗干净,并用毛巾擦干,预防将细菌等带入阴道。

④输精方法:输精时,先将输精管海绵头用精液或人工授精用润滑胶润滑,以利于输精管插入时的润滑,并赶一头试情公猪在母猪栏外,刺激母猪性欲的提高,促进精液的吸收。

用手将母猪阴唇分开,将输精管沿着稍斜上方的角度慢慢手插入阴道内。当插入25~30 cm时,会感到有点阻力,此时,输精管顶端已到了子宫颈口,用手再将输精管左右旋转,稍一用力,顶部则进入子宫颈第2~3皱折处,发情好的猪便会将输精管锁定,回拉时则会感到有一定的阻力,此时便可进行输精。

用输精瓶输精时,当插入输精管后,用剪刀将精液瓶盖的顶端剪去,插到输精管尾部就可输精;精液袋输精时,只要将输精管尾部插入精液袋入口即可。为了便于精液的吸收,可在输精瓶底部开一个口,利用空气压力促进吸收。

输精时输精人员同时要对母猪阴户或大腿内侧进行按摩,实践证明,大腿内侧的按摩更能增加母猪的性欲。输精人员倒骑在母猪背上,并进行按摩,效果也很显著。正常的输精时间和自然交配一样,一般为3~10 min,时间太短,不利于精液的吸收,太长则不利于工作的进行。

为了防止精液倒流,输完精后,不要急于拔出输精管,将精液瓶或袋取下,将输精管尾部打折,插入去盖的精液瓶或精液袋孔内,这样即可防止空气的进入,又能防止精液倒流。

四、配种制度

配种制度根据市场需要、厂家生产条件、生产水平和种猪状况,可将母猪的配种情况划分为常年配种和季节配种两种。

1. 常年配种

就是一年四季的任何时期都有母猪配种。这样做可以充分利用圈舍及设备,均衡地使用种猪,均衡地向市场提供种猪、仔猪或商品肉猪。但常年配种、均衡生产需要有一定的生产规模,规模过小时,会达不到降低成本的目的。

2. 季节配种

将母猪分娩时间安排在有利于仔猪生长发育的季节里,减少保温防暑投资,但种猪利用不均衡,圈舍设备利用不合理,一般适合在北方生产规模较小时采用。

五、配种人员的操作规程

(1)要求配种人员每天对全群母猪(含后备母猪)进行两次以上的查情和赶公猪诱情。

(2)为了提高公猪的精液的品质,成年公猪至少间隔2天采精1次。有特殊情况,每周最多也不超过4次。青年公猪最好间隔3天以上采精一次,配种公猪每天补充1~2枚鸡蛋,效果更佳,以保证今后能更好地合理利用。

(3)要求配种人员对配种公猪每次采取的精液要进行检查,质量不好的精液(如精子活力不强、精子密度太小等)不能配种,并坚决弃掉。

(4)掌握好后备母猪和经产母猪的发情排卵时间,做到适时配种。

(5)人工授精操作程序和环境卫生是人工授精成功的关键,配种人员必须有高度的事业心和责任感。

(6)要加强查情力度，每周至少要用B超仪分别对配后18～24天、45～50天的怀孕母猪进行确诊，把空怀率控制在2%以内。

(7)根据种猪配种要求，人工授精人员对全厂每头母猪必须进行2次重复配种。严禁公猪进行本交和人工授精两种方法交替使用，最好是把人工授精的公猪和本交的公猪分开。

(8)配种返情后的分析：

①如果母猪在配种后20天(18～19)内返情，说明配种太迟。

②如果母猪在配种后22天(23～24)内返情，说明配种太早。

③如果母猪在配种后21天、22天、23天内返情，说明精液质量有问题。

④如果母猪在配种后3～18天内返情，则可能：卵巢囊肿、子宫感染、霉菌毒素感染等引起。

⑤如果母猪在配种39～45天内返情，说明错过了上一次发情期，应对查情的方法注意。

(9)严格按配种计划配种。配种记录必须规范、真实，及时填写预产期卡片。

(10)认真控制好公猪的膘情，并适度运动。

◈思考题

1.改良猪群，需要做好哪些方面的工作？

2.查阅资料，概述猪人工授精的研究进展情况。

◈技能训练

1.做一个妊娠母猪的饲喂方案。

2.进行一次猪的人工授精。

项目3　仔猪饲养管理技术

◈目标

1. 通过学习，你能够掌握哺乳仔猪和断奶仔猪的生产管理技术。

2. 通过学习，你能够了解哺乳仔猪和断奶仔猪的营养需要。

3. 通过学习，你能够制订哺乳仔猪和断奶仔猪的饲养方案。

仔猪分为哺乳仔猪(0～35天，体重7 kg左右)和断奶仔猪(35～70天)，断奶仔猪也可以叫保育猪。

仔猪的生产目标是：体重符合标准，生长发育正常。

任务3-1　仔猪接生技术

一、产前准备工作

1. 分娩舍的准备和消毒

分娩舍要经常保持清洁、卫生、干燥，舍内温度为15～22℃，相对湿度50%～70%。在使用前1周左右，用2%氢氧化钠溶液或其他消毒液进行彻底的消毒，6～10 h后用清水冲洗，通风干燥后备用。

2. 用品准备

根据需要准备高床网上产仔栏、仔猪箱、擦布、剪刀、耳号钳或耳标器和耳标、记录表、5%碘酊、0.1%高锰酸钾溶液、注射器、3%～5%来苏儿、医用纱布、催产素、肥皂、毛巾、面盆、活动隔栏、计量器具(秤)等。寒冷季节应准备垫料、250 W红外线灯或电热板、液体石蜡等。

3. 母猪产前饲养管理

母猪于产前1周转入产房，便于其熟悉环境，有利分娩。进入产房后应饲喂泌乳期饲粮，并根据膘情和体况决定增减料，应在产前3天进行逐渐减料，直到临产前1天饲喂日粮量为1.2～1.5 kg。产仔当天最好不喂或少喂，但要保证饮水。在产前1周可以向母猪饲粮中添加泰乐菌素、阿莫西林、金霉素或强霉素等，这样做也可以减少仔猪下痢的发生。添加剂量为：泰乐菌素100 mg/kg、强霉素100 mg/kg。目前国内外有些厂家通过向母猪饲粮中添加3%～5%的动物脂肪，可以显著提高仔猪育成率和母猪泌乳力。

二、分娩接产

1. 母猪产仔前征兆

母猪产前4～5天乳房开始膨胀，两侧乳头外张，乳房红晕丰满。阴门松弛变软变大，骨盆开张，尾根两侧下凹。有的母猪产前 2～3 天可以挤出清乳，多数母猪在产前 12～24 h 可以很容易挤出浓稠的乳汁。母猪产仔前 6～10 h 出现叼草做窝现象，即使没有垫草其前肢也会做出拾草动作；母猪行动不安，一会儿趴卧，一会儿站立行走，当有人在旁边时，母猪出现哼哼声。产前 2～5 h 频频排泄粪尿，产前 0.5～1 h 母猪卧下，出现阵缩，阴门流出淡红色或淡褐色黏液即羊水流出。

母猪开始分娩一般是很难预测的(在 3～4 h 内)。许多分娩发生在夜间，所以需要花费很多的人力进行管理，因此，诱导母猪在白天分娩非常必要，而且每窝可多成活 0.5 头仔猪，也可及时对弱小仔猪进行照顾。成批管理比一般分娩更经济合理。

2.接产技术

母猪产仔时多数为侧卧，当见到母猪腹部努责，全身发抖，阴户流出羊水，两后腿伸直，尾巴向上翘时，即会产出仔猪。在分娩顺利时，基本每隔 15～20 min 就产出一头仔猪。仔猪出生时，以头部先出来为多数，约占总产仔数的 60%；臀部先出来的约占总产仔猪数的 40%，这两种胎位均属正常。仔猪产出后，迅速用清洁毛巾擦去口、鼻内的黏液，使其尽快呼吸，然后由前向后擦干全身，以节省仔猪消耗体表能量。如果天气较冷，则将仔猪放入保育箱内烘干身体、然后断脐，方法是先把脐带中血液向腹部方向反复抹挤，在距仔猪腹部 5 cm 左右处剪断，断面用 5%碘酒消毒。

仔猪出生后，应尽早吃第一次初乳，最好在出生后 3 h 内，这时仔猪吸收初乳中的抗体效果最好。在喂仔猪初乳前，用 0.1%的高锰酸钾水溶液擦洗母猪乳房乳头，并且先挤出乳头中的一乳汁，然后再喂仔猪初乳，以减少细菌感染仔猪的机会。仔猪早吃初乳，不仅使仔猪早得到营养物质和抗体，增强抵抗力，又可促进母猪分娩。

3.母猪难产处理

(1)正常分娩过程。母猪从第一头仔猪产出到胎衣排出，整个分娩过程持续时间为 2～4 h，平均约为 2.5 h，产仔间隔时间一般为 10～15 min。产仔间隔的时间越长，仔猪就越不健壮，早期死亡的危险性越大。产仔间隔时间长还可增加流产的危险。如果个别猪有难产的历史，产仔期间就需要进行特别护理。

(2)母猪助产。母猪分娩一般不需要帮助，但如果出现了母猪烦躁、母猪极度紧张、仔猪出生间隔时间超过 45 min 的现象，就说明母猪分娩不正常，必须考虑人工助产。由于各种原因致使分娩进程受阻称为难产。难产多数情况下是由于母猪产道狭窄以及患病身体虚弱造成分娩无力。母猪初配年龄过早或体重过小，母猪年龄过大，母猪偏肥、偏瘦易难产。具体判断方法是，羊水流出时间超过 30 min，母猪躁动或疲劳，精神不振，这时应立即实施难产处理。分娩过程中难产多数是由于胎位不正或胎儿过大造成的。

有时母猪分娩过程较慢时，生产者都急于使用催产素。其实，仔猪出生慢的原因很多，有可能是产道里有 1 头大的仔猪，或者是有 2 头仔猪同时出生，还有可能是母猪分娩时间长而身体虚弱，或者是产房太热等，如果不分析检查就注射催产素，弊多利少。

(3)难产处理。发生母猪难产时，对于产道正常、胎儿不过大、胎位正常的处理方案是进行母猪乳房按摩，用双手按摩前边 3 对乳房 5～8 min，可以促进催产素的分泌，有利于分娩。如果注催产素助产失败或产道异常、胎儿过大、胎位不正，应实施手掏术。术者首先要认真剪磨指甲，用3%的来苏儿消毒手臂，并涂上液体石蜡或肥皂，蹲在高床网上产仔栏后面或侧卧在母猪臀后(非网床产仔)。手成锥状于母猪努责间隙，慢慢地伸入母猪产道(先向斜上后直入)，中指伸入胎儿口腔内呈"L形"钩牙齿，食指压在胎儿鼻突上将胎儿慢慢地拉出。如果胎儿是臀位时，可直接抓住胎儿后肢将其拉出，不要拉得过快以免损伤产道。掏出一头胎儿后，可能转为正常分娩，不要再掏了。如果实属母猪分娩子宫收缩乏力，可全部掏出。凡是进行过手掏术的母猪，均应抗炎预防治疗5～7天。以免产后感染影响将来的发情、配种和妊娠。

4.假死仔猪急救

假死仔猪是指出生时没有呼吸或呼吸微弱，但心脏仍在跳动的仔猪。遇到这种情况应立即抢救。

(1)人工呼吸。抢救者首先用擦布抠出假死仔猪口腔内的黏液，同时将口鼻周围擦干净。然后用一只手抓握住假死仔猪的头颈部，使仔猪口鼻对着抢救者，用另一只手将4～5层的医用纱布捂在假死仔猪的口鼻上，抢救者可以隔着纱布向假死仔猪的口内或鼻腔内吹气，并用手按摩胸部。

(2)倒提拍打法。假死仔猪抠完黏液后，立即用左(右)手将仔猪后腿提起，然后用右(左)手稍用力拍打假死仔猪的臀部，发现假死仔猪躯体抖动，深吸一口气，说明呼吸中枢启动，假死仔猪已抢救过来。

(3)刺激胸肋法。首先将假死仔猪口腔内及口鼻周围黏液抠出擦净，然后抢救者用两膝盖将假死仔猪后躯夹住固定，使假死仔猪与抢救者同向，用擦布用力上下快速搓擦假死仔猪的胸肋部，当发现假死仔猪有哼叫声，说明抢救成功。

5.死胎

死胎占出生仔猪的5%～7%，区别先天死胎和死亡仔猪，可用"肺脏漂浮"实验法。用手术刀将死猪的肺脏取出，放在一桶水中，如果肺脏漂浮在水面上说明仔猪生下来是活的，因为肺中有氧气存在。当仔猪是因为其他原因死亡，作为死胎进行记录是不准确的。分娩开始时大约10%是真死胎，其余90%是在分娩开始到出生前死亡的，死亡的原因是窒息。这可能是由于不做仔细的阴道检查就注射催产素，在这种情况下，在分娩前脐带断裂，使仔猪失去氧气供应。

6.母猪产后饲养和管理

(1)母猪产后饲养。母猪产后由于腹内在短时间内排出的内容物容积较大，造成母猪饥饿感增强，但此时不要马上饲喂大量饲料。产后第一次饲喂时间最好是在产后2～3 h，并且严格掌握喂量，一般只给0.5 kg左右。以后日粮量逐渐增加，产后第1天，2 kg左右；第2天，2.5 kg左右；第3天，3 kg左右；第4天，体重170～180 kg带仔10～12头的母猪可以给日粮5.5～6.5 kg。要求饲料营养丰富，容易消化，适口性好，同时保证充足的饮水。

(2)母猪产后管理。母猪产后身体很疲惫需要休息，在安排好仔猪吃足初乳的前提下，应让母猪尽量多休息，以便迅速恢复体况。母猪产后应将胎衣及被污染垫料清理掉，严禁母猪生吃胎衣和嚼吃垫草，以免母猪养成食仔恶癖和造成消化不良。母猪产后3～5天内，注意观察母猪的体温、呼吸、心跳、皮肤黏膜颜色、产道分泌物、乳房、采食、粪尿等，一旦发现异常应及时诊治。生产中常出现乳房炎、产后无乳等病例，应引起充分注意，以免影响整个生产。

任务 3-2 哺乳仔猪饲养管理技术

饲养管理目标:提高哺乳仔猪的成活率和断奶窝重。目前普遍存在哺乳仔猪成活率低、腹泻较严重、断奶窝重不够等问题,根本的原因在于营养失衡和管理不当。

一、初生仔猪护理养育

1.哺乳仔猪的生理特点

(1)缺乏先天免疫力,抵抗疾病能力差。由于母猪的胎盘结构比较特殊,在胚胎期间母体的免疫物质(免疫球蛋白)不能通过血液循环进入胎儿体内。因而仔猪出生时无先天免疫力,自身又不能产生抗体。只有靠吃初乳获得免疫力,因此,仔猪1～2周龄前,几乎全靠母乳获得抗体,并且随时间的增长,母乳中抗体含量逐渐下降。仔猪在10日龄以后自身才开始产生抗体,并随年龄的增长而逐渐增加,但直到4～5周龄时数量还很少,6周龄以后主要靠自身合成抗体。

(2)调节体温机能不完善,体内能源贮备有限。初生仔猪皮薄毛稀、皮下脂肪较少,因此,隔热能力较差,形成了产热少、需热多、失热多的情况,导致初生仔猪怕冷。在冷的环境中,仔猪行动迟缓,反应不灵敏,易被压死或踩死,即使不被压死或踩死也有可能被冻昏、冻僵,甚至冻死。

(3)消化器官不发达,消化机能不完善。仔猪出生时胃蛋白酶很少、活性低,其活性仅为成年猪的25%～33%,8周龄后其数量和活性急剧上升。初生时的胃蛋白酶起凝乳作用,由于胃底腺不发达,缺乏游离盐酸,一般3周龄左右胃内才产生少量游离盐酸,以后逐渐增加。初生仔猪胃运动微弱,并且无静止期,随日龄增长胃运动逐渐呈现运动和静止节律性变化,8～12周龄时接近成年猪。鉴于以上生理特性,概括起来,葡萄糖无需消化直接吸收,适于任何日龄仔猪,乳糖只适于5周龄前,麦芽糖适于任何日龄,但不及葡萄糖;蔗糖极不宜于幼猪,9周龄后逐渐适宜;果糖不适于初生仔猪,木聚糖不适于2周龄前。淀粉适于2周龄以后并且最好进行熟化处理。

(4)生长发育迅速,新陈代谢旺盛。一般初生体重为1 kg左右,10日龄时体重达出生重的2倍以上,30日龄达5～6倍,60日龄达10～13倍。

2.初生仔猪的三个死亡高峰期

(1)初生期。从母体保护到体外独立生活,被冻死、饿死、压死的几率很大,尤其在生后3天内。

(2)生后3周左右。母乳及母源抗体下降,仔猪免疫系统尚未发育完善,同时仔猪生长发育处于旺盛时期,需要从饲料中获取额外的营养。

(3)断奶前后。由吃奶转变为饲料,但仔猪的消化道尚未发育完善。

3.初生仔猪的管理

(1)剪牙和断尾。出生后剪短每头初生仔猪的8个锋利牙齿,这样可以减少对母猪乳头的损害,当发生争斗时可降低对同窝仔猪的伤害。不要把牙齿剪得太短,那样会损害齿龈和舌头,使病原体进入仔猪体内。发育不好的仔猪保留牙齿,有利于乳头竞争和生存。

用单面切割器剪掉尾巴，可避免断奶、生长、育肥阶段的咬尾。生后不久断尾，仔猪可以很快恢复，因为伤口小，流血不多。要避免剪得太短，可用一个小的软管套在尾巴上，使剪去的尾巴长度一致，也可以防止切尾太短。

(2)注射铁剂及补硒。仔猪出生后身体中铁的含量很低，另外母乳中铁含量也不充足，而仔猪生长发育很快，在红细胞形成过程中，需要大量的铁。因此，在出生后3天内给所有仔猪注射铁剂非常重要，生长发育快的仔猪可进行第二次注射。

生产中常用的补铁方式是肌肉注射铁钴合剂，注射剂量为100～200 mg铁质，注射部位为颈部或臀部深层肌肉。妊娠母猪或仔猪缺乏维生素E或硒的时候，应在仔猪生后注意补维生素E或硒，防止仔猪缺乏维生素E或硒。仔猪出生3天内和断奶时，分别给每头仔猪注射0.1%亚硒酸钠溶液0.5～1.0 mL，防止仔猪出现僵猪和断奶后患水肿病、白肌病。

(3)脐带护理。不要将新生仔猪的脐带剪断，否则会使病原体侵入仔猪体内。脐带会变干自动脱落。通常在出生后6 h发生，虚弱的仔猪脱落的时间长些。如果仔猪脐带流血，要在脐带距身体大约2.5 cm处系上带子以便止血。

(4)去势。一般认为猪去势时间越早，应激越小，而应激越小，仔猪恢复就越快。而且仔猪去势早，切开的口子也小。实验表明，猪最适宜的去势时间在生后10日龄。

(5)固定乳头，吃足初乳。初生仔猪提倡及早吃足初乳有四方面原因：①仔猪没有吃初乳以前，体内没有免疫抗体；②母猪分娩时初乳中免疫抗体含量最高，以后随时间的延续而逐渐减少；③初乳中含有抗蛋白分解酶，可以防止免疫球蛋白不被分解，但这种酶存在时间较短，没有这种酶存在，仔猪不能将免疫抗体完整吸收，也就不能产生免疫力；④仔猪出生后24～36 h，小肠吸收免疫球蛋白这种大分子物质的能力较强，48 h以后逐渐减弱。

(6)采取保温防压措施。初生仔猪遇到寒冷的环境出现反应迟钝，行动不灵活，甚至不会吮乳、冷休克并诱发其他疾病。初生仔猪的适宜温度30～32℃。

(7)仔猪并窝和过哺。生产中出现下列情况时需要并窝或过哺，便于合理利用母猪及分娩舍设施。①母猪产仔数少于5头；②母猪产仔数多于有效乳头数；③母猪产后因各种原因造成无乳，暂时又无法治愈；④母猪产后突然死亡。

(8)仔猪编号。为了便于仔猪管理，方便记录和资料存档，在生后2～7日龄内应将仔猪进行编号。

二、哺乳仔猪饲养管理

1.哺乳仔猪营养需要

哺乳仔猪生长速度快，需要的各种营养物质多。对于哺乳仔猪饲粮要求，应重点考虑两方面：一是哺乳仔猪喜欢采食，并且采食后无腹泻；二是仔猪生长速度要快。解决饲料适口性相对容易，可以通过添加一些诱食剂得以实现，而解决腹泻和生长速度问题困难相对较多。

仔猪所需营养受环境、品种、健康状况、生产水平等诸多因素影响，但从营养上讲，不外乎能量、蛋白质(氨基酸)、矿物质、维生素和水五个方面。

(1)能量需要。哺乳仔猪所需能量有两个来源，一个是母乳，另一个是仔猪料，这就给日粮能量需要的数据带来了难题，每头母猪泌乳量及乳质不同，每日提供的能量就不同，因此，只能按仔猪生长速度来考虑其能量供给问题。在一定蛋白质、氨基酸、矿物质、维生素和水充足的情况下，能量水平决定仔猪的生长速度。

美国 NRC(1998)标准是:3～5 kg 阶段生长猪日粮中消化能含量为 14.21 MJ/kg,日采食量 250 g,摄取消化能 3 553 kJ。

(2)蛋白质、氨基酸的需要。要想使哺乳仔猪健康迅速的生长发育,第一要保证能量需求,第二要保障蛋白质、氨基酸的供给,美国 NRC(1998)标准为 3～5 kg 阶段粗蛋白质为 26%,赖氨酸为 1.5%;5～10 kg 阶段,粗蛋白质为 23.7%,赖氨酸为 1.35%。

(3)矿物质需要。美国 NRC 标准是:3～5 kg 阶段钙 0.90%,总磷 0.70%,有效磷 0.56%;5～10 kg 阶段钙 0.80%,总磷 0.65%,有效磷 0.40%。

(4)维生素需要。实际配合饲粮时,维生素水平至少是饲养标准需要量的 5～8 倍,才能保证最大生产成绩。

(5)水的需要。仔猪生后 1～3 天就需要供给饮水。

2. 哺乳仔猪饲养管理

哺乳仔猪的饲养管理主要是抓三食(乳食、开食、旺食),过三关(初生关、补料关、断奶关),保证仔猪健康发育,提高断奶重等。

(1)抓好乳食,过好初生关。初乳中含有较高的免疫球蛋白和镁盐,可使仔猪产生免疫抗体,排出胎粪,提高抗病力。一般在出生后 2 h 就要让每头仔猪都吃到足够的初乳(最晚不能超过 24 h);仔猪有吃固定乳头的习性,为使窝仔猪均匀健壮,提高成活率,在出生后 2～3 天,要进行人工辅助固定乳头。

(2)抓开食,过好补料关。补料的目的主要是促进仔猪胃肠道发育,解除仔猪牙床发痒,降低断奶后吃料的应激。一般在 7 日龄开始补料,方法是在干燥清洁的木板上撒少许乳猪颗粒料,让其强制吃料 3～4 天,当仔猪开始采食乳猪料时,便可采用料槽。补料时,要尽量少添勤添,一般每天喂 5～6 次,防止饲料浪费;每天要把剩余部分舍弃,料槽清洗消毒后再用。

(3)抓旺食,提高断奶窝重,过好断奶关。母猪泌乳在 3 周达到高峰,然后逐渐下降,那时单靠母乳不能完全满足仔猪快速生长的需要。而仔猪在补料 10～15 天后可完全采食乳猪料,因此必须利用这一有利时机促使仔猪大量采食,从而弥补母乳的不足,促进仔猪快速生产,提高断奶窝重,降低断奶应激。选择营养浓度高且平衡、适口性和消化性好的乳猪饲料;少喂勤添,以适应肠胃功能,增大采食量。

(4)加强保温,防冻防压。仔猪的适宜温度:1～3 日龄为 30～32℃,4～10 日龄为 28～30℃,11～30 日龄为 26～28℃。一般采用红外线灯进行保温,防压措施主要是保持母猪安静,设护仔栏或护仔箱。

(5)及时断奶,提高断奶重。及时断奶,提高母猪利用率。断奶时,避开疫苗注射、转群、阉割等应激因子,减少断奶应激。断奶前 2～3 天减少母猪饲喂量和饮水量,减少仔猪哺乳量,促使仔猪多采食,减少断奶应激,同时也可降低母猪乳房炎的发生率。

断奶体重越大,以后生长速度越快。通过加强母猪哺乳期饲养管理,提高母猪泌乳量;采用高品质的哺乳仔猪料;提高哺乳仔猪采食量;防治哺乳仔猪黄、白痢,降低发病率等措施达到仔猪断奶体重增加的目标。

由于仔猪抗病力弱,因此在饲料中添加抗菌药物和促生长剂,能有效预防仔猪腹泻,促进仔猪快速生长;饲料中添加酸化剂、甜味剂、酶制剂、微生态制剂、寡糖等,有助于改善仔猪胃肠道微生态平衡,提高饲料消化率和采食量。

(6)仔猪预防接种。为了保证仔猪健康地生长发育,防止仔猪感染传染病,应根据本地区传染病的流行情况和本场血清学检测结果，适时接种一些疫苗，增强机体的免疫力。

3. 断奶前仔猪死亡原因分析

断奶前仔猪的死亡率可达10%～25%，甚至更高，这取决于畜群的遗传、母猪营养、生产者的管理能力。导致断奶前死亡的原因很多(表3-1)，许多生产管理技术可以降低死亡。仔猪最危险的时期是出生后的头3天(表3-2)，有60%～80%的死亡发生在这一时期。加强出生后的饲养管理，提高饲养员的责任心，实行照顾分娩，是降低哺乳仔猪死亡率的重要措施。

表3-1 仔猪死亡原因 %

死因	比例	死因	比例
压死	44.8	下痢	3.8
弱死	23.6	关节炎	1.7
饿死	10.6	湿疹	1.2
畸形	3.8	流感	0.7
咬死	1.1	其他	5.7
外翻腿	3.0		

表3-2 仔猪死亡的时间 %

死亡时间	死亡率	死亡时间	死亡率
0天	24	5天	5
1天	16	1周	76
2天	13	2周	18
3天	6	3周	6
4天	7		

表3-3 仔猪初生重与死亡率的关系

体重(kg)	头数	占总产仔数(%)	死亡率(%)
<1.0	104	6.4	36.0
1.0～1.5	632	38.7	8.0
1.5～2.0	750	45.9	5.0
>2.0	147	9.0	0

①挤压：占所有死亡的28%～46%，采取的改善措施是：保持仔猪的环境温暖干燥，帮助仔猪生后尽快吃上奶，改善仔猪健康状况；照顾好分娩母猪，保持母猪安静，设护仔栏或护仔箱，并记录容易发生问题的母猪。

②虚弱：弱仔猪(表3-3)出生后容易昏睡，这可能是分娩时间长、能量储备较低或遗传原因导致。这些仔猪通常吃不上初乳，因此容易饥饿而被母猪压死。应将这些仔猪放在单独的乳头下以利于吃奶。

③饥饿：初生重小、母乳分泌的乳汁不能满足仔猪生长需要、产仔数多等是产生饥饿的原因。

④疾病：19%的仔猪死亡是因为疾病原因。

任务 3-3　仔猪的断奶技术

一、断奶日龄的确定

国内断奶主要根据四点:时间、体重、采食量及其他原因。通常分 21 和 28 日龄断奶两种情况。21 日龄断奶,要求体重达 6.5 kg,仔猪能吃 0.4 kg 的乳料;28 日龄断奶,体重达 7.5 kg,能吃 0.5 kg 的饲料。在一些小型的猪场,有时是参考母乳的分泌量来确定,在母乳分泌不足时会提前断奶。还有一些规模化猪场由于要满足全进全出制的饲养制度,因此其断奶日龄有时会依据栏位的多少而定。国外仔猪的断奶日龄一般是 25～31 日龄。

二、断奶方法

1. 逐渐断奶法

逐渐减少哺乳次数,最后停止哺乳的方法。一般是到 4 周龄时,白天将母猪调走,不让母猪哺乳,夜间再让母猪给仔猪喂奶。经 4～6 天后逐渐不让母猪哺乳。优点:逐渐提高仔猪独立生活、采食饲料的能力,减少断奶腹泻和仔猪的断奶应激;缺点:赶猪费工费时,因此,适宜小型猪场。

2. 分批断奶法

按仔猪体重大小分成 2～3 批断奶。首先把体重大的小猪断奶调走,隔 2～3 天再调走体重中等的仔猪,再隔 3～4 天调走最后一批仔猪。优点:保证仔猪生长发育,提高仔猪成活率;缺点:断奶时间延长,不易管理。因此,此方法适于分娩舍设施利用节律性不强的小规模猪场。

3. 一次断奶法

是指到一定日龄,把母仔隔开,一次性全部断奶。这种断奶法又分去母留仔和去仔留母两种方法。去母留仔是把母猪调到其他圈舍,仍保留仔猪在原来的圈中;去仔留母是把仔猪全部调走,母猪留在圈中。去母留仔使仔猪对环境改变不致太突然,否则引起神经紧张,影响增重和健康。去仔留母的断奶方法是在仔猪断奶日龄较大时(一般 5～6 周龄)采用,仔猪因日龄较大,适应性较强。优点:节律性生产,方便管理,提高母猪利用率,适用于规模化猪场;缺点:仔猪应激大,特别是环境的变化可能带来新的疫病风险。

4. 仔猪早期隔离断奶技术

1993 年以后,美国养猪界开始试行隔离式早期断奶法(SEW)。这种方法使养猪生产有很大程度的提高,其实质内容是:母猪在分娩前按常规程序进行有关疾病的免疫注射,仔猪出生后保证吃到初乳后,按常规免疫程序进行疫苗预防注射后,根据猪群本身需解除的疾病,在 10～21 天断乳,然后将仔猪在隔离条件下保育饲养,隔离距离从 250 m 到 10 km,这种方法称为隔离式早期断奶法。

(1)SEW 的主要特点:

①母猪在妊娠期免疫后,对一些特定疾病产生的抗体可以垂直传给胎儿,仔猪在胎儿期间就获得一定程度的免疫。

②初生仔猪必须吃到初乳，从初乳中获得必要的抗体；仔猪按常规免疫，产生并增强自身免疫能力。

③仔猪生后22天以前，即特定疾病的抗体在仔猪体内消失以前，就将断乳仔猪移到清净、良好隔离条件的保育舍养育。保育舍实行全进全出制度。

④配制好早期断乳仔猪配合料，保证仔猪良好的消化和吸收料中的营养物质。

⑤断乳后能够保证母猪及时配种及妊娠。

⑥由于仔猪本身健康无病，不受病原体的干扰，免疫系统没有被激活，从而减少了抗病的消耗，加上科学配合的仔猪饲料，仔猪生长非常快，到10周龄时体重可达30～35 kg，比常规饲养的仔猪提高了将近10 kg。

⑦随着仔猪断奶日龄的提前，产仔窝数、总产仔数、分娩栏的利用都明显提高，对提高生产及降低养猪成本有极大的益处。

(2)SEW的机理

①母猪产前进行了有效的免疫，其体内对一些疾病的免疫机能传给胎儿，再加上仔猪的免疫机能，以及21日龄以前，在仔猪从母体获得的免疫机能尚未完全消失以前，即将仔猪从母体处移出，进入隔离条件良好的保育仔猪舍内，使仔猪代谢旺盛，因此生长十分迅速。

②营养学的进展，对于仔猪饲料有了比较清楚的了解，仔猪10日龄以后所需要的饲料已经得到解决仔猪能非常好地消化吸收饲料中的营养，保证了仔猪快速生长的需要。

③SEW要求对仔猪断乳的应激比常规方法小。仔猪在常规28日龄断乳后，往往出现有7～10天的断乳后生长停滞期，尽管在以后生长中有可能补偿，但终究有很大影响。SEW方法基本上没有或较少有断乳应激。仔猪基本上都在生长之中，因此仔猪生长甚快。根据实验表明：4～5周龄时，常规方法仅增长1.45～1.64 kg，而SEW方法却增长了2.81～2.86 kg，这个差距一直维持到7周龄。仔猪时期增重的差距对生长后期有较大的影响。

(3)断乳日龄的确定和营养保障。断乳日龄主要是根据所需消灭的疾病及饲养场的技术水平而定，一般情况下，16～18日龄断乳较好。

采用SEW方法对断乳仔猪的饲料要求较高。仔猪料要分成三个阶段，第一阶段为教槽料及断乳后1周，第二阶段为断乳后2～3周，第三阶段为4～6周。第一阶段粗蛋白质20%～22%之间，赖氨酸1.38%，消化能15.40 MJ/kg。第二阶段粗蛋白质20%，赖氨酸1.35%，消化能15.02 MJ/kg。第三阶段蛋白质水平与第二阶段相同，但消化能降到14.56 MJ/kg。三个阶段的差异主要是蛋白饲料的不同，第一阶段必须饲喂血清粉和血浆粉，第二阶段不需血清粉，第三阶段仅需乳清粉。

(4)饲养管理要求

①在开食和仔猪不会大量吃料时，要将饲料放在板上引诱仔猪采食，一直到仔猪会采食再用仔猪饲槽，仔猪喜欢吃小颗粒饲料。

②仔猪全进全出，猪舍每间装100头仔猪，保证通风良好，每小间以18～20头仔猪为好。保育舍隔离条件及防疫消毒条件一定要好，仔猪饮水清洁、充足。仔猪在运输途中，运输车也必须有隔离条件。

(5)SEW应用存在的问题。根据美国和日本资料，SEW方法是养猪方法上的一个很好的改革，既可防治一些特定传染病，又可使生产水平有很大提高，经济效益甚佳。但这种方法在我国农村比较密集的地方比较难于实现，在北方及南方山区比较易于实施。此外必须解决好仔猪饲料,因为断乳的日龄过早,对饲料的要求就非常高,否则达不到预期的效果。同时断乳日期过早,会导致母猪繁殖障碍。因此,在一般情况下,仔猪断乳日期应以15～18天为宜。另外,保育舍的条件一定要好,否则反而会得到相反效果。

任务3-4　断奶仔猪的饲养管理技术

一、断奶仔猪营养需要

不合理的营养会导致断奶仔猪发生:营养物质消化吸收不良,生长速度及饲料转化率降低;健康状况下降,腹泻增加;后期生产性能极差,饲料成本增加。

国内外对断奶仔猪营养需要研究多集中于蛋白、赖氨酸参数,结果差异很大。20世纪80年代以来,美国、澳大利亚等国养猪业中,采用了三阶段饲养法(表3-4),最大限度地发挥了断奶仔猪的生产性能。阶段饲养,是在仔猪消化道逐渐成熟过程中,分阶段饲喂不同的饲粮,使仔猪从断奶前的高脂肪、高乳糖的乳汁逐渐向由谷类和豆粕组成的低脂肪、低乳糖、高淀粉饲料过渡。特别是断奶初期,必须喂以高消化率的饲粮。

表3-4　三阶段断奶日粮的主要成分

项目	第一阶段 <7.0 kg	第二阶段 7～11 kg	第三阶段 11～23 kg
蛋白质(%)	20～22	18～20	18
赖氨酸(%)	1.5	1.4	1.25
脂肪(%)	4～6	3～5	2～3
乳清粉(%)	20～25	10～20	
喷雾猪血浆粉(%)	6～8		
喷雾血粉(%)	0～3	2～3	
铜(mg/kg)	190～260	190～260	190～260
维生素E(IU/t)	40 000	40 000	40 000
硒(mg/kg)	0.3	0.3	0.3
抗菌素或抗生素	+	+	+
物理形态	颗粒	颗粒或粉	粉

阶段饲养虽然符合仔猪生理特点,但管理比较复杂,许振英先生依据国内实际,建议划为1～8 kg(10～35日龄)和8～18 kg(36～60日龄)两个阶段,便于组织生产和配料。

仔猪的早期生长由采食量决定,而采食量又受到日粮消化率的影响。英国的许多猪场在仔猪断奶后使用高消化率日粮,到体重为12～15 kg时,改用以小麦为基础,添加动植物蛋白质的日粮。这种饲养方法一般能使仔猪在10周龄时体重达到30 kg。在决定营养需要时,首先考虑因素是能量浓度。采食量明显影响着各种营养物质的摄入量,所以,在可行性及经济性的基础上,日粮的消化能水平必须达到16～17 MJ/kg。

目前有人认为在仔猪日粮中加入调味剂可以提高采食量，然而，几乎没有试验可以证明采食了含有饲料调味剂、芳香调味剂和益生素的仔猪在饲料采食量和增长率方面有积极的效果。

有机酸、高铜和高锌对断奶仔猪具有提高生产性能，防止下痢的作用，在日粮配制中不应忽视。大量的研究表明：饲料中添加甘露寡糖（MOS）后，仔猪的生长速度提高 4.2%，饲料转化率提高 2.2%，生产性能水平愈低，应用甘露寡糖后效果愈佳。断奶仔猪日粮中甘露寡糖的用量一般为 0.1%～0.4%，不同阶段的仔猪，可添加不同的比例。甘露寡糖替代抗生素有很大潜力，由于抗生素在畜产品中的残留及产生耐药菌，限制抗生素的使用已不可逆转。甘露寡糖作为替代品，有着无污染、无残留、耐高温等优点，且在制定饲料配方时没有配方禁忌，在粉料和膨化料中皆可应用，作为饲料添加剂的应用前景将是非常的广阔。

在饲料中添加硫酸铜对仔猪的生长和保健也有积极作用，其最佳添加量为 250 mg/kg，但许多国家已经限制它在饲料中含量不得高于 125 mg/kg。

二、断奶仔猪的饲养管理

1. 减少断奶应激

断奶是一个急剧的变化过程，给仔猪带来的影响较大，包括代谢、生理、内分泌和免疫过程的大幅度变化，极大地影响了仔猪随后的生长及健康状况。协助仔猪安全渡过断奶关，减少断奶的应激，应该提供适宜的环境，减少腹泻的发生，使其尽快进入生长阶段。

①温度：刚断奶的仔猪要求的温度为 28～30℃，至 8 周龄降到 20～22℃。尽量避免温度波动，每日温度变动超过 2℃将引起腹泻和生产性能的下降。不同的地面类型使仔猪实际感觉到的温度有差别，稻草或多孔涂层地面的保温效果比较适合仔猪。国内大型猪场仔猪的床用锯屑板、锯屑板加塑或硬塑，效果比较好，也方便管理。

②气流：尽可能保持仔猪舍气流的稳定，每秒 0.2 m 的可察觉气流将降低 3℃，这足以使仔猪感到寒冷。漏缝地面系统的贼风通常大于 0.2 m/s。每秒 0.5 m 的贼风穿通猪圈，相当于降低室温 7℃。与暴露在贼风条件下的仔猪相比，不接触贼风的仔猪生长速度要快 6%，饲料消耗要少 16%。

③防止腹泻措施：断奶仔猪腹泻多数是由应激、饲养管理不当和受冷引起，因此应从这三个方面考虑来解决问题。

仔猪断奶腹泻的诱导因素是日粮和环境的突然变化。断奶仔猪开始拒绝采食，饿急了又过量采食，因此消化系统无法适应而导致腹泻。有关试验证明，如果断奶仔猪在断奶后的几天内限制采食量，腹泻的发生率和症状程度都是较低的，但限制饲喂比腹泻本身对仔猪的刺激更大。在实际工作中只有发生持续性的腹泻，才限制采食，并促使仔猪尽快达到自由采食的状态。

饲喂高消化率的日粮和增加日粮中纤维含量是防止腹泻的常用方法。试验表明，在断奶后两周内饲喂消化率高的补饲日粮可以明显地降低腹泻。在仔猪日粮中增加纤维含量，可作为一种方法来降低断奶应激和避免在断奶时出现生产性能停滞期。

2. 断奶饲喂程序

制订合理的断奶饲喂程序，可使仔猪采食加快，同时避免了因采食过量而引起的腹泻。

断奶仔猪的饲喂程序（参考）：

第 1 天

9:00　　仔猪断奶；

12:00　　添加 6 mm 饲料，饲料含 35％的奶粉，可消化率为 90％～94％；

14:00　　监测，如果吃净，再添加 6 mm；

16:00　　监测，如果吃净，再添加 6 mm 或再多些；

18:00　　监测，如果吃净，再添加 6 mm 或再多些；

20:00　　监测，如果吃净，再添加 12 mm，夜里将饲槽上的灯打开。

第 2 天：

8:00　　监测，添加 12 mm 饲料；

11:00　　监测，添加 12 mm 饲料；

15:00　　监测，添加 12 mm 饲料；

19:00　　监测，添加 25 mm 饲料；

20:00　　添加足够一夜吃的饲料，夜里将饲槽上的灯打开。

第 3 天：

检查和监测。如果粪便明显松软，说明饲喂量太多或饲料的可消化率不高。如果粪便不松软，让仔猪自由采食或每日饲喂 2～3 次。在 4～7 日龄时，逐渐将日粮换为仔猪日粮。

3. 饲喂方式

断奶仔猪采食量低是限制生产性能的主要因素，目前研究认为，用湿料饲喂的方式来解决这一问题比较好。湿料指水与常规饲料的混合物，典型湿料含干物质 20％～30％（料水比 1∶3）。断奶后 7 天内仔猪喂湿拌料可提高采食量 35％～36％，因为刚断奶仔猪还没有学会独立采食和饮水行为，而湿喂与母乳相似，可以减少因饲料因素带来的应激。

垫上饲喂技术是美国最近研究发现。采用垫上饲喂方法可大量增加仔猪断奶后第 1 周的采食量，因为这种方法刺激了仔猪兴奋的集体采食行为。具体方法是：在仔猪断奶后 3 天内将少量饲料撒在地面的垫子上，每天 3 次，每次保证仔猪 30 min 内吃完。经测定，垫上饲喂的仔猪断奶后头 3 天的日增重比对照组增加 1 倍以上。

4. 饮水管理

除提供清洁的水质外，每 3 只仔猪至少要提供一个饲槽位置；确保水碗和饮水器的清洁，为 6～8 只仔猪放置一个饮水器（至少每分钟 250 mL 的水流量）。

三、仔猪的保健

根据猪场的实际情况，制订一个合理的保健方案（表 3-5），有助于仔猪的健康成长。在仔猪日粮中添加单一的或复合的抗生素，可以提高生长速度、饲料报酬和健康状况。目前欧盟禁止抗生素的使用，我国使用抗生素的情况比较普遍，但一定要注意抗生素的选择（能否用）和使用的恰当时间。

表 3-5　仔猪保健方案(参考)

日龄	措施	
1	伪狂犬疫苗 HB-98	1 mL 滴鼻
3	补铁＋土霉素	1 mL＋0.5 mL 肌肉注射
10	补铁＋土霉素	2 mL＋1 mL 肌肉注射
14	支原体(进口)	1 头份肌肉注射
21	猪瘟(脾淋苗)	1 头份肌肉注射
25	蓝耳灭活苗	1 头份肌肉注射
28～35	20%氟苯尼考 100 g/t＋强力霉素 200 g/t＋阿莫西林 150 g/t,饲料加药连用 1 周	
50	伪狂犬疫苗 HB-98	1 头份肌肉注射
52	伊维菌素预混剂 1 000 g/t,饲料加药连用 1 周,驱虫	
60	猪瘟(脾淋苗)	1 头份肌肉注射
63	20%氟苯尼考 100 g/t＋强力霉素 200 g/t＋阿莫西林 150 g/t,饲料加药连用 1 周	
70	口蹄疫	2 mL 肌肉注射

四、仔猪的目标生产性能

在断奶仔猪的饲养中,要确定阶段性的生产日标(表 3-6)。有了科学明确的日标,可以不断地修正在饲养管理中的错误。

表 3-6　断奶后仔猪的目标生产性能

日龄(大)	体增重(kg)	米食量(g/大)	生长速度(g/大)	料重比(g/g)	死亡率(%)
21～35	7～10.5	250	250	1.0	<3
35～49	10.5～17	575	450	1.3	<1.5
49～70	17～30	900	600	1.5	<1
全期	7～30	620	460	1.35	<2

五、仔猪的饲养环境管理

在安置仔猪之前,应洗涤、干燥、消毒和预热设备。采用全进全出的管理方式将提高猪的生产性能和降低腹泻的发生率及严重程度。据估计,全进全出的舍饲可以使仔猪在断奶阶段每天多增重 100 g。

每圈猪群的数量应保持在一窝或两窝,或者最多不超过 15 只,每只体重 20 kg 以下的仔猪需 0.3 m^2 的地面。在断奶后的第 1 周,一头猪应占用一个饲槽位置。第 2 周,可以允许 2～3 头猪共用一个饲槽位置。

六、断奶仔猪的饲养方案

制订仔猪的饲养方案，是为了保证仔猪最佳生活环境，最大限度发挥仔猪的生产性能。以下是根据国内外的饲养经验总结出的断奶仔猪饲养方案。

(1)断奶体重的最大化：通过适当的母猪饲养实现断奶仔猪 23 日龄体重达 7 kg，8 周龄平均体重达 18 kg，仔猪平均日增重 500 g。当母乳供给不足或窝产仔数大于 10 时要予以补饲。

(2)应根据断奶体重及仔猪头数分圈，对最小的仔猪应重点关注(或延迟断奶)，常规猪舍中每头猪需 0.2 m^2，如果是床垫养殖则需再增加 50%以上。

(3)在断乳初期必须饲喂高营养全面的高质量日粮，一周后要饲喂与仔猪需要及消化能力相适应的阶段性日粮。断奶后的高采食量至关重要，生长速度至少须达到 200 g/天，以维持体脂肪贮积。断奶后要少食多餐，保持足够的饲槽空间(50 mm/猪)。同时，断奶后每天至少清理两次喂料器。最初数天喂湿料(粥)以减少应激。

(4)提供数量充足的饮水器，水的流速为 1.0 L/min。

(5)最初温度为 28℃，以后每周下降 2℃，直到 20℃。如果猪饲养在大棚中，应给以足够的稻草垫及较宽敞的补饲区。要保持良好的空气质量，不要因保持温度而减少通风量，要避免对流与地板潮湿，仔猪的睡床要采用加塑的锯屑板床。

(6)在断奶的最初几天要保持持续的光照，以便仔猪尽快熟悉环境。

(7)根据本场的实际情况，制订合理的免疫和防治疫病程序。

(8)采用全进全出的饲养制度，如果不能在整个场实行，也应该在每栋断奶仔猪舍进行。

(9)选用懂技术、有责任心的饲养员管理仔猪舍，并经常加以培训与指导。

七、断奶仔猪的日常管理

1.合理组群

有条件的猪场，最好是将原窝断奶仔猪安排在同一保育栏内饲养，断奶后两周内不要轻易调群，防止增加应激反应。

2.注意看护

断奶初期仔猪性情烦躁不安，有时争斗咬架，要格外注意看护，防止咬伤。特别是断奶后第 1 周咬架的发生率较高，在以后的饲养阶段因各种原因，诸如营养不平衡、饲养密度过大、空气不新鲜、食量不足、寒冷等也会出现争斗咬架、咬尾现象。饲养管理人员每天要定时巡查，看断奶仔猪的粪便、行动，倾听声音，稳定猪群，及时挑出有毛病的仔猪。

3.加强环境控制

断奶仔猪在 9 周龄以前的舍内适宜温度为 25～22℃，9 周龄以后舍内温度控制在 20℃左右。相对湿度为 50%～70%。注意通风换气，防止有害气体影响猪群的健康和生长发育。

4.防止僵猪产生

所谓的僵猪，是指由某种原因造成仔猪生长发育严重受阻的猪。

(1)产生僵猪的原因

①出生前：妊娠母猪日粮配合不合理或者喂量不当，母猪的健康状况不佳；初配母猪年龄或体重偏小；母猪是近交后代。以上三种情况均会造成仔猪生活力差、生长速度缓慢。

②出生后：母猪泌乳性能差、仔猪开食晚、仔猪饲料质量不好、仔猪患病等。

(2)防止僵猪产生的措施

①做好选种选配工作。交配的公、母猪必须无亲缘关系。

②科学饲养好妊娠母猪,保证母猪具有良好的妊娠和泌乳体况。

③加强泌乳母猪饲养管理。本着"低妊娠、高泌乳"原则,供给泌乳母猪充足的营养,发挥其泌乳潜力,哺乳好仔猪。

④仔猪提早开食和及时补料。供给适口性好,容易消化,营养价值高的仔猪料。

⑤科学免疫接种和用药。根据传染病流行情况,做好传染病的预防工作,一旦仔猪发病应及时诊治,防止转归为慢性病。及时驱除体内外寄生虫,对已形成的僵猪要分析其产生的原因,然后采取一些补救措施进行精心饲养管理。生产实践中多通过增加可消化蛋白质、维生素的办法恢复其体质促进其生长,有条件的猪场在非寒冷季节将僵猪放养在舍外土地面栏内,效果较好。

八、仔猪选择(选购)与运输

1.健康仔猪体态和行为表现

健康仔猪被毛直而顺,皮肤光滑,白猪应是皮肤红晕,有色猪皮肤光亮,四肢站立正常,猪群活泼好动,眼睛明亮,粪便正常,采食积极,抓捉时叫声清脆而洪亮。

2.选购原则

仔猪选购首先是健康,其次是品种,最后是价格。

健康:没有地方性流行疾病,注意询问仔猪的免疫接种情况。体重越重,仔猪越好养,但仔猪的价格贵,体重大意味不经济,因此仔猪的体重至少达到 7 kg 以上。

品种:根据生产目标选购优质品种。

3.装猪方法

首先用 3%～5%的来苏儿将车辆(船)和载猪栏进行喷雾消毒,然后将仔猪顺着装猪台的坡形道,将仔猪慢慢赶上车,按载猪栏单元预定装猪头数分别装满,关上单元门防止乱窜栏单元,造成密度不均挤压伤仔猪。禁止用棍棒、树枝、竹条、鞭子等驱赶器具用力抽打仔猪,也不能用脚踢踹仔猪,严禁用电驱赶棍驱赶仔猪,以免造成身体损伤。

4.运输

仔猪的运输和商品猪比起来要求严格,要求缩短运输时间减少损耗,防止挤压应激而致死致残,要求运输不影响后期的生长。装车的密度,冬季宜密,夏季宜稀,总原则是不能互相叠压,夏天要求猪能躺卧为宜。装车的时间,夏季炎热选早晚,冬季寒冷选中午。准备好雨布或遮蔽物,晴天防晒,雨天防淋。不管冬季夏季,要特别注意不要让仔猪吹迎面风;冬季前面和侧面可用雨布遮挡,夏季顶部盖遮阳网遮蔽。前侧不论冬夏,都不能敞开。运输时间超过 24 h 以上的,要供给饮水,超过 48 h 要提供饲料。

5.运输后的护理与饲喂

经过长途运输的仔猪,体力消耗大,体质不同程度的有所降低,特别是肠胃功能紊乱,抗病能力大大下降。所以经过长途运输的仔猪,需要进行精心护理。

运到目的地后,尽快组织人员卸车分栏,动作要轻、快,大小强弱要分开并栏,尽快地抢救受损严重的、濒临死亡的猪只。这些猪只往往体温降低,可采取腹腔注射葡萄糖,供给温热饮用水等措施,条件许可最好能静滴补液。补液时可加适当添加抗生素和肌苷、三磷酸腺苷(ATP)等能量补充药物。还可以加维生素 E、维生素 C 等抗应激作用的制剂以及 B 族维生素一类有利肠胃功能恢复的制剂。

不宜立即供给多量饮水，可用少量饲料拌成稀汤状给猪只食用，量宜少不宜多，切忌过饱。待 1 h 后可供给饮水。饮水中可加适量抗生素(如氟哌酸等)，每 5 kg 水中加一支，其刺激性气味不但能控制猪只的超量饮水，还有助于消除肠胃过渡饥饿引起的平滑肌痉挛。

最初几天喂食不可太多，前两天只能喂正常采食量的 1/3～1/2，少食多餐，逐渐增加。饲料和饮水中最好加些抗应激的制剂，如含有较大成分的维生素 E、维生素 C 等制剂。

九、无特定病原猪的培育

20 世纪 50 年代，随着集约化养殖生产的发展，猪群数量和密度增大，猪群容易遭受疫病的侵袭，尤其是有些传染病当时还没有确切疗效的药物可供使用，免疫接种效果也不理想，并且有的传染病当时还没疫苗可供免疫，于是美国兽医提出通过建立无特定病原猪的方法来减少某些传染病的危害。

无特定病原猪群(简称 SPF 猪)并不意味着没有任何疾病，它仅表明在特定和特殊的条件下猪感染不发病，SPF 经常指的是一个猪群。因此，SPF 猪不是净化了所有疫病，它和无疫病猪群是两个不同的概念。

(一)SPF 猪概念

SPF 猪是指猪群无某几种特定病原微生物疾病和寄生虫性疾病，猪群呈现明显的健康状态。SPF 猪所控制的疾病种类确定为 7 种：猪喘气病(MPS)、猪痢疾(SD)、猪萎缩性鼻炎(AR)、猪伪狂犬病(PR)、猪传染性胃肠炎(TGE)、虱和螨。

(二)SPF 猪获取

SPF 猪是对妊娠末期(112 天或 113 天)的健康母猪实施剖腹产手术，无菌摘取胎儿，在无菌环境中饲喂超高温消毒牛奶。在此期间给仔猪接种乳酸杆菌，增强其消化功能。21 天后转入环境适应间饲养 4～6 周，使其产生对环境的适应能力后转入卫生管理严格的猪场育成，这样育成的猪称为初级 SPF 猪。初级 SPF 猪正常配种繁殖生产的后代，称为二级 SPF 猪。不管是初级或二级 SPF 猪，只要不污染所控疾病统称为 SPF 猪。此方法利用胎盘的屏障作用净化不能通过胎盘垂直感染的各种疾病，从而生产高度健康猪群。SPF 猪由于无多种传染性疾病，因此在生产上有仔猪成活率高、生长速度快、饲料报酬高、饲养期短等生产优势。

◉思考题

1. 怎样给母猪接产？
2. 初生仔猪有怎样的弱点？在生产中应采取哪些措施应对？
3. 怎样预防断奶应激？
4. 查阅资料，你认为选购健康的仔猪有哪些外部特征？选购仔猪应注意哪些事项？

◉技能训练

1. 制订 1 个哺乳仔猪的饲养方案。
2. 做仔猪的接生训练。
3. 制订 1 个保育猪的饲养方案。

项目 4 肥猪生产技术

◆目标

1. 通过学习，你能够掌握肥猪生产的相关技术。

2. 通过学习，你能够了解无公害猪肉的生产技术。

任务 4-1 生长育肥猪饲养技术

仔猪培育阶段结束后进入生长育肥猪阶段。生长肥育猪是猪一生中生长速度最快和耗料量最大的阶段。在养猪生产中，饲料成本占生产成本的 60%～80%，主要在该阶段。猪活重达到 20 kg 后，死亡率就比较低，但生产的效益主要取决于价格、饲料成本、饲料利用率、增重速度、死亡损失、胴体质量等因素。因此，育肥阶段的饲养十分重要，不应该被生产者忽视。

育肥阶段的饲养目标是：获得饲料转化率高、生长速度快、猪肉质量安全的肥猪。

一、肉猪生产准备

肉猪生产前的准备工作有：准备合适的猪舍，为肉猪提供舒适的环境；科学地组织猪群，提高管理效率；做好圈舍的消毒以及猪群驱虫、去势和免疫接种工作，保证肉猪的群体安全等。

(一)圈舍的准备和消毒

首先确定肉猪的群体规模和饲养密度，然后，根据肉猪的饲养数量和饲养密度确定所需要的圈舍数量，并对圈舍进行维修和严格的消毒后，才能用来进行肉猪生产。

1. 饲养密度

肉猪的饲养密度，是指平均每头猪占用猪栏的面积(m^2)，又称为占栏面积。适宜的饲养密度对于肉猪的增重、健康、饲料转化率以及猪群管理非常重要。

一般说来，生长肥育猪的饲养密度是每栏或每群 8～12 头，每头猪的占栏面积全期平均为 1.0 m^2 左右。"原窝培育"(每圈养 8～12 头猪)是肉猪群养的最好方式。所谓原窝培育是指将同一窝出生或同窝哺乳、保育的猪养在同一个圈(栏)内。

根据我国中、小型集约化养猪场建设标准和各地区的实际情况，猪群饲养密度大小可以参考表 4-1。

表 4-1 肉猪适宜饲养密度

肉猪体重阶段(kg)	每栏头数(头)	肉猪的占栏面积(m^2/头)	
		混凝土实体地面	漏缝地板地面
20～60	8～12	0.6～0.9	0.4～0.6
60～100(出栏)	8～12	0.8～1.2	0.8～1.0

2.圈舍的维修、清扫和消毒

肉猪多采用舍饲。决定猪舍内小气候环境条件的关键因素，是圈舍的条件。猪的圈舍要求保温隔热，通风良好，空气中有毒有害气体和尘埃的含量符合标准。

在圈舍使用之前，首先检查圈舍的门窗、圈栏和圈门是否牢固，圈舍的地面、食槽、输水管路和饮水器是否完好无损，通风及其他相关设施能否正常工作等，并及时进行更新或维修；然后，对圈舍进行彻底清扫，包括地面、墙壁、围栏、排粪沟，特别要重视对圈舍天花板、通风口等的彻底清扫；最后，要对圈舍进行严格的消毒后，才能投入使用。消毒的效果主要取决于清洁卫生工作（消毒就是99%的清扫+1%的消毒）。

消毒方法和步骤为：先清除固体粪便和污物，用高压水枪冲洗围栏、地面和墙壁；然后，加强圈舍通风；干燥后，用甲醛熏蒸消毒，每立方米空间用36%～40%甲醛溶液42 mL、高锰酸钾21 g，在21℃以上、70%以上相对湿度，封闭熏蒸24 h（应该注意，熏蒸主要适于密闭猪舍，并要特别注意安全）；通风后，对地面和墙壁用2%～3%的火碱水溶液喷雾，6 h后用高压水冲洗地面和墙壁残留的火碱；干燥后，调整圈舍温度达15～22℃，然后即可转入生长肥育期的猪进行饲养。

二、肉猪的生产管理

1.合理分群

肉猪分群时，应根据其来源、体重、体质、性情和采食特性等方面合理分群。在大规模集约化猪场，还应考虑猪的性别差异。一般情况下，群体内的个体体重差异不得超过3～5 kg。

为减轻猪群争斗、咬架等现象造成应激，建议组群前要采取三项措施：

①用带有气味的消毒剂对猪群进行喷雾消毒以混淆气味、消除猪只之间的敌意；

②分群前停饲6～8 h，但在要转入的新圈舍食槽内撒放适量饲料以使猪群转入后能够立即采食而放弃争斗；

③在新圈舍内悬挂“铁环玩具”或播放音乐以转移其注意力。另外，所分成的群体大小应在充分考虑到“原窝培育”基本原则的基础上，每群以8～12头为宜。避免在大群猪中新转入1～2头猪。

2.及时调群

肉猪分群后，在短时间内会建立起较为明显的群体位次，此时要尽可能地保持群体的稳定。但是，经过一段时间（特别是在生长期结束、体重达到60 kg左右时）的饲养后，应对猪群进行一次调整。

要注意，调群只适用于三种情形：

①群内个体因增重速度不同而出现较明显的大小不均现象；

②猪群因体重增加而出现过于拥挤的现象；

③群内有的猪因疾病或其他原因已被隔离或转出。根据猪的生物学特性和行为学特点，调群时应采取“留弱不留强、拆多不拆少、夜合昼不合”的方法。

3.加强调教

肉猪在分群和调群后，要及时进行调教。肉猪调教的内容主要有两项。

(1)防止强夺弱食。在保证猪群有足够的采食槽位的基础上，防止强夺弱食，使猪群内的每个个体都能有充足的采食。防止强夺弱食的主要措施是分槽位采食和均匀投放饲料。

(2)“三点定位”。训练猪的“三点定位”习惯，使猪在采食、休息和排泄时有固定的区域，并形成条件反射，以保持圈舍的清洁、卫生和干燥。“三点定位”训练的关键在于定点排泄。使猪养成定点排泄习惯的主要措施是在猪转入新圈舍前，在新圈舍内给猪提供一个阴暗潮湿或带有粪便气味的固定区域并加强调教。“三点定位”训练需要 3～5 天的时间。

4. 驱虫、去势和免疫接种

只有在健康状态下，才能保证肉猪有较高的增重速度和产品质量。而驱虫和免疫接种工作，是保证肉猪在生长肥育阶段健康的基本措施。

(1)驱虫。驱虫可以明显提高肉猪的增重速度和饲料转化率，并能增进猪的健康，防止激发疾病，提高肉猪生产的经济效益。

在猪的整个生长肥育期间，应主要重视驱除猪蛔虫、姜片吸虫、疥螨和猪虱等体内外寄生虫，并通常需要进行 2～3 次驱虫。第 1 次在仔猪断奶后约 1 周；第 2 次在生长肥育阶段、体重达 50～60 kg；必要时，可分别在仔猪断奶前或 135 日龄左右增加一次驱虫。

目前来看，高效、安全、广谱的抗寄生虫首选药物是伊维菌素或阿维菌素及其制剂，口服和注射均可，对猪的体内外寄生虫有较好的驱除效果。其皮下注射用量为每千克体重 0.3 mg，两次用药时间间隔 5 天。口服用量 20 mg/kg，连喂 5～7 天。

(2)去势。现代养猪生产不但要求商品猪增重快、饲料转化率高，同时也要求商品猪肉的肉质好。而作为商品猪饲养的小公猪以及种猪场不能做种用的小公猪，生长到一定的年龄和体重以后，因为其特有雄烯酮、粪臭素等的存在，其肉有一种难闻的膻气或异味而影响了食品的口感。因此，对公猪一定要进行去势。集约化猪场，一般只对小公猪去势而小母猪不去势。这是因为，目前所用品种及其杂交商品母猪在出栏上市前尚未达到性成熟，对增重和肉质不会产生影响。

小公猪的去势时间一般在 10 日龄。对小公猪应该早去势，因为去势进行得越早则产生的应激越小，并且出血少，操作简单，伤口愈合快，不容易受到感染。

(3)免疫接种。商品仔猪在 70 日龄前必须完成各种疫苗的预防接种工作，而猪群转入生长肥育猪舍后，一直到出栏上市无需再接种疫苗，但应及时对猪群进行采血，检测猪体内的抗体水平，防止发生意外传染病。因此，在猪进入生长肥育期之前，必须制定合理的免疫程序，认真做好预防接种工作，做到头头接种，防止漏免。

有一些养猪场或养猪农户不是自繁自养，需要从外地购进仔猪进行肥育。对外购猪的处理以及免疫接种不合理，往往会给肉猪生产带来很大的隐患。

外购苗猪时，要注意三点：一是尽可能从非疫区选购苗猪；二是选购的苗猪要有免疫接种和场地检疫证明；三是采用“窝选”，即选购体重大、群体发育整齐的整窝断奶仔猪。规模化肉猪场外购仔猪时，除了应注意上述问题外，应执行现行的《无公害食品　生猪饲养兽医防疫准则》(NY 5031)的规定，并依据国家《动物防疫法》监测以下疾病：口蹄疫、水疱病、猪瘟、蓝耳病、伪狂犬病、乙型脑炎、猪丹毒、布氏杆菌和结核病等。购进外地仔猪后，要对外购猪进行隔离观察 2～4 周，应激期过后，根据本地区传染病流行情况进行一些传染病的免疫接种。

三、生长肥育猪饲养管理总结

(1)为了最佳生产性能(表 4-2)，将生长育肥猪保持在 18～20℃的环境中。

(2)每 10 kg 体重至少应有 0.1 m^2 的地面面积。

(3)给生长猪(20～50 kg)饲喂的日粮含16%的蛋白质和0.8%的赖氨酸。

(4)饲喂育肥猪的日粮中含14%的蛋白质和0.65%的赖氨酸。

(5)采用给猪自由采食的方式,让猪的生长潜力能够最大限度地得到发挥。

(6)将公母猪分圈饲养,对去势公猪实行限制饲喂,对小母猪采用自由采食,去势公猪的出栏时的体重较轻。

(7)监测生长育肥猪在日粮中使用药物的情况,并注视是否严格地参照和执行推荐的间歇时间。

(8)当饲料的成本占生长育肥猪生产成本的主要部分时,使用最好的设备和可行的方法自己制定饲料配方,混合配制日粮。

表4-2 猪场各阶段正常生产目标管理指标(参考)

各阶段管理项目	目标	干预水平
后备母猪首配日龄	225	270
间情期(天)		9
返情率(%)	8	15
流产率(%)	3	3
空怀率(%)	1	4
分娩率(%)	88	78
每窝产活仔数	10.9	10.2
死胎率(%)	2	3
木乃伊胎(%)	1	1.5
仔猪死亡率(%)	4	7
每窝断奶仔猪数	20	18
窝/(母猪·年)	2.25	2
每头母猪年产仔数	23	20
保育猪死亡率(%)	2	3
生长肥猪死亡率(%)	2	3
母猪死亡率(%)	4	5
21日龄体重(kg)	6～6.5	5
60日龄体重(kg)	20～22	18
达100 kg生长日龄	150～160	170
达100 kg肥猪料肉比	2.8～2.9	3.0～3.2

任务4-2 育肥猪的生产新技术

以最低的生产成本、获得最多最好的肉猪产品,是肉猪生产的主要目的。而影响肉猪生产效率和产品品质的因素有很多,猪种和类型、营养和饲料、性别和去势、仔猪初生重和断奶重、出栏时间、环境控制、饲喂技术等，无一不对肉猪的增重速度、饲料转化率、胴体品质产生重要影响。肉猪的生产技术就是围绕以上因素形成的，并具体体现在猪种选择、饲喂技术、环境控制和适时出栏等生产环节中。

一、猪种选择

不同品种的增重速度、饲料转化率和胴体品质有很大差异。一般说来，瘦肉型猪种比兼用型、脂肪型猪种和我国地方猪种的增重速度快、饲料转化率和瘦肉率高；而采用不同品种进行杂交，可以充分利用杂种优势，提高肉猪生产潜力。同样，配套系杂交猪比一般品种间杂种猪表现出更高的生产水平，并产生较高的经济效益。

二、饲养技术

饲养技术水平的高低，直接关系到商品肉猪的生长速度快慢、肥育期长短、饲料成本高低和胴体品质的优劣。饲养技术主要涉及饲料营养、饲粮配合、肥育方法和饲喂方法、饲喂次数、喂量以及饮水等方面。

1.确定适宜饲料营养水平

饲粮营养水平的高低，可以对肉猪的增重速度和胴体品质产生重要影响，特别是能量水平和蛋白质水平。

(1)能量水平。饲粮能量水平的高低与其增重速度和胴体瘦肉率关系非常密切。在饲粮蛋白质和氨基酸水平相同的情况下，猪对能量的摄入量越多，猪的增重速度越快、饲料转化率越高而背膘则越厚、胴体脂肪含量越多。

(2)蛋白质和氨基酸水平。饲粮中的蛋白质和氨基酸水平，可以影响肉猪的增重速度、饲料转化率和胴体品质，并受猪种、饲粮能量水平及能量与蛋白质的配比的影响。

提高肉猪饲粮中的蛋白质水平，不但可以提高猪的增重速度，而且，还可以得到背膘薄、瘦肉率高的肉猪胴体。根据我国的实际情况，建议参考以下粗蛋白质水平标准：体重20～60 kg阶段为16%～17%，体重60～100 kg阶段为14%～16%。

蛋白质水平对肉猪的增重速度、饲料转化率和胴体品质的影响，不但在于含量，更重要的还在于蛋白质的质量，即氨基酸的种类、含量和配比。猪需要的必需氨基酸有10种，其中第一限制性氨基酸——赖氨酸，对猪的增重、饲料转化率和胴体瘦肉率的影响最大。为生长猪补充赖氨酸，可以提高猪的增重速度和胴体瘦肉率，而以赖氨酸占粗蛋白质6%～8%时的增重效果和胴体品质最好。

(3)矿物质、维生素和粗纤维水平。矿物质和维生素可以提高商品肉猪的增重，并保证其增重的安全性，特别是微量元素，对肉猪的增重速度、饲料转化率和肉猪健康影响较大。

粗纤维含量是影响饲粮适口性和消化率的主要因素。肉猪饲粮中粗纤维含量的增加，可以降低饲料转化率和猪的增重速度，故为了肉猪生产水平应限制饲粮中的粗纤维水平。研究表明，肉猪饲粮中的粗纤维含量为5%～7%(最适6.5%)时，增重效果最好。建议在饲粮消化能和蛋白质水平正常的情况下，体重20～35 kg阶段粗纤维含量为5%～6%，35～100 kg阶段为7%～8%，最高不超过9%。

2.精心设计肉猪的饲粮配方

饲粮配方的设计是肉猪生产的关键技术之一。配方设计时，首先，应该了解当地的饲料资源和饲料的利用价值;其次,要根据猪的生理特点和营养需要设计出一个较为完善的饲料配方;最后,在使用所设计出的饲料配方的过程中,根据实际效果不断调整和完善配方,以求达到最理想的饲喂效果,降低生产成本,提高养猪生产的经济效益。

饲粮配方设计的方法有很多,如试差法、替代法、方程法等,但现在大多被计算机软件所代替。目前国内有许多饲料配方软件系统,如 Brill 饲料配方系统、Format 饲料配方系统和资源饲料配方系统等,可以根据需要进行选用。

无论何种配方设计方法,在设计肉猪的饲粮配方时,都应遵循以下原则。

(1)选择合适的肉猪饲养标准,并根据生产实际以及不同肥育阶段的预期生产水平,对肉猪的营养成分需要量进行适当调整。

(2)控制肉猪饲粮中的粗纤维含量,以适应其消化生理特点。

(3)重视饲料原料的选择,不但要保证饲料原料有较好的适口性以及无霉变和有毒成分,而且要力求饲料原料组成的多样化。

(4)严格遵守国家饲料法规,所配合生产出的配合饲料营养指标、感官指标和卫生指标及检测方法等应符合国家相关产品的标准规定。

(5)坚持经济原则,因地制宜,尽可能地利用本地区的饲料资源,并尽量选用营养丰富、质优价廉的饲料原料。

3.选择科学的肉猪肥育方式

不同的肉猪肥育方式对肉猪的增重速度、饲料转化率和胴体品质的影响很大。

阶段肥育法在养猪生产实际应用时,主要有两种肥育方案供选择。

(1)两阶段肥育法。根据肉猪的生长发育规律,并主要兼顾到肉猪的增重速度、饲料转化率和胴体品质,中小规模的养猪场或养猪户可以选择应用两阶段肥育法。

该方法将肉猪的整个肥育期分为两个阶段,20～60 kg 为肥育前期,60～100 kg 以上为肥育后期。肥育前期采用高能高蛋白饲粮(每千克饲粮含消化能 12.5～12.97 MJ,含粗蛋白16%～17%),并实行自由采食或不限量饲喂;肥育后期,适当降低饲粮中的能量水平和粗蛋白水平,并实行限饲或限量饲喂,以减少肉猪体脂的沉积。

(2)三阶段肥育法。在较大规模的养猪场或集约化猪场,为了使肉猪的肥育过程更加科学、高效,通常在充分考虑肉猪在不同阶段的生长发育特点的前提下,将肉猪的整个肥育期分为三个阶段,20～35 kg 为肥育前期,35～60 kg 为肥育中期,60～100 kg 以上为肥育后期。

4.科学的饲喂技术

肉猪饲喂技术主要包括两项内容,即饲喂方法、饲喂次数和喂量。

(1)肉猪的饲喂方法。常用的肉猪饲喂方法主要有两种,即自由采食和限饲。

①自由采食:即对猪的日粮采食量、饲粮营养水平、饲喂时间和饮水等方面不加限制的饲喂方法。

自由采食方法的最大特点,是可以最大限度地提高肉猪的增重速度,而效果非常明显。但也有试验显示,自由采食虽然可以提高猪的日增重,但猪体脂沉积较多,饲料转化率降低。

②限饲:即指对一定生长阶段的肉猪,对采食量、饲粮营养水平、饲喂时间和饮水等方面进行适当限制的饲喂方法。其中,限制肉猪的日粮采食量是最普遍而又最为简单易行的做法,故常将限量饲喂称为限饲。

一般情况下,限量饲喂下的日粮给量应为自由采食量的 75%～80%,过多限饲会影响猪的增重，而限饲不足又不能起到限饲的作用。

限量饲喂可以明显减少肉猪体脂肪的沉积，并可提高饲料转化率，但会降低肉猪的日增重。

(2)合理确定饲喂次数和喂量。饲喂次数和喂量应该根据饲料类型、肥育阶段和饲喂方式以及一天内猪的食欲变化情况等合理安排。在使用湿拌料或者青粗料比例较大、处于小猪阶段等情形下，可以增加饲喂次数到每天 4～5 次。猪的食欲在傍晚最旺盛，清晨次之，中午最差，故可以延长中午时的饲喂时间间隔或者分别在清晨和傍晚日喂 2 次。

5. 保证清洁饮水的充足供应

水分占猪只体组成的 55%～65%，如果饮水不足，可以引起肉猪的食欲减退、采食量减少，导致肉猪生长速度减慢、健康受损。

6. 适时出栏

肉猪的适宜出栏体重和时间，既取决于市场对猪的胴体品质的要求，也要权衡综合经济效益。

在对不同类型商品肉猪出栏体重和时间的不断探索中，各肉猪饲养场或者养猪户，可以参照如下的肉猪出栏体重标准：二元商品杂交猪为 85～95 kg，三元商品杂交猪为 95～105 kg，配套系杂优猪为 115～120 kg。

7. 全进全出

现代化猪场采取全进全出是为了控制疾病和提高生产效益。这种技术对猪场的基础设施、技术水平和管理水平要求非常高。全进全出是把日龄相同、体重相近的猪集中饲养，同时进舍同时出栏。

实行全进全出的目的：

(1)有效预防疾病。每个猪群自身都带有不同的微生物，各种因素经常导致猪群免疫力低，疫苗接种后抗体滴度低等。全进全出可以有效防止新的病原体感染猪群。

(2)提高生产效益。由于“全进全出”制度的实施，减少了猪群中疾病的发生，也就降低了药物与防疫费用，降低了生产成木，提高了生产效益。同 批次的猪饲养在一起，由于其日龄相近，这样就避免了同一栋猪舍的猪要喂不同种类和阶段的饲料，也便于统一进行接种疫苗和驱虫，从而方便了生产管理。

(3)方便消毒。猪群出栏后，可以对整个猪舍进行彻底消毒。

(4)减少应激。把日龄、体况相近的猪集中到一起饲养，便于环境控制更适合每头猪。

三、环境控制

肉猪的环境，是指猪的内环境和外环境。对肉猪的环境控制，就是通过人为的方法，尽量保持肉猪外环境的稳定性，防止或减轻应激发生而提高肉猪生产水平和养猪经济效益的过程。

肉猪环境控制的内容，主要包括以下几个方面。

1. 提供适宜的猪舍小气候环境条件

猪舍小气候环境主要包括温度、湿度、通风、光照、噪声、有害气体和尘埃等。

(1)温度和湿度。温湿度是肉猪最主要的小气候环境条件，可以直接影响猪的增重速度和饲料转化率。“小猪怕冷、大猪怕热”是猪对于环境温度要求的一般规律，但只有在适宜的环境温度下，肉猪的生长速度才最快，饲料转化率才最高。

(2)光照。一般认为，光照对肉猪的生产水平影响不大，但适度的光照却能够促进肉猪的新陈代谢，提高肉猪的增重速度和胴体瘦肉率，增强猪的抗应激能力和抗病力。故建议有条件的肉猪饲养场，应该将猪舍的光照强度从 10 lx 提高到 40～50 lx 以上，同时将猪舍的光照时间从 6～8 h 延长到 10～14 h。但光照过强也是不利的，可以导致咬尾。

(3)通风和噪声。通风，不但与肉猪增重和饲料转化率有关，而且也与肉猪的健康关系密切。肉猪肥育前，一方面要做好圈舍的修缮以防止“贼风”危害猪群，另一方面加强猪舍的通风换气控制。噪声，可以直接导致猪群应激的发生。肥育期间，肉猪舍要尽量保持安静，生产区内严禁机动车通行和大噪声机械操作。

(4)有害气体和尘埃。肉猪的采食、排泄、活动以及通风、饲养管理操作等，都会在猪舍内产生大量的有害气体和尘埃。

肉猪舍内的有害气体主要包括氨气、硫化氢和二氧化碳。肉猪舍内有害气体和尘埃的大量存在，可以降低猪体的抵抗力，增加猪体感染疾病的机会(如皮肤病和呼吸道疾病等)。

减少肉猪舍有害气体和尘埃的主要方法，包括：加强通风换气；及时清除粪尿废水；确定合理的饲养密度；保持猪舍一定的湿度和建立有效的喷雾消毒制度等。

一般要求，肉猪舍内氨气的体积浓度不得超过 0.003%，硫化氢的体积浓度不得超过 0.001%，二氧化碳的体积浓度不得超过 0.15%。

2.重视肉猪圈舍的清洁卫生

圈舍的清洁卫生，可以对肉猪的生长和健康产生一定的影响，也是较为重要的环境条件之一。

3.确定合理的饲养密度和管理方式

在肉猪群养时，采取“原窝培育”是最好的方式。圈舍大小的确定可参考每头猪占栏面积标准：实体地面或水泥混凝土地面的圈舍 0.8～1.2 m^2，漏缝地板地面的圈舍 0.5～1.0 m^2。

4.提高猪的抗病力

在新的洁净的环境下，猪群逐步接触环境中的微生物，可以逐步产生免疫力。

四、无公害肉猪和有机猪生产技术

随着人类社会的不断发展，人们的生活水平不断提高，对生活质量的要求也越来越高。这种要求反映在对猪肉产品的需求方面，使得肉猪生产逐渐向着优质化、健康化方向发展。

无公害食品、绿色食品和有机食品都属于安全食品，但安全质量的要求却大不相同。

(一)无公害肉猪和有机猪的概念

无公害肉猪和有机猪是生产无公害猪肉和有机猪肉的主体。

国际通用的、广义的“无公害猪肉”包括无公害、营养合理和清洁卫生等多个方面。

在国内，无公害猪肉一般是指在严格控制饲养环境的基础上，限种类、限数量、限时间使用国家规定允许使用的药物和添加剂，在确保猪肉中有害物质的残留量控制在允许水平以下的前提下生产出来的猪肉产品。而有机猪肉则要求在猪肉的生产和加工过程中不得使用任何的化学合成物、激素和饲料添加剂，也不得使用基因工程生物及其产物，是更高要求之下的无公害猪肉。

在无公害肉猪和有机猪生产过程中，需要实行全程的安全和质量监管。

(1)建立环境和水质符合标准要求的生产基地，并采用自繁自养、全进全出的生产模式，以保证猪群的质量和健康。

(2)加强疫病，特别是人畜共患疫病的监测和防制，以净化生产环境。

(3)实行对饲料及饲料添加剂的严格质量监控，包括饲料原料、饲料加工和储运，尽可能实现饲料原料的定点供应，同时，严格控制违禁药物和高残留药物的使用，建立健全肉猪宰前停药制度。

(4)实施屠宰环节逐头检疫，并严格检验残留、微生物和寄生虫。

(5)屠宰、加工、运输、销售等环节实行冷链配送，以确保猪肉质量。

(6)严格饲养、屠宰、加工、运输、销售等环节的记录制度，并建立安全质量责任交接和追溯机制。

归纳无公害肉猪和有机猪所需要的生产条件，与养猪生产过程有关的主要包括产地环境条件、饲料及添加剂条件、生产过程中药物和防疫条件及生产技术和管理条件等三大方面。只要在此三个方面做到无公害化或有机化，就能够进行无公害肉猪和有机猪的养殖生产了。

(二)无公害肉猪和有机猪的技术及环境要求

1. 无公害肉猪和有机猪的猪场环境要求

无公害肉猪和有机猪生产对猪场的环境要求，主要包括对场址选择、建筑布局、空气质量和地下水质量等方面的要求。

(1)猪场场址选择。在选择无公害养猪场的场址时，要满足五个方面的要求。

①猪场应建在地势高燥、排水良好、易于组织防疫的地方，场址用地应符合当地土地利用规划的要求。

②猪场周围 3 km 内无大型化工厂、矿场、皮革厂、肉品加工厂、屠宰场或其他畜禽场的污染源，距离交通干线、城镇居民区和公共场所 1 km 以上。

③场地选择在居民区常年主导风的下风向或侧风向处。

④猪场周围要有围墙或防疫沟，并建立绿化隔离带。

⑤猪场总占地面积按年出栏一头肉猪不超过 2.5～4.0 m^2 计算。

(2)场区布局。场区内要划分出生产区和管理区，二者之间要有一定距离(200 m)的缓冲、防疫隔离带。整个场区要有围墙，生产区外还应设计有检疫隔离间，如果是种猪场，还应有种猪性能测定舍(间)。生产区布置在管理区的上风向或侧风向，污水粪便处理设施和病畜禽处理区应在生产区的下风向或侧风向，场内净道和污道应分开，互不交叉。

(3)猪舍设计。猪舍要求保温隔热，地面和墙壁应便于清洗，并能耐酸、碱和消毒药液的清洗消毒。猪舍内的温度、湿度环境应满足不同生理阶段猪的需求，舍内通风良好，空气中有毒有害气体的含量应符合要求。推荐实行小单元饲养，实施“全进全出制”的饲养工艺。

(4)其他。饲养区内不得饲养除猪以外的其他畜禽动物。场内应设有废弃物储存和处理的设施，并防止渗漏、溢流、恶臭等对周围环境造成污染。

2. 无公害肉猪和有机猪生产的关键技术

(1)高效的商品猪杂交繁育体系。只有获得繁殖力高、生长快、耗料少、肉质好的良种猪群，才能保证养猪生产能够得到高额产值和高额利润。因此，选择优秀的品种(系)为亲本，通过建立完善的杂交繁育体系来生产杂优猪，是必备的一项技术措施。

(2)营养全面的优质配合饲料。优秀的猪种必须用优质的配合饲料饲喂，否则既不能保证猪群生产潜力的充分发挥，又会增加养猪生产成本，降低经济效益。

(3)同期发情和发情鉴定技术。要实行小单元饲养的全进全出、流水式的工业化养猪工艺,必须有一定数量的母猪能够同期产仔。

(4)猪群周转和饲料供应。科学合理周密的猪群周转计划和饲料供应计划,可以保持各生产环节的高度协调。一般猪场,猪群周转和饲料供应应该以"周"为单位作出计划。

(5)仔猪早期断奶技术。在仔猪生后3～5周断奶,既可提高母猪的繁殖力,又不会影响仔猪生长,使养猪生产水平得到真正提高。

(6)阶段肥育技术。根据肉猪的特点,将其生长肥育期分成2～3个阶段灵活运用自由采食和限量饲喂的方法饲喂相应的配合饲料,一方面使生长肥育猪一直保持较快的生长速度,另一方面又降低饲料消耗,提高经济效益。

(7)高密度饲养技术。母猪的限位栏饲养、保育仔猪的高床养育以及漏缝地板的采用,极大地增加了猪的饲养密度,并减少了仔猪的发病率和死亡率。

(8)严密的卫生防疫体系。卫生防疫体系不但包括常规的卫生消毒、免疫接种、预防性投药,而且也渗透于猪的转群、饲料加工、人员卫生、环境控制等等。特别应该重视猪的慢性病和寄生虫病的防疫控制。

3.无公害肉猪和有机猪的一般饲养管理要求

(1)饲养过程中应按GB 8474《猪的饲养标准》、NY 5032—2001《无公害食品 生猪饲养饲料使用准则》和NY/T 5033—2001《无公害食品 生猪饲养管理准则》等标准进行管理。

(2)饲养人员应定期进行健康检查,并依法取得健康证明后方可上岗工作,传染病患者不得从事养猪工作。

(3)技术人员应有专业学历证明或经过职业培训,并取得绿色证书后方可上岗。场内兽医人员不准对外诊疗猪及其他动物的疾病,猪场配种人员不准对外开展配种工作。

(4)饲喂应按一定的技术规范进行,每次饲料添加量要适当,少喂勤添,防止饲料污染腐败。

(5)应根据生产工艺进行转群。转群时,按体重大小、强弱分群,分别进行饲养,饲养密度要适宜。

(6)每天打扫猪舍卫生,保持料槽、水槽用具干净,地面清洁。

(7)定期投放灭鼠药,及时收集死鼠和残余鼠药,并做无害化处理。

(8)选择高效、安全的抗寄生虫药进行寄生虫控制,控制程序符合NY 5030—2001《无公害食品 生猪饲养兽药使用准则》的要求。

(9)调节好舍内的温度和湿度。夏季,确保通风良好、防暑降温;冬季,注意保温,防冻防寒。

(10)做好生产计划安排,建立、健全相应的生产管理规章制度,明确各项生产指标与岗位责任制。整个生产过程应严格遵守技术规范,认真做好日常生产记录和销售记录。所有记录档案保存完整,并应尽可能长期保存,最少应在清群后仍保存2年。

(三)无公害肉猪生产技术

无公害肉猪生产过程是安全养猪的过程,其主要任务有三项:

一是生产出无污染的健康肉猪产品。

二是在整个肉猪生产过程中,按照国家有关规定和标准,对猪的重大疫病进行监测和防疫,并严格控制禁用药物和危害人畜健康的重金属添加剂的使用。

三是加强养猪场粪尿和废弃物的无害化处理，防止对环境产生污染无公害肉猪生产的技术措施就是围绕上述三项任务而展开的。

1. 严格选择和引进猪种

引种是无公害肉猪场管理的第一环节和基础环节。

(1)引种原则。猪种的引进应遵循以下8项原则

①正确选择引入猪种；

②慎重选择猪种个体；

③严格执行检疫制度；

④所有猪种必须有检疫证书；

⑤种猪场必须要有生产、经营许可证；

⑥要区分引进猪种是原种还是商品配套系；

⑦要考虑猪种原产地与引入地间的环境差异；

⑧要考虑引进猪种的生产性能。

(2)引种要求。无公害肉猪生产的猪群必须来自非疫区。引进的种猪隔离观察15～30天，经兽医检查合格后方可供繁殖使用；只进行肥育的生产场，引进仔猪时，应首先从严格实行自繁自养和全进全出的生产模式并达到无公害标准的猪场引进。

同时，引种时所选择的猪种，应该具有良好的经济价值、育种价值和适应性。在选择个体时，要求健康而无任何临床病征和遗传疾患（如脐疝、瞎乳头等），营养状况良好，发育正常，四肢要求结合合理、强健有力，体形外貌符合猪种特征和本场要求。要特别加强对其系谱的审查，防止有害基因和遗传病对生产产生影响。要尽量减轻所引猪种运输过程中的应激，并严格执行猪种检疫和隔离制度。在猪种的选留和繁育过程中，应通过疫病监测、基因工程等各种技术手段，及时淘汰亚健康猪和应激敏感猪，保证生产猪群的高质量。

2. 合理配制日粮

生产无公害肉猪，必须饲喂无公害日粮。保障日粮的安全以及控制日粮的品质就等于阻止了公害的源头。

(1)合理选购饲料原料并加强质量监测。无公害肉猪生产中所用的饲料原料，必须符合GB 13078—2001《国家饲料卫生标准》和NY 5032—2001《无公害食品 生猪饲养饲料使用准则》的有关规定，原料的产地环境以及原料的生产加工和运输过程要符合无公害生产的要求，不使用霉变、虫蛀、有毒及被微生物污染的饲料原料，保证饲料原料和饲料产品均来源于无疫病地区，无霉烂变质，未受农药或某些病原体感染。

饲料添加剂的选购和使用，是无公害肉猪生产过程中饲料原料选购的重要内容。要严禁将违禁药物，如β-兴奋剂、镇静剂和激素类、砷制剂等作为饲料添加剂使用，并谨慎使用抗生素，严格执行农业部分别在2001年7月和2002年3月发布的《饲料药物添加剂使用规范》和《食用动物禁用的兽药及其他化合物清单》中的有关规定，出栏前严格实行休药期制度。

(2)充分满足肉猪的营养需要。

(3)合理进行配合饲料的加工、贮存和运输。

3. 重视疫病防制

疫病防制是进行无公害肉猪生产的基本保障。因此，根据NY 5031—2001《无公害食品 生猪饲养兽医防疫准则》的要求，建立健全无公害肉猪生产条件下的疫病综合防制制度。

(1)净化猪场环境是实现疫病防制的前提条件。猪场的环境净化有两方面的含义:一是净化猪场的外部环境以防止猪场受到外来因素的污染或威胁;二是净化猪场的内部环境以防止猪场自身污染的产生。

猪场外部环境净化的关键环节有三个,即猪场场址的选择及规划设计、坚持自繁自养和引进猪种隔离观察制度、加强猪场工作人员的卫生管理。

猪场内部环境的净化则主要包括六大方面:

①重视猪种选育和饲料营养以提高猪群的抗应激能力;

②加强饲养管理和环境控制以减少应激因素的产生;

③实行小单元饲养的全进全出生产模式;

④重视消毒、灭鼠、杀虫、防鸟以切断疫病的传播途径;

⑤制定科学规范的免疫接种程序、药物预防程序和寄生虫控制程序;

⑥加强猪场粪尿和废弃物的无害化处理以防止自身污染等。

(2)重视猪群疫病监测是实现疫病防制的必要手段。疫病监测的结果,是制定猪群免疫接种程序、药物预防程序和寄生虫控制程序以及消毒程序等一系列疫病防制措施的重要依据。兽医技术人员最主要的工作,绝不是对病猪的临床治疗,而是通过对猪群的疫病监测结果提出疫病防制的综合措施。具体要求如下:

①结合当地实际情况,有选择地进行疫病预防和接种工作。

②及时、敏捷地疫病检测。检测的种类至少包括口蹄疫、猪水疱病、猪瘟、猪繁殖-呼吸综合征、伪狂犬病、乙型脑炎、猪丹毒、布鲁氏菌病、结核病、猪囊尾蚴病、旋毛虫病和弓形虫病等。

③一旦发生疫病或疑似情况,要采取果断的应急措施,进行疫病的控制和扑灭。

④对每个生产批次的肉猪都应有相关的生产记录资料,所有记录都要在肉猪出栏后保存2年以上。

(3)规范猪场的生产管理是实现疫病防制的可靠保证。

①猪场入口应设消毒池和消毒间,猪舍周围环境应定期消毒,每批猪只调出后,要彻底清扫干净,然后进行喷雾消毒或熏蒸消毒。

②定期对料槽、饲料车、料箱等用具进行消毒,定期进行带猪环境消毒,减少环境中的病原微生物。消毒剂建议选择符合《中华人民共和国兽药典》规定的高效、低毒和低残留消毒剂。

③工作人员和外来参观者必须更衣和紫外线消毒后方能入场,并遵守场内防疫制度。工作服不应穿出场外。

4.控制药物使用

使用药物是预防和治疗猪病的重要方法,但药物的滥用、不规范使用以及使用时产生的药物残留,不但对猪群的健康构成威胁,而且严重影响无公害肉猪产品的质量。

使用药物时,首先,要符合 NY 5030—2001《无公害食品 生猪饲养兽药使用准则》的要求。其次,在根据猪群疫病的监测结果以及药敏试验的情况使用允许使用的抗菌药和抗寄生虫药时,应严格遵守规定的投药疗程、用法与用量,休药期要遵守规定的时间,未规定休药期的品种休药期不应少于28天。第三要建立健全药物的采购、发放和使用管理的档案制度和责任追溯制度,做到“一药、一人、一猪、一用、一停”都能有案可查,工作人员建立并保存免疫程度记录、全部用药记录及相关生产记录。

5.做好猪场粪尿及废弃物的无害化处理

粪尿及废弃物的无害化处理设施，是无公害猪场的必备设施。

首先，要建立无害化处理设施和病猪隔离区，对疑似病猪和传染病猪的尸体采取扩散方法进行扑杀；其次，对猪场的粪尿和废弃物进行固液分离，或者生产过程中采用干清粪工艺，采用自然堆腐或高温堆腐方法处理固形物，采用沉淀、曝光、生物膜和光合细菌设施处理污水；第三分别对固形物和液体进行发酵降解，并利用其发酵降解产物生产出适合各种植物生长的专用固体有机肥料和液体有机肥料，建议推荐“猪-沼-果（蔬）”生态模式，就地吸收、消纳、降低污染，净化环境。

6.进行出栏初检

肉猪出栏前，应该由专业人员进行静态、动态、饮食状态检查和抽样屠宰检验。

静态、动态和饮食状态检查，主要采用“看、听、摸、检”的方法。看出栏猪的精神、行动、毛色、皮色、粪尿和采食状态，听出栏猪的叫声、呼吸声和咳嗽声，摸出栏猪的皮肤温度、硬度、弹性和肿大凸出部分，检查出栏猪的体温和必要的实验室检验项目。

抽样屠宰检验时，可以抽取同期出栏肉猪的1%进行猪肉质量安全的检验。出栏肉猪的条形码检测管理系统或信息化管理系统，已经在我国的许多地区被采用。通过条形码技术，可以把每头猪的基本数据贮存于管理系统内，每个条码都是单一的、不重复的，每个条形码对应一头猪。通过扫描条形码，可了解该猪的加工厂、屠宰厂、检疫部门、检疫员、饲养场、饲养车间、饲养员和主要技术责任人以及所用的饲料来源和药物、健康状况等许多信息，以便于消费者识别和投诉，使畜禽产品的质检管理实现了全标准化、全法制化。

◈思考题

1.肥猪生产需要什么样的环境条件？

2.什么叫无公害猪肉？叙述其生产条件。

项目5 猪场建设与管理技术

◈目标

1.通过学习,你能够了解猪场选址的原则与方法。

2.通过学习,你能够了解猪场常用的设备及其作用。

3.通过学习,你能够了解猪场管理的基本内容。

任务5-1 猪场建设

一、场址选择

场址选择应根据猪场的性质、规模和任务,考虑场地的地形、地势、水源、土壤、当地气候等自然条件,同时应考虑当地政府的建设规划、饲料及能源供应、交通运输、产品销售、与周围工厂居民点及其他畜牧场的距离、当地农业生产、猪场粪污处理等社会条件,进行综合分析决定。最好选在山区,实行农、林(果)、牧结合,通过土地消化猪场的粪尿,走生态养殖的道路,更能适应我国国情。

猪场选址要结合以下几方面进行综合考虑。

1.地势干燥,通风良好

猪场一般要求地形整齐开阔,地势较高、干燥、平坦或有缓坡,坐北朝南。远离村镇、交通要道、其他畜牧场3 km以上;远离屠宰场、化工厂及其他污染源;通风良好、排水良好的地方。

猪场土壤要求透气性好,易渗水,热容量大,这样可抑制微生物、寄生虫和蚊蝇的滋生,并可使场区昼夜温差较小。为避免与农争地,少占耕地,选址时不宜过分强调土壤种类和物理特性,应着重考虑化学和生物学特性,注意地方病和疫情的调查。应避免在旧猪场场址或其他畜牧场场地上重建或改建。

2.交通便利,利于防疫

猪场必须选在交通便利的地方,交通便利对猪场极为重要。一个1万头猪场平均一天进出饲料约20 t,每天运出商品猪30头左右,肥料4 t,交通不便会给生产带来巨大困难。但考虑猪场的防疫需要和对周围环境的污染,规模猪场应建在离城区、居民点、交通干线较远的地方,一般要求离交通要道和居民点1 km以上。禁止在旅游区及工业污染严重的地区建场。

3.水源和电源要充足

猪场水源要求水量充足,水质良好,便于取用和进行卫生防疫。水源水量能满足场内生活用水、猪饮用及饲养管理用水(如清洗调制饲料、冲洗猪舍、清洗机具、用具等)的要求。猪的日饮水量约为:成年猪10～20 L,哺乳母猪30～45 L,青年猪8～10 L,一般一个1万头猪场日用水量是夏季100 t左右,冬季50 t左右。为保证供给猪场优质的水,选择猪场时,应首先对水质进行化验,分析水中的盐类及其他无机物的含量,并要考察是否被微生物污染,与水源有关的疫病高发区，不能作为无公害猪肉生产地。万头猪场还需有成套的机电设备，包括供水、保温、通风、饲料加工、清洁、消毒、冲洗等设备，加上职工生活用电，一个1万头猪场装机容量（饲料加工除外）为70～100 kW。如果当地电网不能稳定供电，大型猪场应自备相应的发电机组。

4. 农牧结合

农牧结合是山区创办大型猪场，走生态养殖解决环境污染的根本途径。一个1万头猪场每天产生粪尿、污水总量近100 t。最好配套有蔬菜、苗木花卉、果林或耕地。这些粪尿如果通过猪场配套的农田、果园等自然消化，它是很好的肥料；如果任意排放，它会造成极大的环境污染。

因此，在选址时要考虑周围有农田、果园等配套（猪-渔配套是绝对错误的）。这是最划算、最经济的粪便处理方式，国外的大型牧场也多采用集粪池存放粪尿，定期运送到田野里，当作农作物肥料。

5. 场地面积

猪场占地面积依据猪场生产的任务、性质、规模和场地的总体情况而定。猪场总占地面积符合年出栏1头育肥猪占地2.5～4 m^2 的要求，生产建筑面积应符合年出栏1头育肥猪需0.8～1 m^2 的要求。所以，年出栏1万头的规模猪场占地面积约3.3 hm^2，生产建筑面积1 hm^2（10 000 m^2）左右。一般万头猪场大约需要80 hm^2 土地才能消化掉粪便。

二、猪场规划和建筑布局

场地选定后，根据有利防疫、改善场区小气候、方便饲养管理、节约用地等原则，考虑当地气候、风向、场地的地形地势、猪场各种建筑物和设施的尺寸及功能关系，规划全场的道路、排水系统、场区绿化等，安排各功能区的位置及每种建筑物和设施的朝向、位置。

一个规划完善的工厂化猪场一般可分为四个功能区，即生产区、生产管理区、隔离区和生活区。场内生产区、生活区分开，生产区内料道、粪道分开。根据当地主风向和流水向的特点，生活区建在生产区上风前沿。生产区从上至下各类猪舍排列依次为：公猪舍、母猪舍、哺乳猪舍、仔猪舍、育肥舍、病猪隔离舍等。兽医室及病猪隔离舍、解剖室、粪便场在生产区的最下风向低处。饲料加工调制间在种猪舍与肥猪舍之间，有条件的最好繁育场与育肥场分开建设。

(1)生产区。生产区按多点隔离生产系统原理分为繁殖区、保育区、肥育区三个大区，区与区之间设隔离带，繁殖区设在人流较少和猪场的上风向。依次按种公猪舍、待配舍、妊娠舍、分娩舍、保育区、育肥区、销售舍排列布局。

(2)辅助生产区。辅助生产区包括猪场生产管理必需的附属建筑物，如饲料加工车间、饲料仓库、修理车间；变电所、锅炉房、水泵房等。它们和日常的饲养工作有密切的关系，所以这个区与生产区毗邻建立。

(3)病猪隔离区。病猪隔离区远离生产区，设在下风向、地势较低的地方，以免影响生产猪群。

(4)兽医室。设在生产区内，只对区内开门，为便于病猪处理，设在下风方向。

(5)生活区。包括门卫室、办公楼、食堂、宿舍等，单独设立，在生产区的上风向，或与风向平行的一侧。此外猪场周围建围墙，设防疫沟，以防兽害和避免闲杂人员进入场区。

(6)道路。道路对生产活动正常进行，对卫生防疫及提高工作效率起着重要的作用。场内道路应净、污分道，互不交叉，出入口分开。

(7)水塔。自设水塔是清洁饮水正常供应的保证,位置选择安排在猪场最高处。

(8)绿化。绿化的作用是美化环境、吸尘灭菌、降低噪声、净化空气、防疫隔离、防暑防寒。场区绿化可按冬季主风的上风向设防风林,在猪场周围设隔离林,猪舍之间、道路两旁进行草地绿化,不要种植树木,防止鸟类带来的各种传染病。

场区绿化植树时,需考虑其树干高低和树冠大小,防止夏季阻碍通风和冬季遮挡阳光。

三、猪舍类型

猪舍是养猪场的核心部分和主要环境工程设施。猪舍的设计要求为:在寒冷地区以保温防潮为主;在温暖地区以隔热为主,兼顾防寒防潮;在炎热地区以隔热防潮为主。

(一)猪舍建筑设计原则

(1)猪舍排列和布置必须符合生产工艺流程要求。一般按配种舍、妊娠舍、分娩舍、保育舍、生长舍和肥育舍依次排列,尽量保证一栋猪舍一个工艺环节,便于管理和防疫。

(2)依据不同生长时期猪对环境的要求,对各种猪舍的地面、墙体、门屋顶等做特殊设计处理。

(3)猪舍建筑要便利、清洁、卫生,保持干燥,有利于防疫。

(4)猪舍建筑要与机电设备密切配合,便于机电设备、供水设备的安装。

(5)因地制宜,就地取材,尽量降低造价,节约投资。

(二)猪舍建筑基本结构

猪舍的基本结构包括地面、墙、门窗、屋顶等,这些又统称为猪舍的"外围护结构"。猪舍的小气候状况,在很大程度上取决于外围护结构的性能。

1.地面

猪舍地面关系到舍内的空气环境、卫生状况和使用价值。地面要求保温、坚实、不透水、平整、不滑、便于清扫和清洗消毒;地面应斜向排粪沟,坡度为2%～3%,以利保持地面干燥。猪舍地面分实体床面和漏缝地板。

(1)实体床面。如采用土质地面、三合土地面或砖地面,虽然保温好,费用低,但不坚固、易透水、不便于清洗和消毒;若采用水泥地面,虽坚固耐用,易清洗消毒,但保温性能差。为克服水泥地面潮湿和传热快的缺点,猪栏地面层最好选用导热系数低的材料,垫层可采用炉灰渣、膨胀珍珠岩、空心砖等保温防潮材料。实体床面不适用于保育仔猪和幼龄猪。

(2)漏缝地板。是由混凝土或木材、金属、塑料制成的,能使猪与粪、尿隔离,易保持卫生清洁、干燥的环境,对幼龄猪生长尤为有利。

在生产中要正确选用和安装漏缝地板,制作和选用时应考虑三点:

①板条的宽度必须符合猪的类型,既不使粪堆积,又不影响猪的采食和运动。

②板条面既要有适度的光滑,便于清扫,又不擦伤猪蹄,还要适度粗糙,有一定的摩擦力,便于猪行走时不打滑。

③板缝宽度要适当,以利粪便漏下,但也不能太宽,防止猪蹄卡入缝内。

2.墙壁

为猪舍建筑结构的重要部分,它将猪舍与外界隔开,对舍内温湿度保持起着重要作用。对墙壁的要求是:

(1)坚固耐用抗震。承载力和稳定性必须满足结构设计要求。

(2)墙内表面要便于清洗和消毒。地面以上 1.0～1.5 m 高的墙面应设水泥墙裙,以防冲洗消毒时溅湿墙面和防止猪弄脏。

(3)墙壁应具有良好的保温隔热性能。猪舍主体墙的厚度一般为 37～49 cm。猪栏隔墙或猪栏高:母猪舍、生长猪舍 0.9～1.0 m,公猪舍 1.3～1.4 m,肥育猪舍 0.8～0.9 m;隔墙厚度:砖墙 15 cm;木栏、铁栏 4～8 cm。

3.屋顶

起遮挡风雨和保温隔热的作用。要求坚固,有一定的承重能力,不透风,不漏水,耐火,结构轻便,同时必须具备良好的保温隔热性能。

4.门窗

猪舍设门有利于猪的转群、运送饲料、清除粪便等。一栋猪舍至少应有两个外门,一般设在猪舍的两端墙上,门向外开,门外设坡道而不应有门槛、台阶。

猪舍门规格:高 2.0～2.2 m,宽 1.5～2.0 m。

猪栅栏门规格:大猪,高 0.9～1.0 m,宽 0.7～0.8 m;公猪,高 1.3 m,宽 0.7～0.8 m;小猪,高 0.8～1.0 m,宽 0.6～0.7 m。

仔猪出入口规格:高 0.4 m,宽 0.3 m。

一般窗户面积占猪舍面积的 1/8～1/10,窗台高 0.9～1.2 m,窗上口至舍檐高 0.3～0.4 m。

5.猪舍通道

是猪舍内为喂饲、清粪、进猪、出猪、治疗观察及日常管理等作业留出的道路。猪舍通道分喂饲通道、清粪通道和横向通道三种。从卫生防疫角度考虑,喂饲通道和清粪通道应该分开设置。一般情况下,喂饲通道 1.0～1.2 m,清粪通道 0.9～1.2 m,横向通道 1.5～2.0 m。在使用机械喂料车和机械清粪车的猪舍,通道还要根据所用车辆的宽度适当加宽。

6.猪舍高度

指猪舍地面到屋檐之间的高度。猪舍高度一般为 3.0 m 左右。现介绍几种常见的大、中、小型猪舍规格,供参考。

(1)大型舍。长 80～100 m,宽 8～10 m,高 2.8～3.3 m。

(2)中型舍。长 40～50 m,高 2.8～3.0 m。单列式宽 5～6 m,双列式 8～9 m。

(3)小型舍。长 20～25 m,高 2.5～2.8 m。单列式宽 5～6 m,双列式宽 8～9 m。

(三)猪舍建筑常见类型

猪舍以其结构、猪栏和功能等形式,可分为多种类型。

1.按屋顶形式分

单坡式、双坡式、联合式、平顶式、拱顶式、钟楼式、半钟楼式等。

2.按墙的结构分

开放式、半开放式和密闭式。

(1)开放式。三面有墙,一面无墙,其结构简单,通风采光好,造价低,但冬季防寒困难。

(2)半开放式。三面有墙,一面设半截墙,略优于开放式。

(3)密闭式。分有窗式和无窗式。有窗式四面设墙,窗设在纵墙上,窗的大小、数量和结构应结合当地气候而定。

3. 按猪栏排列分

单列式、双列式和多列式。

(1)单列式。猪栏一字排列，一般靠北墙设饲喂走道，舍外可设或不设运动场，跨度较小，结构简单，省工、省料，造价低，但不适合机械化作业。

(2)双列式。猪栏排成两列，中间设一工作道，有的还在两边设清粪道。猪舍建筑面积利用率高，保温好，管理方便，便于使用机械。但北侧采光差，舍内易潮湿。

(3)多列式。猪栏排列成三列以上，猪舍建筑面积利用率更高，容纳猪多，保温性好，运输路线短，管理方便。缺点是采光不好，舍内阴暗潮湿，通风不畅，必须辅以机械，人工控制其通风、光照及温湿度。

4. 按使用功能分

公猪舍、配种猪舍、妊娠猪舍、分娩哺乳猪舍、保育猪舍、生长猪舍、肥育猪舍和隔离猪舍等。

四、设施设备

养猪设备是猪场生产的硬件，它不仅有利于猪群饲养管理条件的改善和生产性能的发挥，而且能在很大程度上有效地提高劳动生产效率，这是现代化养猪生产的重要条件。

(一)猪栏设备

根据猪栏内所养猪只种类的不同，猪栏又分为公猪栏、配种猪栏、母猪栏、母猪分娩栏、保育猪栏、生长猪栏和肥育猪栏。猪栏的占地面积应根据饲养猪的数量和每头猪所需的面积而定；栏栅式猪栏间的间距为：成年猪≤100 mm，哺乳仔猪≤35 mm，保育猪≤55 mm，生长猪≤80 mm，肥育猪≤90 mm。猪舍的基本结构包括地面、墙、门窗、屋顶等，这些又统称为猪舍的“外围护结构”。猪舍的小气候状况，在很大程度上取决于外围护结构的性能。

1. 公猪栏

指饲养种公猪的猪栏。按每栏饲养 1 头公猪设计，一般栏高 1.2～1.4 m，占地面积 6～7 m^2。通常舍外与舍内公猪栏相对应的位置要配置运动场。

2. 母猪栏

指饲养后备、空怀和妊娠母猪的猪栏，按要求分为群养母猪栏、单体母猪栏和母猪分娩栏三种。

(1)群养母猪栏。通常 6～8 头母猪占用一个猪栏，栏高为 1.0 m 左右，每头母猪所需面积 1.2～1.6 m^2。

(2)单体母猪栏。每个栏中饲养 1 头母猪，栏长 2.0～2.3 m，栏高 1.0 m，栏宽 0.6～0.7 m。主要用于妊娠母猪。

(3)母猪分娩栏。指饲养分娩哺乳母猪的猪栏，主要由母猪限位架、仔猪围栏、仔猪保温箱和网床四部分组成。其中母猪限位架长 2.2～2,3 m，宽 0.6～0.7 m，高 1.0 m；仔猪围栏的长度与母猪限位架相同，宽 1.7～1.8 m，高 0.5～0.6 m。

3. 保育栏

指饲养保育猪的猪栏，主要由围栏、自动食槽和网床三部分组成。按每头保育仔猪所需网床面积 0.30～0.35 m^2 设计，一般栏高为 0.7 m 左右。

4. 生长栏和肥育栏

指饲养生长猪和肥育猪的猪栏。猪只通常在地面上饲养，栏内地面铺设局部漏缝地板或金属漏缝地板，其栏架有金属栏和实体式两种结构。一般生长栏高 0.8～0.9 m，肥育栏高 0.9～1.0 m，其占地面积生长猪栏按每头 0.8～1.2 m^2 计，肥育猪按每头 1.2～1.8 m^2 计。

(二)漏缝地板

现代猪场为了保持栏内的清洁卫生，改善环境条件，减少人工清扫，普遍采用粪尿沟上设漏缝地板，漏缝地板的类型有钢筋混凝土板条、钢筋编织网、钢筋焊接网、塑料板块、陶瓷板块等。对漏缝地板的要求是耐腐蚀、不变形、表面平而不滑、导热性小、坚固耐用、漏粪效果好、易冲洗消毒，适应所饲养猪的行走站立，不卡猪蹄。

(三)饲喂设备

1. 饲料运输车

根据卸料的工作部件不同，饲料车可分为机械式和气流输送式两种。

2. 贮料仓(塔)

贮料仓多用 1.5～3 mm 厚镀锌钢板压型组装而成，由 4 根钢管作支架。仓体由进料口、上锥体、柱体和下椎体构成，进料口多位于顶端，也有在锥体侧面开口的，贮料仓的直径约 2 m，高度多在 7 m 以下，容量有 2 t、4 t、6 t、8 t 等多种。

3. 饲料输送机

把饲料由贮料仓直接分送到食槽、定量料箱或撒落到猪床面上的设备，叫输送饲喂机。

4. 加料车

用于将饲料由饲料仓出口装送至食槽。

5. 食槽

(1)自动食槽。指采用自由采食喂饲方式的猪群所使用的食槽。按采食面划分，长方形自动食槽分为单面和双面两种。前者供一个猪栏使用，后者供两个猪栏使用。长方形自动食槽的技术参数：高度为 700～900 mm；前缘高度为 120～180 mm；最大宽度为 500～700 mm。

(2)限量食槽。指用限量喂饲方式的猪群所用的食槽，常用水泥、金属等材料制造。公猪用的限量食槽长度为 500～800 mm。群养母猪限量食槽长度根据它所负担猪的数量和每头猪所需要的采食长度(300～500 mm)而定。

(3)仔猪补料槽。指在仔猪哺乳期为其补充饲料所使用的食槽，有长方形、圆形等多种形式。

(4)干-湿食槽。一种用于自由采食猪群，为其提供湿料的自动食槽。

(四)饮水设备

饮水设备指为猪舍猪群提供饮水的成套设备。猪舍饮水系统由管路、活接头、阀门和自动饮水器等组成。常用的自动饮水器有鸭嘴式、乳头式和杯式三种。在群养猪栏中，每个自动饮水器可负担 15 头猪饮用。

(五)环境控制设备

环境控制设备指为各类猪群创造适宜温度、湿度、通风换气等使用的设备，主要有供热保温、通风降温、环境监测和全气候环境控制设备等。

1.供热保温设备

在我国养猪生产实践中，多采用热水供暖系统，该系统包括热水锅炉、供水管路、散热器、回水管及水泵等设备；局部供暖最常用的有电热地板、电热灯等设备。

2.通风降温设备

指为了排除舍内的有害气体，降低舍内的温度和控制舍内的湿度等使用的设备。是否采用机械通风或人工控湿，要依据具体情况而定。

(1)通风机配置。

①侧进(机械)，上排(自然)通风。

②上进(自然)，下排(机械)，通风。

③机械进风(舍内进)，地下排风和自然排风。

④纵向通风，一端进风(自然)，一端排风(机械)。

(2)湿帘-风机降温系统。指利用水蒸发降温原理为猪舍进行降温的系统，由湿帘、风机、循环水路和控制装置组成。

(3)喷雾降温系统。指一种利用高压水雾化后漂浮在猪舍中吸收空气中的热量使舍温降低的喷雾系统，主要由水箱、压力泵、过滤器、喷头、管路及自动控制装置组成。

(4)喷淋降温或滴水降温系统。指一种将水喷淋在猪身上为其降温的系统，主要由时间继电器、恒温器、电磁水阀、降温喷头和水管等组成。降温头是一种将压力水雾化成小水滴的装置。而滴水降温系统是一种通过在猪身上滴水而为其降温的系统，其组成与喷淋降温系统基本相同，只是用滴水器代替了喷淋降温系统的降温喷头。

3.全气候环境控制系统

指一种使用通风换气、加热和降温等设备，调节猪舍全年适宜环境的控制系统。整个系统由百叶窗进气口、管道风机、通风管道、排风机、加热器和湿帘等组成。

4.清洁消毒设备

①高压清洗机：对水进行加压形成高压水冲洗猪舍的清洗设备。常用的高压清洗机利用卧式三柱塞泵产生高压水。

②人力喷雾器：也称手动喷雾器。在养猪场中用于对猪舍及设备的药物消毒，常用的人力喷雾器有背负式喷雾器和背负式压缩喷雾器。

(六)废弃物处理设备

1.清粪设备

指猪舍中清除粪便的设备。在养猪场中常用的清粪机有链式刮板清粪机、往复式刮板清粪机和螺旋搅龙清粪机等。

(1)链式刮板清粪机。它由链子、刮板、驱动装置、导向轮和张紧装置机构和钢丝绳等部分组成。

(2)往复式刮板清粪机。它由带刮粪板的滑架、传动装置、张紧机构和钢丝绳等部分组成。

(3)螺旋搅龙清粪机。指一种采用螺旋搅龙输送粪便的清粪机，一般用于猪舍的横向清粪。往复式刮板清粪机将纵向粪沟内的粪便送到横向粪沟中，螺旋搅龙转动就将粪便送至舍外。

2.冲水设备

指采用水冲清粪方式清粪时，定时在粪沟内放水冲粪的设备。常用的有自动翻水斗和虹吸自动冲水器。

3.粪尿水固液分离机

猪粪尿水的固液分离有多种，其中应用最多的有倾斜筛式固液分离机、振动式固液分离机、回转滚筒式和压榨式固液分离机等。

4.堆肥处理设备

指对固体粪便进行堆肥处理的设备。堆肥处理的最佳参数为：采购物含水率 50%～70%，碳氮比(26～35)：1，堆内温度 35～55℃，堆内有足够的氧气。在养猪场中常用的堆肥处理设备有自然堆肥、堆肥发酵塔和螺旋式充氧发酵仓等(图 6-12、图 6-13)。

5.污水处理设备

在养猪场中利用好氧性微生物对有机物的氧化分解作污水进行处理时，为其提供充足氧气，创造有利于其繁殖的良好环境的设备称为猪场污水处理设备。在养猪场中常用的污水处理设备有曝气机和生物转盘。

6.沼气发生设备

指利用厌氧微生物的发酵作用处理各类有机废物并制取沼气的工程设备。发酵罐是一个密闭的容器，为砖或钢筋混凝土结构。罐的四周有粪液输入管、粪便输出管、沼气导出管、热交换器以及循环粪泵等。

7.死猪处理设备

常用的死猪处理设备有腐尸坑和焚化炉。

(七)其他常用设备

1.饲料加工设备

如粉碎机、制粒机、搅拌机等。

2.运输工具

如仔猪运输车、运猪车和粪便运输车等。

3.兽医设备及日常用具

如检疫、检验和治疗设备，母猪妊娠诊断器活体超声波测膘仪和耳号牌、抓猪器等。

任务 5-2 猪场管理

一、养殖规模的确定

(一)饲养规模的确定原则和依据

1.饲养规模确定的原则

(1)平衡原则。指生产者准备的饲料与猪群饲养量相平衡，避免料多猪少或者猪多料少的现象发生。要求生产者每个月份饲料供应的种类和数量都要与各月份的猪群结构及饲料需要量相平衡，防止季节性饲料不足的现象发生。

(2)充分利用原则。各种生产要素都充分发挥作用，能够用最少的生产资源消耗获得最大经济效益，也就是最大限度地利用现有的生产条件。

(3)以销定产原则。生产目标与销售目标相一致,生产计划要为销售计划服务,坚持以销定产,避免以产定销。要充分考虑猪肉产品的深加工企业的生产状况和猪肉的消费量确定适宜的生产量,同时要获得最佳经效益。

2.饲养规模确定的依据

(1)根据市场情况确定饲养规模。养猪生产者首先要对市场情况进行调查研究,了解市场的供求变化,进行科学判断和预测,并结合自身的生产条件,进行综合分析,然后请教养猪行业专家学者帮助进行可行性论证,最终确定适宜的生产规模。

(2)根据预期生产目标确定规模。规模化猪场必须采取按生产目标确定规模的方法。因为,现在养猪企业生产投资中,大部分采用银行贷款的投资方式,要求养猪企业在一定时间内用所获利润进行还贷。在投资总额确定的前提下,必须加强市场调查,做好单位产品利润测算。预期目标必须是具体的,进行预期利润、预期价格、预期成本的计算以确定还贷年限。

(二)饲养规模的确定方法

1.线性规划法

线性规划法就是把要解决的问题转化为线性方程,利用线性方程求出最佳解,最终得出结论的方法。

(1)线性规划法所需条件。利用线性规划法确定最佳规模和经营方向时,必须掌握以下资料,一是几种有限资源的供应量,二是利用有限资源能够从事的生产项目,三是某一生产方向的单位产品所需要消耗的各种资源数量,四是单位产品的价格、成本及收益。

(2)线性规划模型的组成

①求解目的。常用最大收益或最小成本,它们都可以用数学形式表达为目标函数。

②对达到一定生产目的的各种约束条件最低成本具有限制作用的生产因素。就是取得最佳经济效益或达到最低成本具有限制作用的生产因素。

③达到生产目的可供选择的各种生产方向。

2.盈亏平衡分析法

短期生产的最佳生产经营规模的确定可以运用盈亏平衡分析法进行。盈亏平衡法也叫保本分析法。它是分析在一定时期内的产量、成本、利润之间的相互关系,并且通过计算盈亏临界点或保本点产销量来测算在短期内某一生产项目是否为最佳规模的方法。

(1)盈利及其计算。盈利是生产经营的最终结果,是对养猪生产者的生产投入、技术应用和经营管理的一种报酬。盈利通常分为两种,一是税前盈利,二是税后盈利,而养猪企业是不缴税的,所以也就不分税前和税后盈利了。

利润=生产经营总收入-生产总成本

(2)成本特点及其分析。成本的特点是随产品量的增减而变动。各种成本中,有些在一定的条件和范围内是不变的,根据这一特点,可将成本分为固定成本和变动成本。

①固定成本。各成本项目中,其总额不随产量的增加而变动的成本是固定成本。如固定资产折旧费、年固定工资总额等。

②变动成本。各成本项目中,其总额随产量的增减成正比例变动的是变动成本。例如,原材料费、辅助材料费、饲料费等。

③总成本。它是固定成本总额与变动成本总额之和。

④单位产品成本。平均每产出一个单位某种产品所消耗的物化劳动力之和是单位产品成本。

(3)盈亏平衡点计算。盈亏平衡分析是一种动态分析,又是一种确定性分析,适合于分析短期问题。这种方法的关键环节是求出盈亏平衡点,即保本点。盈亏平衡点是产出和投入的变动依存关系中盈利与亏损的转折点。在价格不变的情况下,产出量未达到平衡点之前,出现亏损,只有在超过平衡点之后,才能盈利。

在市场基本稳定的条件下,养猪场产品的总收入等于产品产量与单位产品售价之积。当盈亏平衡时,产品的总收入恰好等于产品的总成本,即:

总收入=产量×单价=单位变动成本×产量=固定成本总额=总成本

在一定条件下总固定成本和单价均处于不变状态。因此,盈亏平衡与否取决于产量。换句话说,盈亏平衡点是指在一定的成本消耗的条件下,当其他因素相对不变时的产品产出量水平。根据上式中间二者的关系,可以推导出:产量=固定成本总额÷(单价-单位变动成本)时,即为盈亏平衡时的产量水平。

例如,某猪场年固定成本为4万元,育肥猪每千克活重的变动成本为2.20元,当肉猪销价为每千克活重5.00元时,试判断该场在制订计划时,应使饲养量达到多少千克才能保本?此时的收入额是多少?

解:当盈亏平衡时,产量=固定成本总额÷(单价-单位变动成本),代入已知条件:

$$产量=40\ 000\div(5.00-2.20)=14\ 286(kg)$$

$$总收入=14\ 286\times5=71\ 430(元)$$

平衡点是盈亏分析的基础,一般来说,它是生产经营的最低水平。在制订计划时,不论是产量指标还是销售量指标,都应大于平衡点,而且越大越好。

二、猪场的计划管理

(一)规模猪场的计划管理指标

1.存栏数

它是指当年末(12月31日)舍内饲养的猪总头数,也可作为下一年初的存栏数。

2.饲养量

是指全年饲养猪总头数,有时为了比较分析,限定一个时期的饲养头数。

3.猪群结构指标

规模猪场通常分为繁殖群、保育猪群和生长育肥猪群。其中繁殖群是最重要的,各种猪群的规模、结构是由猪场的性质和生产规模决定的。

4.繁殖指标

主要有配种率、受胎率、情期受胎率、分娩率、仔猪成活率、哺育率、成年母猪年产仔窝数等指标。

5.肉猪生产力指标

平均日增重、饲料转化率、出栏率、瘦肉率等。

6.猪场效益指标

(1)全群饲料转化率。是反映规模化养猪场综合生产水平的重要指标。它与许多因素有关，如猪群结构、母猪受胎率、分娩率、产仔数、母猪断乳至再次配种的时间间隔、淘汰率、各阶段猪的成活率、生长速度、饲粮营养水平、保健水平等因素有关，猪场的每一个环节都影响这个指标的变化。

(2)产值。是以货币形式表现的一定时期内猪生产的总量。

(3)毛收入。指猪场在一定时期内新创造的价值。毛收入等于总收入减去经营成本。

(4)销售利润。销售收入减销售成本的差额。

(二)猪场的生产计划制订

规模化猪场的生产是按照一定的生产流程进行的，在各个生产车间栏位数和饲养时间都是固定的，各流程相互连接，如同工业生产一样，所以，应制定出详尽的计划使生产按一定的秩序进行。均衡性生产对猪场的管理、生产运行、资金运行具有重要意义。在生产实践中必须科学地制订生产计划、包括周、月、年生产计划，配准率、分娩率、产仔率等目标计划，达不到预定计划的要查找原因，及时解决，确保计划的完成率，及时总结提高猪场的生产水平与经济效益。

1. 配种分娩计划

阐明计划年度内全场所有繁殖母猪各月的配种头数、分娩胎数和产仔数，根据生产效果进行选种选配。一个年产万头肉猪的养猪企业，一般有种母猪 600 头左右，母猪配种受胎率要求在 90%以上。全年配种 1 200 胎次，平均每周配种 23 头，全年分娩 1 080 胎，平均每周分娩 21 胎，每胎产仔 10 头，全年产仔猪 10 800 头。为了保证计划的完成，大多数企业在此基础上适当增加，大体上每周配种 28 头，保证有 21～24 头母猪受胎分娩，仔猪 4～5 周断奶，断奶仔猪在分娩栏留存 1 周。

表 5-1　周配种计划单

舍 号	类 别	计划配种数	最高头数	最低头数
	断奶猪			
	后备母猪			
	断奶后 7 天未发情猪			
	上周或前几周复配猪			
	上周或前几周的空怀猪			
	总计			

周配种计划单(表 5-1)各类别猪出现最高发情数和最低发情数的估算方法是这样的：

(1)断奶猪。最高数＝本周断奶猪数×前 4 周适时发情的最高百分数。最低数＝本周断奶母猪数×前 4 周适时发情最低百分数。

(2)后备母猪。最高数＝后备母猪总数÷3。最低数＝已转入配种舍并掌握了上一个情期发情时间的后备母猪数。

(3)断奶后 7 天未发情猪。最高数和最低数＝断奶后 7 天未发情猪的总数÷3。

(4)上周或前几周的复配猪。最高数和最低数＝前 4 周出现的复配猪的平均数。

(5)上周或前几周的空怀猪。最高数＝除在本周确实不能发情的其余所有空怀猪数。最低数＝ 据记录有望在本周发情的空怀猪数。

2. 猪群周转计划

确定各类猪群的头数，猪群的增减变化，以保持合理的猪群结构，达到最佳生产效益。由于规模化猪场的猪群周转按小群(或按单元)连续进行,所以对整个猪群来说,每周都有部分小群发生转移。在均衡生产的情况下,从理论上说各周猪群的转移基本上是一致的,因此,在连续流水式作业的情况下,需制订出在每周的不同时间的转群计划。

星期一:妊娠猪舍产前1周的临产母猪调到分娩舍。分娩舍于前两天做好准备工作。

星期二:配种舍将通过鉴定的妊娠母猪调到妊娠猪舍,妊娠猪舍于前1天做好准备工作。

星期三:分娩舍将断奶母猪调到配种舍,配种舍于前1天做好准备工作。

星期四:将上1周断奶留栏饲养1周的断奶仔猪调到仔培舍,仔培舍于前两天做好准备工作。

星期五:将在仔培舍饲养5周的仔猪调到生长育肥舍,生长育肥舍于前1天做好准备工作。

星期六:生长育肥舍肉猪出栏。

应该注意,在转移每一群猪时,都应该随带本身的原始档案资料。为及时掌握猪群每周的周转存栏动态情况,可采用与之相适应的生猪每周调动存栏表。本表的特点是按猪的生产流程将猪群分为配种舍、妊娠舍、分娩舍、仔培舍、生长育肥舍,每种猪舍有一个分表,按各舍实际需要设计具体项目。将各分表联系起来,便成为企业猪群每周的周转存栏动态总表。这一总表既能反映出各类猪的周内变动情况,也便于与周作业计划对比。

3. 生产计划

根据猪场的母猪数量、生产流程和生产指标进行制订,预计全年出栏的猪数以及按周逐月的分布情况。如某猪场存栏母猪500头,分娩率85%,每胎产活仔数10头,哺乳期成活率95%,保育期成活率97%,育成期成活率99%,3周龄断奶,商品猪出栏23周(3周+5周+15周),每头母猪年产仔窝数是52÷20.5=2.4(窝),年生产计划如表5-2所示。

表5-2　生产计划一览表(基础母猪500头)　　头

项目	生产计划		
	周	月	年
满负荷配种母猪数	27	118	1 412
满负荷分娩胎数	23	100	1 200
满负荷活产仔数	230	1 000	12 000
满负荷断奶仔猪数	218	950	11 400
满负荷保育成活数	211	921	11 058
出栏育肥猪数	209	912	10 947

4. 饲料供需计划

按计划供应各类猪群所需饲料,规定每头猪的饲料消耗定额(表5-3和表5-4)。

5. 物质供应计划

根据本场猪只饲养头数,确定计划期内猪场全年所需兽医药品以及其他物质的需要量。

6. 劳动工资计划

根据不同工种的饲养头数和劳动定额,确定计划内所需的人力,并预算劳动工资,编制工资计划。

表 5-3 肉猪耗料表

阶段	日龄	饲养天数	体重(kg)	料型	每天耗料(kg)	阶段耗料(kg)	所占比例(%)
哺乳期	1～28	28	7	乳猪料	0.1	2	1
保育期	29～49	21	14	仔猪料	0.6	12	5
小猪	50～79	30	30	小猪料	1.1	33	14
中猪	80～119	40	60	中猪料	2.0	80	33
大猪	120～160	41	90	大猪料	2.8	115	47
合计		160				242	100

表 5-4 500 头母猪规模猪场年饲料用量表

猪别	每头耗料量(kg)	头数	饲料量(kg)	所占比例(%)
哺乳母猪	250	500	125 000	4.2
空怀母猪	80	500	40 000	1.3
妊娠母猪	620	500	310 000	10.4
哺乳仔猪	2	10 700	21 400	0.7
保育仔猪	12	10 300	123 600	4.2
小猪	33	10 100	333 300	11.2
中猪	80	10 100	808 000	27.2
大猪	115	10 000	1 150 000	38.8
公猪	900	20	18 000	0.6
后备猪	240	160	38 400	1.3
合计			2 967 700	100

三、猪场经济核算

(一)经济核算

经济核算是指对生产经营过程中的劳动消耗、物质消耗及经营成果进行计算、分析和对比,考核猪场经济合理性。它主要包括资金核算和成本核算。

1. 资金核算

资金是各种财产和物资的货币表现,对一个猪场而言,它包括货币形态的资金和实物形态的资金。资金按周转性质分为固定资金和流动资金。

(1)固定资金。是指垫支在固定资产上的资金,也是固定资产的货币表现。它是以实物形态如房屋建筑、圈栏、机械设备、运输工具等,它的特点是使用时间长,可多次参加生产过程而不改变原来的物质形态,只是逐步磨损,并且把价值逐年转移到产品中去,并以折旧的方式计入成本。

(2)流动资金。是指购买仔猪、肉猪、饲料、兽药及其他消耗性原料等的货币支出。它的特点是只参加一次生产过程就被消耗掉,并把它的全部价值转移到新的产品中去。

2. 成本核算

成本是指养猪企业在生产经营过程中发生的各项耗费。通过成本核算进行成本分析来考核经营成果，并及时总结经营中取得的经验，找出经营中出现的问题，最终达到降低成本的目的。

(1)成本项目。养猪场的主要成本项目有劳务费(指直接从事养猪生产的饲养人员的工资和福利费)、饲料费、燃料和动力费、医药费、固定资产折旧费、固定资产维修费、低值易耗品费、其他直接费用、管理费、利息支出等。这些生产费用的总和，就是猪场的生产总成本。

(2)成本计算。计算成本需要收集一个生产周期或一年内的成本项目记账或汇总，核算出各猪群的总费用，将各类猪群的头数、活重、增重、主副产品产量等统计资料。运用这些数据资料，可计算出各类猪群的饲养成本和各种产品的成本。在养猪生产中，一般需要计算猪群的饲养日成本、增重成本、活重成本和主产品成本等。

(3)成本分析。根据养猪生产特点与成本核算的特点，养猪场的成本项目核算应以各类猪群为核算对象，以场、队、组为核算单位，以表格的形式，统计每个饲养周期或年终生产各项费用的支出。这些报表有原始记录表(如猪群变动登记表、饲料消耗登记表、产品收入登记表、物质费用登记表、饲养用工登记表等)、主要成本费用表(仔猪费、饲料费、人工费、折旧费)、产品成本计算表。

(二)猪场的成本核算

1. 成本核算的基本概念

成本核算是企业进行产品成本管理的重要内容，是猪场不断提高经济效益和市场竞争能力的重要途径。猪场的成本核算就是对猪场生产仔猪、商品猪、种猪等产品所消耗的物化劳动和活劳动的价值总和进行计算，得到每个生产单位产品所消耗的资金总额，即产品成本。

2. 生产成本核算的方法

进行生产成本的核算需要完整系统的生产统计数据，这些数据来自于日常生产过程中的各种原始记录及其分类整理的结果，所以建立完整的原始记录制度、准确及时的记录和整理是进行产品成本核算的基础。

第一步，确定成本核算对象、指标和计算期单位。

第二步，确定构成养猪场产品成本的项目。一般情况下将构成猪场产品成本核算的费用项目分为两大类，即固定费用项目和变动费用项目。变动费用项目是指那些随着猪场生产量的变化其费用大小也显著变化的费用项目，例如，猪场的饲料费用；固定费用项目是指那些与猪场生产量的大小无关或关系很小的费用项目，其特点是一定规模的养猪场随着生产量的提高由固定费用形成的成本显著降低，从而降低生产总成本，这就是规模效应，降低固定费用是猪场提高经济效益的重要途径之一。

①变动成本费用项目：饲料、药品、煤、汽油、电和低值易耗物品费。其中饲料包含饲料的买价、运杂费和饲料加工费等。

②固定成本费用项目：饲养人员工资、奖金、福利费用，以及猪场直接管理人员费用、固定资产折旧和维修费。

第三步，成本核算过程。

①变动成本中原材料采购成本的核算：

$$采购费用分配率＝采购费用总额/原料总买价\times100\%$$

②原料采购成本:买价与采购费用分配率的乘积。

③已消耗饲料产品的成本价:

原料组成价÷损耗率+加工费分配量

损耗率=(原料消耗量-饲料成品量)/原料消耗量×100%

饲料产品加工费分配量=加工费总额/加工总量

在饲料加工过程中,其饲料产品的原料价应按饲料配方的组成计算。

④总饲养成本的核算:饲料变动成本、其他变动成本和固定成本之和。

通过以上核算,我们定量了产品中各种成本在总成本中的比例,同时得到了该年度生猪产品的总成本及单位产品的成本。如将每年或各季度的成本进行如此核算,并进行比较,我们会发现企业存在的问题及提高效益的潜力,这对降低成本将有巨大作用。

3.成本核算的意义

(1)通过产品成本核算,明确了产品成本构成的项目,加强了财务管理。从上述产品核算的过程及结果中我们可以明确地看到产品成本构成的项目。如果有不合理的开支项目,在核算的过程中必然会暴露出来。此类项目的多少与大小直接影响着企业的生产成本,也反映了企业财务管理的状态。

(2)通过产品成本核算,明确了产品的总成本及单位成本。产品核算的结果告诉我们,每生产一单位的产品需用多少资金,那么我们就可以根据产品市场售价随时了解企业的盈亏状态。例如,商品猪的售价是 8 元/kg,则处于赢利状态;而处于 6.82 元/kg 则处于盈亏平衡临界点。这将有利于决策者根据市场价格随时调节生产过程,以利于提高经济效益。

(3)通过产品成本核算,了解了产品总成本中各项成本的比例。了解这个比例有利于决策者对现实的成本构成做出正确的评价,发现问题的同时找到机遇。例如,作为国有大猪场人员较多,机械化程度较高,其变动成本与固定成本的比例一般为 7.5∶2.5,而农村规模化养猪企业一般为 9∶1,这个比例深刻反映了不同体制下运行的同类企业为什么成本相差很大的原因。提高固定资产利用率,降低固定成本的比例始终是追求企业经济效益的有效方法之一。

(4)进行全面的成本核算有利于对企业实行全面的计划管理。当我们通过成本核算得到某一企业在其具体环境中单位产品的赢利额时,我们就可以根据该企业的平均固定成本数额确定盈亏点。例如,每头商品猪的售价是 800 元,实际总成本为 650 元,则每头猪可赢利 150 元。以某猪场为例,1995 年度固定成本总额是 23.1 万元,那么该猪场出栏 1 540 头时才可以达到盈亏平衡点;如果企业的固定资产投资大并且负债信贷资金,就必然加大企业的固定成本总额及其在总成本中的比例,从而必然提高盈亏平衡点时的产品数量,即商品猪的头数。其结果是增大企业经营风险,相对降低企业效益。例如,该猪场固定成本为 45 万元时,就必须使出栏头数达到 3 000 头才达到盈亏平衡点,此点在进行企业投资时或制订年度计划时必须进行周密的考虑。

(5)提高生产效率,可以降低固定成本及变动成本。通过进行成本核算我们看到,产品的成本构成是由固定成本和变动成本两大部分组成,提高生产效率可以同时降低此两项的总额。所以提高技术水平,调动职工积极性,提高企业合格产品的数量,减少单位产品的摊销费用从而降低成本,可以达到提高企业效益的目的。

综上所述,加强企业成本核算,并对核算的结果进行细致的分析是提高猪场经济效益最重要的途径之一。很难想象一个没有进行严格的成本核算的企业、一个不能对成本结构进行经济分析的企业,能够采取有效的措施使企业产生良好的经济效益。因此,对猪场进行成本核算和成本管理,学会对核算的结果进行科学分析,并适时做出正确决策是未来猪场进一步提高市场竞争能力的重要措施。

四、猪场劳动力管理

猪场所需劳动力取决于饲养员的技术经验、饲养类型以及集约化程度。由于半集约型饲养还有一定粗放的成分,一般需要较多的劳动投入。

(一)劳动定额

一般来讲,每个饲养员可以做到:

(1)照料 60～80 头母猪及其仔猪直到出栏。

(2)饲养 80～100 头母猪及其哺乳仔猪。

(3)饲养 800～1 000 头育肥猪(每年出栏 2 000～2 500 头育肥猪)。

在有经验的基础上,这些数字可以提高到:照料 120～140 头照料母猪及其仔猪直到出栏;或者 140～160 头母猪及其哺乳仔猪;或者 1 200～1 500 头育肥猪(每年出栏 3 000～5 000 头育肥猪)。

(二)劳动力的管理

1.建立良好的工作关系

劳动管理不仅包括雇佣关系,还包括处理职工之间的关系问题,这对于保证饲养工作平衡高效地进行非常重要。职工之间良好的关系对增加产量、提高经济效益具有重大意义。

2.改善工作环境

确保工作条件尽可能地舒适、安全。为职工提供工作服,条件好的宿舍、卫生间和淋浴设备,舒适的餐厅等。良好的生活和工作条件有助于职工安心工作,保持工作的热情,而且能够善待猪只。

3.明确工作职责

所有工作岗位都应有书面的工作描述,讲明该岗位工作的要求及特点。

4.职工培养与职业训练

由于现代饲养规模的扩大和复杂性的提高,训练有素的工作人员比较缺乏。培养职工的专业技能并使他们学以致用成为本行业的重点工作。要经常开设专业培训课程和技能训练项目以满足职工的继续发展要求。职工对自己的工作了解越多,养殖效率就越高。对自己有信心以及知道自己责任的职工通常在管理猪群时感到轻松。

(三)劳动报酬

职工的劳动报酬随着饲养形式的不同而不同,人们常常忽视饲养员对总体经济效益贡献的重要性,而不给予奖励。要在物质和精神报酬上对饲养员的贡献作出承认。一个好的饲养员应得到与其专业技能和责任大小相称的报酬。薪水应该在与职工讨论后发放,并应连同个人表现进行定期检查。为每个人所做的工作描述和定期评价应该成为讨论和鉴定报酬的基础。

奖金作为整个报酬的一个组成,根据工作岗位以及对工作的胜任程度制定政策。奖金可以按年度、半年度或按月发放。奖金是职工额外努力的一个反映，它们可能与规定的产量目标挂钩，也可能纯粹由管理者决定。奖金与特殊性质的工作业绩挂钩时最具成效。

与生产性质相关的奖金必须与易于规范的生产份额相关；必须与现实可行的生产目标相关；必须反映职工为实现生产目标所作出的额外努力；必须便于管理；它们必须有不容置疑的记录支持；必须有经济实效。如母猪产仔管理技能、每窝产活仔猪数、每窝断奶仔猪数、饲养管理技能、生长育肥期的饲料报酬和对饲料浪费的控制、上市的时间、屠宰的等级和重量等。

◈思考题

1.你怎样看待猪场的劳动力管理在生产中的积极作用？

2.学习与查阅资料：现代化猪场环境控制设备有哪些？

◈技能训练

1.制订1个万头猪场的猪群周转计划。

2.制订1个万头猪场的年饲料用量计划。

项目 6　猪病防治技术

◈目标

1. 通过学习，能了解猪群健康的监测和构建猪场安全生产防疫体系的意义。

2. 通过学习，能掌握猪场发生群体性疾病的规律及防控措施。

3. 通过学习和案例分析能对常见的猪病进行诊断和防治。

任务 6-1　构建猪场防疫体系

一、猪场安全生产防疫体系构建的意义

第一，现代化的育种手段使猪的生产性能得到了很大提高，而猪的体质、抗病能力等明显下降，对营养、管理等环境条件要求更加苛刻，对环境的变化更加敏感。

第二，随着规模化养猪的发展，集约化程度不断提高，一旦发生疫情，就难以控制，导致巨大的经济损失。

第三，国际间品种交流日趋频繁，而目前监测手段滞后，造成旧病未除，新病又起，疫情和病情更加复杂，特别是混合感染，临床确诊难度加大。

第四，全球疫情恶化、复杂化。因此，在规模化猪场，应采取各种主动措施，提高猪群的健康水平，免受各种疾病的侵袭。

二、猪群健康的监测

做好猪群的健康监测工作目的在于：及时发现亚临床症状，早期控制疫情，把疾病消灭在萌芽状态；及时解决营养、饲养以及管理等问题；及时纠正环境条件的不利因素。因此猪群健康的监测是猪场日常管理中一项重要的工作。

1. 观察猪群

对猪场的整个生产环节实施全天候监测，或猪场技术人员和兽医每日至少 2～3 次巡视猪群，做到“三看”，即“平时看精神，饲喂看食欲，清扫看粪便。”及时分析、确诊、治疗、消毒、隔离、淘汰、扑杀。

2. 抗体检测

规模化猪场疫情的发生往往会导致猪场的毁灭，可以通过抗体的监测及时了解常见猪病的免疫抗体和感染抗体水平，分析猪病发生原因，疾病的分布情况，为猪病综合防控提供了理论依据。

3. 饲料监测

饲料中营养是猪生长、繁殖以及健康的基础。但在生产实践中，由于饲料原料自然变异、

加工方法与技术的不同、掺杂使假、不适当的运输和贮存导致养分的损坏与变质等因素，造成因营养缺乏、不平衡或有害有毒物质而降低猪的生产性能，危及猪的健康。因此通过化学分析测定、物理检验、动物试验以及感官检验判断等检测、检验方法对饲料的品质与质量进行全面监测是十分必要的。

4. 环境监测

猪场环境监测是养猪环境控制的基础。通过对内温度、湿度、气流、光照、水质、空气中的微粒、微生物以及有害气体等指标的监测，可以及时了解舍内、外环境的变化及其对猪群的影响。根据实测数据与标准环境参数对比分析，结合猪群的健康、行为和生产状况，及时发现问题，采取措施。

三、疾病综合防制措施的建立

集约化规模饲养的条件下，猪群过于集中，饲养密度过大，圈舍相对密闭，光照和空气流动较差，使传染病和寄生虫病的传播和流行机会明显增大。此类疾病一旦发生，常迅速波及全群，大批猪发病甚至死亡，严重影响猪场的经济效益，危害养猪业的健康发展和人民群众的身体健康。所以，必须严格遵循“预防为主、养防结合、防重于治”的原则，因地制宜地建立行之有效的疾病综合防御体系。

1. 坚持自繁自养

频繁引种极易造成传染病的流行，在种源缺乏或不稳定地区，应提倡自繁自养。

2. 精选猪群，引种检疫

若必须购买或引种时，应选择非疫区，并经当地兽医检疫部门检疫，出具有效的检疫证明。引进后再经本地或本场兽医验证、检疫，并隔离观察 1 个月后，确认健康者，经消毒、驱虫、免疫接种后方可混群饲养。种猪场家应满足 3 个条件：确定可靠的免疫程序；有良好的供应历史；保证没有特定的传染病。

3. 隔离饲养，全进全出

在规模化猪场，应按猪的品种、性别、年龄等分群分舍饲养，根据不同生长阶段的营养需要确定饲料标准和营养标准。同时实行早期断奶，形成天然的同期发情、同期配种、同期产仔，即同龄猪同期进舍，同期出舍，经彻底清扫消毒空栏 1～2 周，再进下一批猪。最好实行多点饲养的方式，将种猪舍、分娩哺乳舍、保育舍和肥育舍分开。这样既能有效避免循环交叉感染，也能给每次新进猪群提供一个清洁的环境。

4. 定期消毒

消毒的目的是消灭舍内外的病原体，或是由传染媒介带到猪场的病原微生物；切断传染途径，防止疫病的发生和漫延。所以消毒是保证猪场安全、健康和生产正常进行必不可少的技术环节。因此，每周消毒 1 次；每年至少春秋两次彻底清扫、消毒。

5. 免疫接种

免疫接种是预防某些传染病的最重要的手段之一，是通过接种病毒、细菌及其抗原成分，使机体产生特异性抗体，从而使易感猪转化为非易感猪的有效方法。

6. 预防性投药

按照《无公害食品生猪饲养兽药使用准则》在饲料中加入某些抗生素或药物，如阿莫西林、支原净、氟苯尼考和黄芪多糖等在一定时间内可以使易感猪免受疫病的威胁。

任务 6-2 猪的传染病防治技术

一、猪传染病的传染和流行

(一)猪传染病及其特性

1.传染病和感染

凡是由病原微生物引起的,具有一定的潜伏期和临诊表现,并具有传染性的疾病称为传染病。病原微生物侵入猪体,并在一定的部位定居、生长繁殖,从而引起机体一系列病理反应,这个过程称为感染或传染。

2.特性

传染病的表现虽然多种多样,但却有一些共同性与非传染病相区别。其特性为:

(1)传染病是由病原微生物与动物机体相互作用所引起的。

(2)传染病具有传染性和流行性。

(3)具有一定的潜伏期和特征性的临诊表现。

(4)被感染猪发生特异性反应。

(5)耐过猪能获得特异性免疫。

(二)感染的类型

病原微生物的感染与抗感染之间的矛盾运动是错综复杂的,受多方面影响,感染过程表现出各种形式或类型。按着不同的分类方法可以分为如下类型:

1.按感染的发生分为

(1)外源性感染:病原微生物从体外侵入到机体而引起的感染。

(2)内源性感染:正常情况下存在于体内的条件性病原微生物在机体抵抗力降低时引起机体发病。如猪肺疫、猪丹毒等。

2. 按病原的种类分为

(1)单纯感染:由一种病原微生物引起的感染。

(2)混合感染:有两种以上的病原微生物同时参与的感染。

(3)继发感染:机体感染了一种病原微生物后,在抵抗力减弱的情况下,又由新侵入的或原来就存在于体内的另一种病原微生物引起感染,如慢性猪瘟,常引起猪肺疫继发感染。

3.按临床表现分为

(1)显性感染:当侵入的病原微生物具有足够的毒力和数量,而机体抵抗力相对弱时,感染的机体呈现出该病特有的临床表现,这种感染过程成为显性感染。

(2)隐性感染:如果侵入的病原微生物定居在机体的某一部位,虽然进行一定的增殖,但机体不表现任何的临床症状,这种感染过程称为隐性感染。

(3)顿挫型感染:开始时症状较重,与急性病例相似,但特征性症状尚未出现就迅速恢复健康的感染。这是一种病程缩短而没有表现该病主要症状的病例。常见于流行后期。

(4)消散型感染:开始症状较轻,特征性症状未出现即恢复的感染。又称一过性感染。

4.按感染部位分为

(1)局部感染:侵入的病原微生物毒力较弱或数量减少,而机体抵抗力较强的情况下,病原微生物被局限于一定部位生长繁殖引起病变。

(2)全身感染:如果机体抵抗力较弱,病原微生物冲破机体的各种防御屏障,侵入血流向全身扩散,使感染全身化。主要形式有败血症、脓毒败血症等。

5.按病程长短分为

(1)最急性感染:病程短促,常在数小时或1天内突然死亡。症状和病变往往不显著,多出现于流行初期。

(2)急性感染:病程也较短,一般为几天至两三周不等。伴有明显的典型症状或病变。一般在此期容易诊断。

(3)亚急性感染:病程稍长,临床表现显著。如疹块型猪丹毒。

(4)慢性感染:病程缓慢,常在1个月以上,症状不显著。如气喘病、结核病等。传染病病程的长短决定于机体的抵抗力和病原微生物的致病力等因素。同一种传染病的病程也并不是固定不变的,各类型可互为转换。

6.按症状的特征性分为

(1)典型感染:在感染过程中表现出该病的特征性临诊症状者称为典型感染。

(2)在感染过程中不表现该病的特征性临诊症状者称为非典型感染。两者均为显性感染。

7.按死亡率的高低分为

(1)良性感染:该病不引起大批死亡。

(2)恶性感染:该病引起大批死亡。

8.病毒的持续性感染和慢病毒感染

持续性感染是指动物长期持续的感染状态。病毒不能杀死宿主细胞而形成与宿主细胞间的共生平衡,感染动物可长期或终生带毒,而且经常或反复不定期地向体外排毒,但常缺乏临诊症状,或出现与免疫病理反应有关的症状。慢病毒感染,是指潜伏期长,发病呈进行性且最后常以死亡为转归的病毒感染。与持续性感染的不同点是:疾病过程缓慢,但不断发展且最后常引起死亡。

(三)传染病病程的发展阶段

传染病的病程发展过程在大多数情况下具有严格的规律性,可分为潜伏期、前驱期、明显期和转归期四个阶段。

1.潜伏期

由病原体侵入动物机体并进行繁殖时起,至疾病的临诊症状开始出现之前的这段时期称为潜伏期。不同的传染病其潜伏期的长短是不同的,同一种传染病的潜伏期长短也有很大的变动范围。这是由于猪的品种、个体差异和病原体的种类、数量、毒力以及侵入途径等不同而引起,但相对来说还是有一定的规律性。一般急性传染病的潜伏期差异范围小,慢性传染病及症状不很显著的传染病潜伏期差异范围大。同一种传染病潜伏期长、病情较轻缓,潜伏期短、病情较严重，潜伏期的猪也可能成为传染源。

2.前驱期

从起病到病的临诊症状明显表现出来，但该病的特征性症状仍不明显。是疾病的征兆期。

3.明显期

前驱期之后，病的特征性症状表现出来，是疾病发展到高峰的阶段。在诊断上比较容易识别。

4.转归期

传染病发展到最后结局的时期，猪表现为痊愈或死亡两种情况。以痊愈为转归的，在病愈后一段时间内仍可带菌（毒）排菌（毒）。

（四）猪传染病流行过程的基本环节

猪传染病的流行，必须具备三个相互关联的条件，即传染源、传播途径及易感猪群。这三个条件常被称为传染病流行过程的三个基本环节。

1.传染源

是指某种传染病的病原体在其中寄居、生长、繁殖，并能持续排出体外的动物机体。具体指的是病猪和病原体携带者。携带者又可分为潜伏期病原携带者、恢复期病原携带者和健康病原携带者。病原携带者存在间歇排出病原体的现象，因此一次病原学检查阴性不能排除病原携带状态。

2.传播途径

病原体由传染源排出后，经一定的方式再侵入易感猪所经过的途径称为传播途径，即病原体更换宿主所经的途径。研究传染病传播途径的目的在于切断病原体继续传播的途径，防止易感猪受到传染，这是防制猪传染病的重要环节之一。

传播途径分为两大类。

一是水平传播，即传染病在群体之间或个体之间以水平形式横向平行传播。水平传播可分为直接接触和间接接触传播两种。

(1)直接接触传播。病原体通过被感染动物与易感动物直接接触而引起的传播方式。以直接接触为主要传播方式的传染病为数不多。如狂犬病。

(2)间接接触传播。病原体通过传播媒介使易感动物发生传染的方式，称为间接接触传播。从传染源将病原体传播给易感动物的各种外界环境因素称为传播媒介。大多数传染病既可以通过间接接触传播，同时也可以通过直接接触传播。把两种方式都可传播的传染病称为接触性传染病。

间接接触一般通过以下几种途径传播：

①经空气传播：经飞沫传播如猪流感、经尘埃传播如结核。

②经饲料、水传播：经饲料传播有两种情况，一种是饲料本身含有病原体，另一种是饲料在不同条件下被污染。经水传播包括两种传播方式，一种是由饮用污染的水，另一种是由于与“疫水”（感染的水体）接触而引起的疾病。

③经污染的土壤传播：某些细菌的芽孢可以长期在土壤中生存，如猪粪用于施肥使肠道病病原体或寄生虫虫卵污染土壤而引起感染。

④经活的媒介物传播，指经节肢动物叮咬吸血或机械携带而传播的传染病，人类亦可以为多种传染病的传播媒介。

二是垂直传播，即母代与子代两代之间的传播。

在产前期内怀孕的母猪将病原体传给后代，称为垂直传播。此种传播是母体与胎儿两代之间的传播。垂直传播与水平传播是相应的，从广义上说，垂直传播可属于接触性传播，包括下列几种方式：

(1)经胎盘传播。受感染的怀孕母猪经胎盘血液使胎儿受感染，称为经胎盘传播。

(2)经阴道感染传播。病原体经阴道通过子宫颈口到达绒毛膜或胎盘引起胎儿感染。

(3)分娩引起的传播。胎儿从无菌的羊膜腔穿出而暴露于母体严重污染的产道内，胎儿的皮肤、呼吸道、肠道均存在受病原体感染的机会。

3. 猪的易感性

猪对某种传染病容易感染的特性称猪的易感性。具有易感性的猪群称为易感猪群。猪群中易感个体所占的百分率，直接影响到传染病是否流行以及严重程度。猪的易感性的高低虽与病原体的种类和毒力强弱有关，但主要还是由下列因素决定：

(1)猪的内在因素，如品种、年龄、非特异性免疫等。

(2)外在因素，如环境、营养等。

(3)猪体的特异性免疫状态。

(五)传染病流行过程

1. 流行过程的表现形式

猪传染病在流行过程中，根据一定时间内发病率的高低和传染范围大小可将猪群中疾病的表现分为四种形式。

(1)散发性。发病猪数量不多，疾病发生无规律性，零星随机发生，各病例之间在发病时间、地点上没有明显关系时称为散发。

(2)地方流行性。在一定地区的猪群中，带有局限性传播特征的，并且是比较小规模流行的传染病，可称为地方流行性。地方流行性有两方面的含义，一方面表示在一定地区、一段较长的时间里发病的数量稍微超过散发性；另一方面表示地区性的意义，即某一地区经常性出现一定数量的某种病例。

(3)流行性。传播范围广，发病率高，如不加以防制可传播到几个县甚至省。如口蹄疫、猪瘟。

(4)大流行。是一种大规模的流行。流行范围可扩大至全国，甚至几个国家或整个大陆。如口蹄疫、流感。

(5)暴发。指某种传染病在一个猪群或一定地区范围内，在短时间(该病最长潜伏期内)突然出现很多病例时可称为暴发。是一个相对性的名词。

2. 流行过程的季节性和周期性

某些传染病经常发生于一定的季节，或在一定的季节出现发病率显著上升的现象，称为流行过程的季节性。出现季节性的原因主要有以下几方面：

(1)季节对病原体的影响。夏季气温高，日照时间长，这对那些抵抗力较弱的病原体在外界环境的存活是不利的。例如,炎热的气候和强烈的日光曝晒,可使口蹄疫病毒很快失去活力,因此口蹄疫流行一般在夏季少于其他季节。

(2)季节对活体媒介物的影响。一些有昆虫等活体媒介物传播的传染病一般发生在夏季,夏季有利于节肢动物滋生和活动,使中间媒介性疫病容易散播流行。例如,流行性乙型脑炎主要在夏季流行。

(3)季节对家畜活动和抵抗力的影响。冬季猪舍封闭较好,舍内相对湿度大,尤其是一些小养猪场的简易舍,冬季以塑料膜封闭猪舍,使猪舍内湿度过大,这时猪极易发生呼吸道传染病。

猪的某些传染病,经过一定的间隔时期,还可能表现再度流行,这种现象称为猪传染病的周期性。这种周期性与免疫力的自然消失以及易感猪的引入有关,还与病原体毒力和抗原性变异有关。

猪传染病流行过程的季节性和周期性是可以改变的。只要我们掌握其特性和规律,采取适当的措施如消毒、改善饲养管理、有计划的预防接种,可以使猪传染病不再发生季节性或周期性流行。

(六)影响流行过程的因素

构成传染病的流行过程,必须具备传染源、传播途径及易感猪群三个基本环节。这三个基本环节相互联结,协同作用时才能使传染病的发生和流行成为可能。这三个环节是受自然和社会因素影响的。

1.自然因素

对流行过程有影响的自然因素也称之为环境决定因素。它包括地理条件、气候、植被、动物、畜舍环境等。它们对三个环节的影响是错综复杂的。例如,江河高山限制传染源的转移。夏季作为传播流行性乙型脑炎媒介的蚊虫活动增强,所以夏季乙型脑炎病例增加。冬季猪舍内低温高湿,利于病原体在外界存活,所以呼吸道传染病发生率增加。过大的饲养密度使猪抵抗力下降或增加接触机会而使传染病易于发生和流行。

2.社会因素

影响猪传染病流行过程的社会因素主要包括社会制度、人民生活水平的高低、经济和科技发达程度、兽医法规的执行等。它们既可能促进传染病的流行,也可能是控制和消灭传染病流行的关键。例如,不了解引种地区的发病情况,不严格检疫,盲目上马猪场,可能造成传染病流行。如果严格执行兽医法规,则可能控制和消灭(减少)传染病。

(七)当前猪病发生与流行的主要特征

第一,猪病种类越来越多,目前猪病呈现旧病继续,新病不断增加的特点,如猪瘟、猪丹毒、猪肺疫、等老病常年不断发生与流行,与此同时不少新病先后发生,如猪繁殖—呼吸障碍综合征、猪圆环病毒病、轮状病毒感染等。国内养猪业迅速发展,从国外频繁引种,国内猪只跨省流动,加之有时缺乏有效的检疫手段,致使新的传染病在我国不断出现。

第二,混合感染增多,随着疾病的增多,养殖密度的加大,加上环境消毒不严,预防措施不及时等原因,单一病原在临床上已很少见,很多病例是由两种以上病原对同一病体产生致病作用,使猪病并发、继发和混发的发病率上升,常出现病毒病与病毒病、病毒病与细菌病、细菌病

与细菌病、细菌病与寄生虫病同时发生，尤其以弓形体病和链球菌病、蓝耳病与圆环病毒病、猪瘟与附红细胞体病等的混合感染尤为突出，此类混合感染容易造成猪群极高的死亡率。

第三，非典型性、隐性感染性疾病增多，由于疫苗的大量使用和滥用抗生素，以及用药方式不标准等原因，病原体的生物学特性、抗原特征、耐药特性及致病性都发生了很大的变化。病原在疫病流行进程中发生了变异：有的毒力变强、有的毒力变弱、有的出现的新的变异株和血清型，使得某些疾病在猪群中流行呈非典范性或隐性感染，如猪瘟的发生都呈非典型性，猪肺疫浮现“平和型”，蓝耳病、链球菌出现变异型。这些流行非常普遍，发病率也很高，给诊断和防治工作带来很大的难度。

第四，规模化养猪生产，生产规模大，饲养密度高，使得一些接触性传染病的传播极其容易。如：猪接触传染性胸膜肺炎现已成为规模化养猪的主要传染病，它通过猪与猪的直接接触和短距离的飞沫传播，高密度饲养对其传播提供了便利条件。

第五，高密度大规模饲养，猪活动空间小，咬斗次数增加，使猪处于应激状态，抗病力极大下降，接种疫苗的效果不佳，对传染病的抵抗力降低。

二、猪传染病的防制

(一)检疫与种群净化

猪传染病的流行包括传染源、传播途径、易感猪群三个基本环节。能够避免病原体进入猪场是上策；坚持日常消毒，消灭环境中的病原体和增强猪的抵抗力是中策；一旦传染病发生再行诊断、扑灭则为下策。做好检疫，避免引进带有病原微生物的猪，搞好种群净化都是消灭传染源的有效措施，所以检疫和种群净化为猪传染病防制的重中之重。

1.检疫

应用各种诊断方法，定期或不定期地对猪群进行疫病检测，有针对性地采取有效措施，防止疫病的发生和传播。

(1)如果从某猪场购猪，应该派专人到该地区该场了解疫情。方式包括询问当地兽医，查询该场生产诊疗记录，免疫情况等。

(2)对预选猪进行检疫，一定要检疫口蹄疫、猪瘟、伪狂犬病、繁殖—呼吸障碍综合征。同时还要参照对该地区、该猪场的调查情况进行重点检疫。检疫阴性者方可作为选购对象。

(3)如果从国外引种应委托国家动检部门依《动物检疫操作规程》进行检疫。检疫阴性方可选购。

(4)所购猪群必须隔离饲养，停喂药物添加剂，进行驱虫和必要的免疫接种，过1个月以后，经再次检疫阴性方可正式入场。

2.种群净化

对已经进入本场的疫病进行控制和消灭，逐步达到净化。具体措施是用疫苗接种结合血清学检测，淘汰野毒感染者和接种疫苗后不产生免疫应答及抗体水平过低者。

(二)消毒

消毒是贯彻“预防为主”方针的一项重要措施。其目的在于消灭被传染源散布在外界环境中的病原体，切断传染病的传播途径，防止传染病的发生和流行，是综合性防疫措施中最常采用的重要措施之一。

1.消毒的种类

(1)预防性消毒。结合平时的饲养管理对生产区和猪群进行定期消毒,以达到预防一般传染病的目的。这点是养猪场一项经常性的工作。主要包括日常对猪群及其生活环境的消毒,定期向消毒池内投放药物,对进入生产区的人员、车辆消毒等。

(2)紧急消毒。是在猪群发生传染病时,为了及时消灭刚从病猪体内排出的病原体而采取的消毒措施。主要包括对病猪所在栏舍、隔离场地以及被病猪分泌物、排泄物污染和可能污染的场所和用具的消毒。

(3)终末消毒。是在疫区解除封锁之前所进行的一次全方位彻底消毒。传染病发生后病猪痊愈或死亡,在解除封锁之前为了消灭猪场内可能残留的病原体所进行的全面彻底的大规模消毒。

2.消毒方法

(1)机械清除法。用机械的方法,如清扫、洗刷、通风等清除病原体,是最简单、最常用的方法。通过对猪舍地面的清扫、洗刷可以清除粪便、垫草、饲料残渣等,随着这些污物清除,大量的病原体也随之清除。虽然机械清扫不能达到彻底消毒的目的,但也为其他消毒方法打下基础。清扫出来的污物,可根据病原体的性质采取堆积发酵、掩埋、焚烧等处理。

(2)物理消毒法。

①阳光、紫外线和干燥:阳光是天然的消毒剂,其光谱中的紫外线有较强的杀菌能力,阳光照射引起的干燥和热也有杀菌作用。实际生产中常用紫外线灯进行空气和物品消毒。消毒用紫外线灯要求条件为额定电压 220 V,辐射波长 253.7 nm。革兰氏阴性菌对紫外线最为敏感,革兰氏阳件菌次之。紫外线消毒对细菌芽孢无效。一些病毒对紫外线也敏感。紫外线的消毒作用受到很多因素影响,实际使用时应注意,首先是它只能对表面清洁的物品消毒,物品表面的尘埃能吸收紫外线影响效果,空气中的灰尘也可吸收紫外线影响消毒,所以用紫外线消毒时,室内必须清洁。紫外线的杀菌作用还受可见光的影响。细菌受致死量的紫外线照射后,3 h 内若再用可见光照射,部分细菌可以复活,这种现象称为光复活作用,因此,要求紫外线消毒室密闭无阳光照入。另外紫外线对人有一定危害。所以紫外线灯一般限于实验室、更衣室等应用。

②高温火焰烧灼:但本法只适用非易燃物品及猪舍地面、墙壁。在发生病原体抵抗力强的传染病时,可以用本法处理污染场所、污染物及尸体。另外对一些耐湿物品可以用煮沸或蒸汽消毒法。

(3)化学消毒法。在兽医防疫实践中,常用化学药品来进行消毒。

①影响化学消毒效果的因素包括:

a.病原微生物的特性:不同种类的病原微生物对消毒药的敏感性不同。无囊膜病毒对酚类消毒剂的敏感性比有囊膜病毒差。同一种微生物在不同状态时对消毒剂的敏感性也不同,细菌的芽孢对消毒剂的抵抗力远大于繁殖体。

b.消毒剂的种类:某些消毒剂只对某些病原微生物有效而对另外一些病原微生物无效。消毒剂的浓度对消毒效果也有一定影响,一般消毒效果与浓度成正比,但也有部分消毒药是在一定浓度范围效果好。消毒剂用量至少应满足完全浸润被消毒物表面。

c.环境因素:有机物质的存在会削弱消毒剂的消毒作用。一般消毒效果随温度上升而增强。环境酸碱度也会影响消毒效果,例如,含氯消毒剂在酸性环境效果好,而碱类消毒剂则会被酸中和而减效。湿度对气体消毒剂影响大,用甲醛气体消毒时,湿度60%～80%为宜。

(2)化学消毒剂的选择。在选择化学消毒剂时,应考虑对人畜毒性小、广谱高效、不损害被消毒的物体、易溶于水、在消毒的环境中稳定、不易失去消毒作用、价格低廉和使用方便。

(3)几类常用的消毒剂

①含氯消毒剂:价格便宜,并且对病毒、细菌的繁殖体、芽孢、真菌均有良好的杀灭作用。在酸性环境中作用更强。缺点是稳定性差。常用的药物有二氯异氰尿酸钠、三氯异氰尿酸钠、漂白粉等。

②氧化剂:作用迅速、高效、广谱。对细菌的繁殖体、芽孢、真菌和病毒均有良效。可用于消毒除金属和橡胶外的各种物品。包括过氧化氢、过氧乙酸、高锰酸钾等。其中过氧乙酸常用于环境消毒,市售成品有40%水溶液,须密闭避光存放在低温处,有效期半年。低浓度水溶液易分解,应随用随配。本品具有腐蚀性、刺激皮肤黏膜,分解产物是无毒的。

③季铵盐类:这类消毒剂的优点是毒性低、无腐蚀性、性质稳定、能长期保存。缺点是对病毒效果差。现在常用的是双链季铵盐类,消毒效果优于单链季铵盐类。

④碱类消毒剂:消毒作用非常可靠,对细菌、病毒均有强效。本品缺点是有腐蚀性,对金属物品消毒完毕要冲洗干净。猪舍消毒6 h后,应以清水冲洗,才能放猪进舍。常用的是氢氧化钠(火碱),常用1%～2%的热水溶液。石灰乳也是常用消毒剂,它是生石灰加水配制成10%～20%混悬液用于消毒,消毒作用强,但对芽孢无效。石灰乳吸收二氧化碳变成碳酸钙则失去作用,所以随时配制随时用。

⑤酚类消毒剂:性质稳定、成本低廉、腐蚀性小。缺点是对病毒效果差。常用消毒剂有来苏儿、复合酚(菌毒敌)。

⑥醛类:常用的有甲醛、戊二醛,消毒效果良好,对芽孢杀灭能力强,常见的病毒细菌均对其敏感,戊二醛杀菌强于甲醛,甲醛常用于熏蒸消毒。

(4)生物热消毒。生物热消毒法用于污染粪便的无害处理。采取堆积发酵等方法,可使其温度达到70℃以上。经过一段时间,可杀死芽孢以外的病原体。

消毒的设施和设备:消毒的设施主要包括猪场和生产区大门的消毒池,猪舍门口的消毒池,人员进入生产区的更衣室等。消毒池内用稳定性好的消毒剂,如酚类。更衣室工作服消毒用紫外线。常用设备包括:喷雾器、高压清洗机、火焰消毒器等。

3.消毒对象和消毒要点

(1)消毒对象

①猪舍消毒:消毒之前应将猪只暂时赶出,清除剩料、粪便、垫草及墙壁上的污物;清洗,对设备、墙壁、地面进行彻底清洗;再用下列任何一种消毒药液进行消毒。10%～20%的石灰乳、1%～3%热烧碱水、5%石灰乳中加入1%～2%的烧碱、5%～20%漂白粉。消毒次序是:墙壁、围栏、门窗、食槽、地面及用具和门口地面。消毒药水可用扫帚涂刷,最好用喷雾器喷洒,既节约又省力,效果较好。消毒完毕,门窗应关闭2～3 h后再打开。在充分通风换气的同时,将

食槽及地面用清水冲洗干净，最后将猪只赶进。

②土壤消毒：运动场及软圈的泥土面应先清除粪便、垫草等污物，再用10%～20%漂白粉或20%石灰乳浇洒。泥土运动场最好暂停使用。

③粪便及污水消毒：少量的粪便、垫草可以烧毁或深埋。粪便的数量如果较多，可用发酵法来消毒。粪便较稀时，应加些干草；太干时，可加入水粪，使其迅速发酵。天热约经1个月，冬天约经2个月，即可达到消毒目的。

病猪舍的污水，少量的可以浇在粪便内一起发酵。大量的可在污水总量中加入2%生石灰粉或0.5%漂白粉消毒。

④运输工具消毒：运输病猪的车、船及装运完猪的容器等，可用5%～10%漂白粉或2%～3%烧碱水消毒，经2～3 h后，用清水冲洗干净。

(2)消毒要点

①消毒药浓度要适当，遵循效果、成本、安全的原则。

②要有足够量的消毒药液，使之与病原体充分接触而发挥其作用，就达不到消毒的效果。

③清洗一定要彻底。有机物的存在影响消毒效果。

④冬季消毒药液冻结影响消毒效果。

⑤消毒药的使用要交叉，不然病原体产生耐药性，影响消毒效果。

(三)灭虫灭鼠

蚊蝇等节肢动物是猪传染病的重要传播媒介，因此杀灭这些媒介昆虫和防止它们的现有重要意义。常用杀虫方法可分为物理学、化学和生物学方法。物理方法除拍打、捕捉等外，电子灭蝇灯有一定的应用价值。化学法可以使用有机磷杀虫剂和拟除虫菊酯类杀虫剂。可以使用蝇蛆净(环丙氨嗪)拌料以消灭苍蝇。生物学方法关键是搞好环境卫生，做好粪便堆积封存。

老鼠既偷食饲料又传播疾病，它可以传播口蹄疫、伪狂犬病等多种传染病。因此灭鼠有重大意义。灭鼠方法大致可分为器械灭鼠和药物灭鼠。一般猪场多用药物灭鼠，在鼠常出没处撒布毒饵。或将氯化苦注入鼠穴，杀灭野鼠，破坏其生存环境。

(四)免疫接种

免疫接种是通过给猪接种疫苗、菌苗、类毒素等生物制剂做其抗原物质，从而激发猪产生特异性抵抗力，使易感猪转化为非易感猪的一种手段。有组织有计划地进行免疫接种，是预防和控制猪传染病的重要措施之一。对于一些病毒性传染病的预防性免疫接种更为重要。根据免疫接种时机的不同，分为预防接种和紧急接种两大类。

1.预防接种

在经常发生某种传染病的地区，或有某些传染病潜在的地区，或受到邻近地区某些传染病经常威胁的地区，为了防患于未然，在平时有计划地给健康猪群进行的免疫接种称为预防接种。预防接种通常使用疫苗。根据疫苗的免疫特性，可采取注射、点眼、喷鼻等不同途径。接种疫苗后经一定时间，可产生免疫力。根据免疫要求可通过重复接种强化免疫力和延长免疫保护期。

在预防接种时应该注意以下问题：

(1)预防接种要根据猪群中所存在的疾病和所面临的威胁来确定接种何种疫苗，制订免疫接种计划。对于从来没有发生过的、也没有可能从别处传来的传染病，就没有必要进行该病的预防接种。对于从外地引进猪要及时进行补种。

(2)在预防接种前，应全面了解猪群情况，如猪的年龄、健康状况、是否处在妊娠期等。如果年龄不适宜、有慢性病、妊娠期等最好暂时不要接种，以免引起猪的死亡、流产等；或者产生不理想的免疫应答。

(3)如果当地某种疫病正在流行，则首先安排对该病的紧急接种。如无特殊疫病流行则应按计划进行预防接种。

(4)如果同时接种两种以上的疫苗，要考虑疫苗间的相互影响。如果疫苗间在引起免疫反应时互不干扰或互相促进可以同时接种，如果相互抑制就不可以同时接种。

(5)制定合理的免疫程序。猪场需要使用多种疫苗来预防不同的传染病，也需要根据各种疫苗的免疫特性来制定合理的预防接种次数和间隔时间，这就是所谓的免疫程序。例如，猪瘟，母猪在配种前接种猪瘟疫苗，所产仔猪由于从初乳获得母源抗体，在 20 日龄以前对猪瘟有坚强免疫力，30 日龄后母源抗体急剧下降，40 日龄几近消失。哺乳仔猪在吃初乳前 2 h 或 20 日龄首免猪瘟苗，60 日龄左右进行第二次免疫。免疫程序的制定，要切合本场实际，最好依据免疫监测结果制定。

(6)重视免疫监测，正确评估猪群的免疫状态，为制定合理的免疫程序做好准备。清除在进行免疫接种后不产生抗体的有免疫耐受现象的猪，以及其他一些不能使抗体上升到保护水平的猪。

(7)注意预防接种反应。预防接种反应的原因是一个复杂问题，是由多方面因素引起的。生物制品对机体来说都是异物，经接种后总会有一个反应过程，不过反应的性质和强度有所不同。在预防接种中成为问题的不是所有反应，而是指不应有的不良反应或剧烈反应。不良反应指的是经预防接种后引起了持久的或不可逆的组织器官损害或功能障碍而致的后遗症。反应类型可分为：

①正常反应：指由于制品本身的特性而引起的反应，其性质与反应强度随制品而异。例如，某些疫苗接种后实际是一次轻度感染，会发生某种局部反应或全身反应。

②严重反应：和正常反应在性质上没有区别，但程度较重或发生反应的动物超过正常比例。引起反应的原因包括：某一批生物制品质量差，或使用方法不当，如接种量过大、接种途径错误等。个别动物对某种生物制品过敏，这类反应通过严格控制生物制品质量和遵照使用说明书可以减少到最低限度，只有在个别敏感的动物才会发生。

③合并症：是指与正常反应性质不同的反应。主要包括：过敏反应为全身感染和诱发潜伏感染。

2. 紧急接种

紧急接种是在发生传染病时，为了迅速扑灭和控制疫病的流行，而对疫区和受威胁区尚未发病的猪进行的应急性免疫接种。从理论上说，紧急接种以使用免疫血清较为安全有效。但血清用量大、价格高、免疫期短，在大批猪接种时往往供不应求，因此在实践中很少使用。实践证明使用一些疫苗作紧急接种是可以的。例如，发生猪瘟时用猪瘟疫苗紧急接种。在紧急接种时，应注意猪的健康状况。对于病猪或受感染猪接种疫苗可能会加快发病。由于貌似健康的猪群中可能混有处于潜伏期的患猪，因而对外表正常的猪群进行紧急接种后一段时间内可能出现发病增加，但由于急性传染病潜伏期短，接种疫苗又很快产生免疫力，所以发病率不久即可下降，最终使流行平息。

(五)药物预防

猪场传染病种类很多，其中有些病已研制出有效疫苗，还有一些病目前尚无疫苗，或有些病虽有疫苗但实际应用有局限性。因此在实际生产中除了做好检疫、消毒、免疫接种等工作外，药物预防也是必不可少的一项措施。

药物预防要依据传染病流行规律或临诊结果，有针对性地选择药物，适时进行预防和治疗。预防所用药物要有计划地轮换使用，防止耐药菌株出现。有条件的场最好进行药物敏感试验，选择敏感药物，投药时剂量要足，疗程要够，混饲时一定要混合均匀。同时应严把药物的休药期，防止药物残留对人类造成不良影响。

(六)猪传染病的扑灭措施

传染病一旦发生立即采取以下措施扑灭。

第一，发生疑似重要传染病立即向有关部门报告疫情。

第二，在做出诊断之前，果断的隔离病猪并紧急消毒，封锁猪场。

第三，迅速做出诊断，在有关部门配合下，进行流行病学诊断、临诊病理学诊断、病原学诊断、血清学诊断。

第四，在确诊的基础上进行紧急接种、治疗。

第五，无害化处理病、死猪。

三、猪病毒性传染病

(一)猪瘟

猪瘟(CSF)是由猪瘟病毒引起猪的一种急性、热性、败血性高度接触性传染病。俗称“烂肠瘟”，其特征是发病急，高热稽留和细小血管壁变性，引起全身泛发性小点出血，脾脏出血性梗死。

本病是威胁养猪业最重要的传染病。世界动物卫生组织(OIE)将猪瘟列为A类16种法定传染病之一，我国定为一类烈性传染病。目前，猪瘟的表现形式有急性、亚急性、慢性、非典型性或不明显型，给诊断带来很大的困难。

1. 病原

猪瘟病毒（CSFV)属于黄病毒科瘟病毒属。与同属牛病毒性腹泻—黏膜病病毒之间抗原关系密切，本病毒为单股RNA型，病毒粒子呈球形，核衣壳为二十面体立体对称，直径38～44 nm，有囊膜，对脂溶剂敏感。

目前认为猪瘟病毒只有一个血清型，尽管分离到不少变异毒株。猪瘟病毒毒力差异很大。强毒株引起死亡率高的急性猪瘟，中等毒力毒株一般会引起亚急性或慢性猪瘟。低毒力毒株感染妊娠母猪，可经胎盘感染胎儿。中等毒力毒株感染的后果部分取决于年龄、免疫力和营养状况等宿主因素，而强毒或低毒力毒株的感染宿主因素仅起很小的作用。猪瘟病毒有的毒株毒力不稳定，通过猪体传代可使毒力增强。猪肾细胞是最常用的培养猪瘟病毒的细胞。病毒不引起细胞病变。

猪瘟病毒对外界环境有一定抵抗力，抵抗力取决于病毒存在的条件。在自然干燥情况下，病毒易死亡，污染的环境如保持充分干燥和较高的温度，经 1～3 周病毒即失去传染性。病毒加热 60～70℃ 1 h 才可以被杀死，病毒在冻肉中可生存数月。病尸体腐败 2～3 天，病毒即被灭活。2%氢氧化钠、5%～10%漂白粉、3%来苏儿能很快将其灭活。

2.流行病学

猪是本病唯一的自然宿主，病猪和带毒猪是本病的传染源。感染猪从潜伏期即开始排毒。并持续整个病程。康复猪在产生特异抗体后停止排毒。强毒株感染在 2～3 周内大量排毒，而低毒株感染后排毒时间相对较短。强毒在猪群传播快，发病率与死亡率高。慢性感染猪可不断排毒或间歇排毒。

低毒力猪瘟病毒感染妊娠母猪，可经胎盘感染胎儿，造成死产或产下弱仔，并在分娩时大量排毒，污染环境。导致母猪繁殖障碍。40 天感染者发生死胎、木乃伊和流产；70 天感染，所生的仔猪约有 45%带毒，出生后出现先天性震颤，多于 1 周死亡；90 天感染者所生仔猪可存活 2～11 个月，猪无明显症状，此种感染猪终身带毒、散毒，为猪瘟病毒的主要储存宿主，有这些猪存在，即可形成猪瘟常发地区。

猪瘟的感染途径是由口鼻腔黏膜、生殖道黏膜或皮肤外伤进入。猪群引进外表健康的感染猪是猪瘟暴发常见的原因。病猪和健康猪的直接接触是本病的主要传播方式。含毒的猪肉、肉制品、厨房的废弃物是本病传播的重要媒介。被病毒污染的工具、人员等也可传播病毒。空气传播也是可能的，因此，高密度饲养、猪舍间距小的猪场应该引起注意。

流行规律是春秋季节较重。急性暴发时，先是几头猪发病，最急性经过。1 周后发病明显增多，病猪急性经过。3 周后逐渐趋向低潮，病猪呈亚急性或慢性经过。经 1 个月左右病猪恢复或死亡，流行终止。近年来猪瘟流行发生了变化，出现非典型猪瘟、繁殖障碍型猪瘟，呈散发性流行。

3.症状

潜伏期 4～21 天，一般 7～9 天。可分为最急性型、急性型、亚急性型、慢性型和温和型的非典型猪瘟。

(1)最急性型：突然发病，高热达 41℃左右，可视黏膜和皮肤有针尖大密集出血点，病程 1～3 天，死亡率达 100%。少见，多发于新疫区或未经免疫的猪群。

(2)急性型：病猪精神沉郁，减食或厌食，伏卧嗜睡，常堆睡一起，呈怕冷状。全身无力，行动迟缓，摇摆不稳。体温达 41℃以上稽留不退，死前降至常温以下。初期眼结膜潮红，后期苍白，眼角处初期有多量黏液，后期转为脓性分泌物，呈褐色而黏着两眼。病初便秘，排出粪球状，附有带血的黏液或黏膜，发病 5～7 天后腹泻，一直到死。有的病猪初期即可出现腹泻，或便秘和腹泻交替。在外阴部、腹下、四肢内侧薄皮部有出血点或出血斑，病程长的出血斑互相融合形成较大的出血坏死区。在公猪包皮内常积有尿液，排尿时流出异臭浑浊有沉淀物尿液。

(3)亚急性型：病程长，可达 21～30 天。症状与急性型相似，皮肤有明显的出血点，耳、腹下、四肢、会阴等可见陈旧性出血点，或新旧交替出血点，扁桃体肿胀溃疡，舌、唇、齿龈结膜有时也可见到。病猪行走摇晃，后躯无力，站立困难，以死亡转归。

(4)慢性型:病程长达1个月以上,体温时高时低,病猪食欲不佳,精神沉郁,消瘦,贫血,便秘与腹泻交替,皮肤有陈旧性出血斑或坏死痂,注射退热药和抗菌药后,食欲好转,停药后又不吃食。

(5)温和型:病情发展慢,发病率和病死率均低,是由低毒力的猪瘟病毒引起的。体温升高达40℃。皮肤常有出血点,但腹下多见淤血和坏死。大猪和成年猪都能耐过,仔猪死亡。妊娠母猪感染时可分别导致流产、木乃伊胎、死胎,生后的猪衰弱并打颤,新生猪残废或出生后很健康,但在几天内忽然死亡。

4.病理变化

最急性一般看不出特征的病理变化。急性猪瘟以出血性变化为特征;在天然急性病例所观察到的病变与继发感染有关,其中有诊断意义的包括:①皮肤、喉头、膀胱、心外膜、胆囊有出血点;②淋巴结呈大理石样外观,即淋巴结充血、出血、切面红、白相间、像大理石花纹一样;③脾脏边缘突出于表面的出血性梗死,呈锯齿状;④肾脏表面有散在或密集的小点出血;⑤大肠内有溃疡性变化。在慢性病例中除上述变化外,由于细菌的继发感染,大肠溃疡呈纽扣状,或者在肺脏出现纤维素性出血性肺炎。此外,病猪肋骨纵切面的病变,也有一定的诊断价值,急性病例在骺线部分(特别是第6～8肋骨)往往有一出血带或一白线,慢性者在离骺线1 cm处出现一骺化横线。

5.诊断

猪瘟的发生和流行有其一定的规律性,在诊断时应根据流行特点、病状、剖检变化等方面资料综合判定,在有条件作实验室检查。

兔化猪瘟弱毒交互免疫试验也可试用,方法是:用病猪血液或脾脏10倍稀释的乳剂5 mL,肌肉注射家兔,5天以后从耳静脉注射20倍稀释的兔化弱毒疫苗1 mL,24 h后每6天检测温度1次,如接种家兔无体温反应(只接种兔化弱毒疫苗的对照组为典型热)或于第6天不能分离出兔化猪瘟弱毒,即证明是猪瘟。除上述方法外,近年来使用的荧光抗体法诊断猪瘟,据报道准确率有80%～90%。

(1)酶联免疫吸附试验(ELISA)。该方法的特点是敏感性高,可检测抗原与抗体,但在猪瘟主要是检测抗体。

(2)免疫荧光试验。主要用于检测病毒抗原,但也可以检测抗体。采取猪瘟早期病猪的扁桃体和淋巴结或晚期病猪的脾和肾组织、冰冻切片或组织印片。丙酮固定后用猪瘟荧光抗体染色检查;另一个方法是将被检材料接种PK-15细胞系,随后用荧光抗体染色检查,2～3 h即可确诊,对猪瘟病猪的检出中为90%以上。

6.预防

(1)预防措施。基本原则:防止传染源,切断传染途径,加强饲养管理,提高猪群的抵抗力。

①实行自繁自养,尽量不从外地或疫区购猪,以减少疫病传入。如需从外地购猪,必须隔离观察饲养半个月以上,若无异常时,并进行免疫注射后,方可进行合群饲养。

②进行免疫接种。猪瘟兔化弱毒细胞疫苗:通常是采用兔化弱毒C株接种牛睾丸细胞生产,存在BVDV污染的问题。现在新研究的是猪睾丸细胞生产的细胞苗,其免疫效果和安全性更好。猪瘟兔化弱毒苗脾淋组织疫苗:脾淋苗可用于猪瘟的加强免疫与紧急预防接种,效果

优良。小猪每次肌肉注射 1 头份，大猪肌肉注射 2 头份，4 天产生免疫力，保护期为 18 个月。有的小猪打过脾淋苗会出现过敏反应等问题，原因主要是生产厂家的粗制滥造，而并非是脾淋苗本身的问题。而乳兔组织苗对仔猪首免的效果较好，并且比较安全。

③注意猪舍内外的环境卫生，定期消毒。消毒药品有：3%的烧碱溶液，2%烧碱溶液与5%生石灰水混合液(冬天要加入 5%的食盐，以防冻结)，30%的草木灰水。

④加强生猪市场和运输途中的检疫工作，以防传播猪瘟。

⑤禁止非工作人员和其他动物进入。

(2)发生猪瘟时的紧急防疫措施

①立即向上级兽医主管部门报告，并封锁疫区。

②及时隔离病猪及可疑猪，根据具体情况进行治疗或急宰。

③对同群未发病猪和其受威胁猪，用兔化猪瘟弱毒苗进行紧急预防接种。

④猪舍、用具、饲养员的工作服和胶靴等，用消毒药水彻底消毒；未经硬化的地面应铲除一层表土，连同垫草一起烧毁或进行高温堆肥。

⑤急宰猪的胴体，视具体情况作工业用油或切成一小块煮沸 2 h 以上供食用。血液、病变部位，内脏及洗涤污水应消毒处理及深埋，接触过病猪肉的各种用具，应用消毒液或煮沸消毒法进行无害处理。

(二)口蹄疫

口蹄疫是牛、羊、猪等动物的一种急性、热性传染病，猪口蹄病的临床特征是在蹄冠、蹄踵皮肤发生水疱，还有鼻盘和母猪的乳房都发生水疱和溃烂。本病传播迅速，感染和发病率高，虽死亡率不高，但常引起大规模流行，造成经济损失很大，是目前世界各地广泛重视的传染病之一。

1. 病原

口蹄疫病毒属于微核糖核酸病毒科，口蹄疫病毒属，核酸为单股 RNA，二十面体立体对称，无囊膜，近球形，直径 20～24 nm。病毒具有多形性和易变性，目前已知世界有 7 个主型和 65 个亚型，即 A1～32、O1～11、C1～5、南非Ⅰ1～7，南非Ⅱ1～3、南非Ⅲ1～4、亚洲 1～3。各主型间不能交叉免疫，同一主型的亚型间有部分交叉免疫性。由于各主型间无交叉免疫性，因此，当动物耐过某一型病毒所致口蹄疫后，对其他型的病毒仍有感受性。

口蹄疫病毒在病畜水疱皮、水疱液和发热期血液中含量最高。在内脏、骨髓、淋巴结、肌肉以及奶、粪、尿、唾液，眼泪等都有病毒存在，并随之散布。病毒的致病力很强，每克新鲜病牛舌皮的 10^{-8}～10^{-7} 稀乳剂 1 mL 舌面接种仍能使牛致病。

口蹄疫病毒对外界环境的抵抗力很强，不怕干燥，在自然条件下，含病毒的组织与污染的饲料，牧草、皮毛及土壤等保持传染性达数周至数月之久。粪便中的病毒，在温暖的季节可存活 103 天，痂皮内 67 天，口蹄疫病毒对外界环境的抵抗力很强，不怕干燥，在自然条件下，含病毒的组织与污染的饲料，牧草，皮毛及土壤等保持污染性达数周至数月之久。粪便中的病毒，在温暖的季节可存活 103 天，痂皮内 67 天，水疱液 28 天以上，在冻结条件下可以越冬。但对酸和碱十分敏感，易被碱性或酸性消毒药杀死。

2. 流行特点

本病主要侵害牛、羊、猪及野生偶蹄兽，以牛为最易感，猪次之，再次为绵羊，山羊和骆驼。

幼畜比老年畜易感。

本病传播迅速，流行猛烈，常呈流行性发生。发病率很高，病死率一般不超过5%。多发生于冬季，到夏季往往少发。单纯性猪口蹄疫的流行特点略有不同，仅猪发病，不感染牛、羊，不引起迅速扩散或跳跃式流行。主要生于集中的饲养猪场和活大猪屠宰仓库或城郊猪场以及交通密集的铁路，公路沿线，农村分散饲养的猪较少发生。

3. 临床症状

潜伏期1～2天，病猪以蹄部水疱为主要特征，病初体温升高至40～41℃，精神不振，食欲减退或不食，蹄冠、趾间、蹄踵出现发红、微热、敏感等症状，不久形成黄豆、蚕豆大的水疱，水疱破裂后形成出血性烂斑，1周左右恢复，若有细菌感染，则局部化脓坏死，可引起蹄壳脱落，患肢不能着地，常卧地不起。部分病猪的口腔黏膜（包括舌、唇、齿龈、咽、腭）鼻盘和哺乳母猪的乳头，也可见到水疱和烂斑。吃奶仔猪患口蹄疫时，通常很少见到水疱和烂斑，呈急性胃肠炎和心肌炎突然死亡，病死率较高。

4. 病理变化

本病多取良性经过，且症状较典型，一般多不进行病理解剖。除口腔和蹄部病变外，剖检见于咽喉、食道、气管以及胃有水疱和烂斑，有的被黄色黏液或棕黑色痂块覆盖。小肠黏膜有出血性炎症。心肌病变具有特征性，心内外膜和心肌切面有不规则的灰白色或淡黄色条纹与斑点，称"虎斑心"。心肌松软，似煮过一样。左心充满凝血块，心外膜有弥漫性或点状出血。

5. 诊断

根据本病流行病学特点和临床症状及病理变化特征，可作出诊断。要了解所流行口蹄疫病毒的类型，可采取病畜蹄部水疱皮或泡液，置50%的甘油生理盐水中，送有关单位作毒型鉴定。也可送康复猪血清，作中和试验和其他血清学反应。

临床上应注意与猪传染性水疱性口炎鉴别。传染性水疱性口炎；发病率低，流行范围小，很少有死亡。不仅感染牛、羊和猪，马、驴等多种动物发生。如用水疱皮或水疱液按种马驴，发生水疱为传染性水疱性口炎，不发病为口蹄疫。也可将上病料接种牛两头，一头作舌口黏膜按种，另一头肌肉或静脉接种，如仅舌黏膜按种的牛发病为本病；两头牛均发病为口蹄疫。另外还应与猪的传染性水疱病相区别。水疱病传较口蹄疫缓慢，对仔猪的致死率低之外，另外猪水疱病只感染猪，不感染牛羊。为了更进一步确诊，主要依靠实验室诊断方法加以鉴别。

6. 防治措施

（1）治疗。轻症病猪，经过10天左右多能自愈。重症病猪，可使用高免血清或病愈畜血清和全血注射仔猪。一般对口蹄局部采取对症治疗。可先用食醋水或0.1%高锰酸钾液洗净局部，再用龙胆紫溶液或碘甘油涂擦患部，经过数日治疗，绝大多数可治愈。但是，根据国家检疫法规定，口蹄疫病畜应一律急宰，不准治疗，以防散播传染。

（2）预防。有疑似口蹄疫发生时，应本着"早、快、严、小"的原则及时报告疫情，迅速采取封锁、隔离、消毒和病畜治疗的综合措施，并做好威胁区的联防，严防扩大蔓延。及时采取病料送检确诊、定型。用同型病毒所制的疫菌，对疫区和受威胁区健康易感动物进行紧急预防接种，建立坚强的防疫带。严格处理好尸体和污染物，直到最后一头病畜痊愈、死亡或急宰后14天无新病发生，经过全面大消毒后，方能解除封锁。

(三)猪细小病毒病

猪细小病毒病是一种由猪细小病毒(PPV)引起的母猪繁殖障碍性疾病。其特征是:怀孕母猪(尤其是头胎)发生死产、畸形胎、木乃伊胎、胚胎死亡、偶有流产,而母猪本身并不表现临诊症状。其他猪感染后也无明显的临诊症状。本病一般呈地方流行性或散发,有时也呈现流行性(或称为"暴发"),这种暴发多见于畜群初次感染的情况。

1. 病原

分类、形态及生物学:猪细小病毒属细小病毒科中的细小病毒属。外观呈圆形或六角形、无囊膜,直径 18～26 nm。成熟的病毒粒子为二十面体等轴对称,有 2～3 个衣壳蛋白,32 个壳粒。病毒基因为单股 DNA,约含有 5 000 个碱基对。DNA 约占整个病毒粒子分子质量的 26.5%。本病毒只有一个血清型。能凝集豚鼠、大鼠、猴、鸡、猫和人"O"型红细胞,不能凝集牛、绵羊、仓鼠和猪的红细胞,其中以豚鼠红细胞最好。猪细小病毒能在猪原代或次代肾,睾丸细胞及猪传代细胞等细胞上培养、甚至牛肾原代细胞也能用于 PPV 培养,在细胞培养物上能产生细胞病变(CPE)。

猪细小病毒对热具有强大的抵抗力,56℃ 30 min 加热处理后,病毒的感染性和血凝(HA)性都无明显改变。猪细小病毒能耐 56℃ 48 h,70℃ 2 h,但在 80℃经 5 min 加热后感染性和 HA 活性均丧失。病毒在 4℃极为稳定,对酸碱有较强大的抵抗力,在 pH 3.0～9.0 之间稳定,污染的猪舍是 PPV 的主要储藏所。在病猪移出、空圈四五个月,经彻底清扫后,再放进易感猪,仍可被感染。污染的食物及猪的唾液等均能长久地存在传染性。能抗乙醚、氯仿等脂溶剂,但 0.5%漂白粉、10%～20%氢氧化钠等各种消毒剂 5 min 均能杀灭猪细小病毒,2%戊二醛需 20 min,甲醛蒸汽和紫外线需要相当长的时间才能杀死。短时间胰酶处理对病毒悬液感染性不仅没有影响,反而能提高其感染效价。在 pH 9.0 的甘油缓冲盐水中或在－20℃以下能保存一年以上毒力不会下降。

2. 流行病学

猪细小病毒能感染各种猪,不同的猪猪细小病毒的阳性率不尽相同。经产母猪的阳性率高达 60%～80%,初产母猪一般为 80%～100%,公猪为 30%～50%,后备猪为 40%～80%,肥育猪为 60%。

本病的传染源主要来自感染的母猪。且能通过胎盘垂直传播。从怀孕母猪的子宫中取出胎儿进行病毒检查,结果发现阳性率为 11.6%～22.6%,感染猪细小病毒的母猪所产的死胎、仔猪及子宫内的排泄物中均含有很高滴度的病毒。感染母猪的粪、尿及其他分泌物也能排毒。感染的种公猪也是该病最危险的传染源。公猪可在其精液、精索、附睾、附性腺中分离出 PPV。因而,往往在配种时,公猪将病毒传染给易感母猪。

传播的途径:仔猪、胚胎、胎猪通过感染的母猪发生垂直感染;公猪、肥育猪和母猪主要是经污染的饲料、环境、经呼吸道消化道感染;初产母猪的感染多数是经与带 PPV 的公猪配种时发生的;鼠类也能传播 PPV。

本病主要发生于春、夏季节或母猪产仔和交配季节。主要是初产母猪发生繁殖障碍,呈散发或地方流行性,如猪场初产母猪比例较大时,则损失较重。

3. 临诊症状

主要临诊症状是怀孕母猪出现繁殖障碍。怀孕母猪可同时出现流产、死产、木乃伊、产后久配不孕等症状。其他猪感染后无任何明显的临诊症状。妊娠 30 天内感染(早期):胚胎死亡、吸收使产仔数减少，胎猪、胚胎死亡率高达80％～100％。妊娠30～70天之间感染（中期）：木乃伊化，有时出现大小不一的软死胎，有畸形胎（八字腿、唇裂）、产弱仔、死胎、妊娠70天以上感染（中后期）胎儿能产生免疫力，产出时外观正常，这些仔猪带有病毒和抗体，可长期或终生带、排毒。母猪不规律发情周期。

4.病理变化

母猪子宫内膜有轻微炎症，胎盘有部分钙化现象，胎儿在子宫胎盘内有被溶解、吸收现象。感染胎儿还可看到充血、水肿、出血、体腔积液、木乃伊化（脱水）及坏死等病变。

5.诊断

如果发现母猪有流产、死产、胎儿发育异常、木乃伊等情况，而没有其他临床症状，应考虑到猪细小病毒感染的可能性。可根据上述流行病学的特点，临床症状和病理变化作出初步诊断。但要作出肯定的诊断，则还需作进一步的实验室诊断。

实验室诊断主要分为病原检查和抗体检查，前者主要用于有流产、死产、木乃伊和急性感染期产生病毒血症时的病原学诊断。后者可用于可疑猪抗体的诊断及流行病学调查。常用的诊断方法有：血凝试验（HA）、血凝抑制试验（HI）、免疫荧光抗体试验（FA）、酶标试验（IEA）、血清中和试验（SN）、琼脂免疫扩散试验、免疫电泳试验、酶联免疫吸附试验、电镜检查。最新的诊断方法有放射免疫测定、单克隆抗体诊断法、核酸探针法、SDS-聚丙烯酰胺凝胶电泳法（SDS-PAGE）、内切酶分析诊断法。上述大部分方法均可用于猪细小病毒抗原或抗体的诊断，但使用时各有偏重。

6.防制

（1）引种与留种：与注意隔离检疫（HI抗体低于256），不引阳性后备母猪，不留那些发生有繁殖障碍的幸存者（同一窝猪）作为种用。

（2）配种：适当推迟配种，有利于母猪的免疫力提高，对预防初产母猪的繁殖障碍有一定作用。

（3）疫苗接种：控制PPV感染的重点在于对后备母猪进行免疫接种，使之产生免疫力。国内外均研制成功灭活与弱毒疫苗，一般后备种猪在6月龄接种一次，配种前3周再接种一次，其他种猪每年2次或配种前3周接种一次。

（4）在污染场，也可采取将后备母猪与经产母猪同居或放入老母猪居住过的舍内，使之在配种前自然感染，获得免疫力。

（四）猪传染性胃肠炎

猪传染性胃肠炎是由猪传染胃肠炎病毒引起的一种急性、高度接触性肠道传染病。病的主要特征是呕吐、剧烈水样腹泻和脱水。各种年龄的猪均可发生，但10日龄以内的猪病死率极高，随着年龄增长，病死率降低，90日龄以上的猪和种猪患病几乎不死亡。

1.病原

猪传染性胃肠炎病毒属于冠状病毒科。冠状病毒属。病毒粒子呈球形，椭圆形或多边形，直径多为80～120 nm。长达12 nm以上。为单股RNA型。本病毒存在于病猪的各器官，体液和排泄物，其中以病猪的空肠，十二指肠和肠系膜淋巴结含毒量最高。

本病毒对乙醚、氯仿敏感，对胰蛋酶有抵抗力，对高热敏感，65℃ 10 min可灭活，紫外线能使之迅速灭活。对寒冷保持稳定，在－20℃环境中可保存一年以上。0.03％的福尔马林，1％来苏儿和5％石炭酸也容易使之灭活。

2.流行病学

本病只引起猪发病。迄今不见其他畜、禽、实验动物及人感染发病。病猪和带毒猪是主要传染源,病愈后带毒2～8周并排毒。多从粪便、乳汁、分泌物等中排毒。通过污染的饲料、饮水、空气、土壤、栏舍、用具等,经呼吸道和消化道感染使猪发病。

流行病学的特点:本病多发于寒冷的严冬和早春季节。在新疫区呈流行性,在猪群、场一旦发生会很快蔓延全群;老疫区则呈地方性间歇性发生,原因是患过病的母猪,能获得较强的免疫力,使流行形式发生改变。

3.症状

本病潜伏期因感染猪年龄而有差异。仔猪多为12～24天,较大猪为2～4天。

病毒不论从呼吸道,还是从消化道进入血液循环,最终都是定居在肠道黏膜的上皮细胞。使小肠绒毛显著缩短、萎缩、上皮脱落,使之到肠道分解,吸收功能减退或完全消失。因此临床上主要以呕吐、腹泻、脱水为主要症状。

仔猪突然呕吐,而且多见吃完奶之后,接着开始剧烈水样腹泻。粪便为黄绿色或灰色,有的含有白色凝乳块,腥臭。体温先期短期升高,发生腹泻后体温下降。一般病程2～5天死亡。10日龄的乳猪死亡率高。病愈后仔猪发育不良。随年龄增长,病死率降低。

后备猪、架子猪和成年猪的症状轻重不一,精神委顿,食欲停止。个别病猪初期出现呕吐,急性腹泻呈水样,腹泻时呈喷状,腹泻物呈灰色并拌有没消化的饲料,腥臭。一般病程5～7天,精神食欲逐渐恢复而自愈,很少有死亡的。

4.病理变化

尸体明显脱水,剖检主要病变在胃和小肠。胃内充满凝乳块,胃底黏膜充血。小肠内有多量呈黄绿或白色的液状内容物,小肠壁变薄,弹性降低,以致肠管扩张,呈半透明状。肠黏膜充血,肠系膜血管充血扩张,淋巴结肿胀。另外,也可将空肠纵向切开,用生理盐水将肠内容物冲洗掉置于玻璃器皿内铺平,加少量生理盐水,在低倍镜下观察,可见空肠绒毛显著缩短,是本病重要的病理变化特征。

5.诊断

主要根据流行病学特点,冬季和早春发生各阶段生长猪。在短时间内很快蔓延全群感染发病,甚至呈流行或地方性流行。小猪死亡高,随年龄增长,死亡率降低,肥猪和公母猪几乎不死,多在5～7天能自愈。再结合临床上呕吐,呈剧烈水样腹泻、脱水、消瘦等症状。病理变化以小猪肠管扩张,变薄、呈半透明状,肠系膜淋巴显著肿胀等特征。

6.防治

本病平时的预防,应严格自繁自养,不从疫区疫场引进猪,是避免本病传入的根本措施。

发生病时,立即划定疫区,隔离病猪。用碱性消毒药对猪舍、地面、用具、车辆和通道进行严格消毒。控制人员及其他动物等出入。

目前尚无特效的治疗药物。唯一方法就是减轻脱水,酸中毒和防止继发或并发细菌感染。给猪提供防寒和干燥的环境,供给足量饮水,饮水中加少量食盐或0.1%高锰酸钾的水溶液。并可适当选用抗生素等。

病猪康复后,可获得坚强免疫力。患过本病的康复母猪或人工感染发病后的母猪其初乳中的抗体滴度很高,可以使其仔猪获得可靠保护。因此有人在疫区内尚未发病的猪群中,对临产前20天的妊娠母猪,进行人工感染。就是用无其他传染病原的病猪的胃肠制成乳剂喂母猪，使其在分娩时产生免疫力。

(五)猪流行性腹泻

猪流行性腹泻又称流行性病毒性腹泻，是由猪流行性腹泻病毒引起的一种高度接触性肠道传染病。其特征为呕吐、腹泻和脱水。此病于20世纪70年代在比利时、英国、匈牙利等国发现，我国宁波地区于80年代后引入，至今仍危害着养猪业。

1. 病原

病原为类冠状病毒的猪流行性腹泻病毒，形态与冠状病毒相似，但抗原性不同。病毒主要存在于感染猪的小肠上皮细胞及粪便中，它不仅引起肠道局部感染，而且可以随血液循环感染到其他组织。本病毒与猪传染性胃肠炎病毒没有共同的抗原性。病毒粒子呈多形性，倾向球形，直径95～190 nm，外有囊膜，囊膜上有花瓣状突起，核酸型为RNA，病毒只能在肠上皮组织培养物内生长。病毒对外界环境和消毒药抵抗力不强，对乙醚、氯仿等敏感，一般消毒药都可将其杀灭。

2. 流行特点

本病仅发生于猪，各种年龄的猪能感染发病。哺乳仔猪、架子猪或肥育猪的发病率很高，尤以哺乳仔猪受害最为严重。病猪是主要传染源。病毒存在于肠绒毛上皮和肠系膜淋巴结，随粪便排出后，污染环境、饲料、饮水等而传染。传染途径主要是消化道。气候、环境、条件的变化，饲料不清洁、变质等因素容易导致猪流行性腹泻的暴发性流行，数天内可危及整个猪舍或猪场。

3. 临床症状

潜伏期，实验感染新生仔猪为24～36 h，肥育猪约2天，自然病例一般为5～8天。主要为水样腹泻，或腹泻间有呕吐。发病率，哺乳仔猪和生长肥育猪100%，母猪15%～90%。哺乳仔猪呈现呕吐和水样，1周龄以内仔猪常严重脱水并死亡，病程3～4天，死亡率50%。断奶猪和肥育猪呈4～6天的水样、厌食和委顿，病猪全部康复，少数发育不良。母猪呈1周的委顿、厌食和腹泻。成年猪临床上可仅呈呕吐或厌食。此病流行4～5周后可自行缓解。

4. 病理变化

眼观病变仅限于小肠。小肠扩张，内充满黄色液体、肠系膜充血，肠系膜淋巴结水肿。具有特征性的病理变化主要见于小肠。整个小肠肠管扩张，内容物稀薄，呈黄色、泡沫状，肠壁弛缓，缺乏弹性，变薄有透明感，肠黏膜绒毛严重萎缩。25%病例胃底黏膜潮红充血，并有黏液覆盖，50%病例见有小点状或斑状出血，胃内容物呈鲜黄色并混有大量乳白色凝乳块(或絮状小片)，较大猪(14日龄以上的猪)约10%病例可见有溃疡灶，靠近幽门区可见有较大坏死区。

5. 诊断要点

本病在流行病学和临床症状方面与猪传染性胃肠炎无显著差别，只是病死率比后者稍低。2周龄末的病猪很少死亡，病毒在场内传播较慢。尸体消瘦脱水，皮下干燥，胃内有多量黄白色的乳凝块，小肠病变具有特征性，通常肠管膨胀扩张、充满黄色液体，肠壁变薄，肠系膜充血，肠系膜淋巴结水肿。镜下小肠绒毛缩短，显著萎缩。进一步确诊依靠实验室诊断。

6. 防治措施

本病用抗生素治疗无效。可参照猪传染性胃肠炎的治疗方法。流行地区可对怀孕母猪在分娩前2周，以病猪粪便或小肠内容物进行人工感染，刺激产生母猪源抗体，以缩短本病在猪场中的流行。

(六)猪轮状病毒感染

猪轮状病毒感染是由轮状病毒所致的一种以腹泻为特征的猪的传染病。仔猪多发，主要表现为精神委顿、厌食、呕吐、腹泻、脱水、体重减轻等临诊症状。成年猪与育成猪多为隐性感染，是引起猪胃肠炎的常见病因。本病最早于1943年在患腹泻的儿童中发现，1975年首次从猪中分离出轮状病毒，目前本病呈世界性流行，轮状病毒病是一种人畜共患传染病，能侵害人类和许多畜禽，不仅感染率高，发病率也相当高，对人类健康和畜牧业危害较大。

1. 病原

轮状病毒为呼肠孤病毒科轮状病毒属成员，为无囊膜的双股RNA病毒。成熟完整的病毒粒子略呈圆形，具双层衣壳，直径75 nm，二十面体对称。病毒粒子中央为一个电子致密的六角形核心，直径37～40 nm。核心周围有一电子透明层，壳粒自此向外呈辐射状排列，形似车轮，构成内衣壳；外周由一层光滑薄层的蛋白结构形成外衣壳，厚约20 nm。轮状病毒因其车轮状外观而得名。

负染标本的电子显微镜观察可见到3种形态的病毒粒子：具内外双层衣壳的光滑性(S型)病毒粒子，是完整病毒粒子的典型形态，有感染性；只有内层衣壳的粗糙型(R型)病毒粒子，直径为65 nm，无感染性；只有核心的病毒粒子，直径约为52 nm，含有病毒的染色体组和RNA依赖性RNA聚合酶等；此外，病毒还可形成空衣壳结构。双壳病毒粒子、单壳病毒粒子和核心等3种形式的病毒粒子在氯化铯中的浮密度分别为1.36 m^3、1.38 g/m^3 和1.44 g/m^3。

轮状病毒对理化因素抵抗力强，在pH 3～9中稳定。在粪样中可耐受60℃ 30 min，而18～20℃时至少可耐受7～9个月。在干燥的粪便、灰尘、产区污水和断奶舍都可检出轮状病毒，病毒在已清空的猪舍内可存活3个月。细胞培养适应病毒对热的时受力有较大差异。

病毒可耐受乙醚、氯仿、去氧胆酸钠等有机溶剂的处理，可抵抗常用消毒剂，但可被2%戊二醛酸、70%酒精、3.7%福尔马林、10%碘酊、67%氯胺T和0.5%的二氯苯氧氯酚灭活。氯化钙可增强病毒的稳定性，但氯化镁不能。钙离子螯合物，如5 mmol/L乙二胺四乙酸(EDTA)可除去病毒外衣壳，使病毒丧失感染力。

2. 流行病学

血清抗体检测表明，猪轮状病毒感染相当普遍，成年猪血清抗体检出率达40%～100%。而且畜群一旦感染，以后将每年发生，难以净化。这可能与病毒具有较强的抗逆能力有关。7～41日龄仔猪易感，并出现严重临诊症状。1～3周龄仔猪的感染率高于4～6周龄仔猪。初产母猪的仔猪比经产母猪的仔猪更易感。7日龄以前仔猪可能受母源抗体保护而不常感染。成年猪多呈隐性感染。

轮状病毒感染是仔猪腹泻的主要原因之一，病毒经粪便排出，是感染的主要来源，急性感染期排毒量最大。临诊上可能出现再度感染与间歇排毒情况，与不同血清群或血清型间的交叉感染有关。成年动物一般不排毒，但可能在围产期排毒而成为传染源。

病毒经粪-口途径在猪群中传播。由于病毒稳定性强，不清洁的环境因素对病毒在畜舍中的存留起重要作用。轮状病毒感染具有明显的季节性，高峰在晚秋及冬季，少数地区季节性不明显而呈终年流行。

3. 临床症状

1～5龄仔猪发病最严重，潜伏期12～24 h。病初出现精神不振，食欲不良，偶尔发生呕吐。随后发生严重水泻并持续3～5天，粪便呈黄色到白色，带有数量不等的絮状物，之后经

7～14天逐渐恢复正常。病猪发生严重脱水并可能在腹泻暴发2～5天后死亡，死亡率可达50%～100%；7～21日龄接种猪临诊症状（腹泻和脱水）不太严重，28日龄时接种猪仅发生1～1.5天的短暂腹泻。死亡率随接种年龄的增大而降低。

自然感染导致轮状病毒性腹泻，常发生于7～14日龄的哺乳仔猪或断奶后7天内的仔猪。仔猪发病日龄在特定猪群中往往较为一致。症状与人工发病相似，腹泻是本病的主要症状。粪便呈黄白、黄绿色或暗黑，水样或糊样，严重者带有黏液和血液。腹泻3～4天后，部分病例出现严重脱水并死亡。

哺乳仔猪自然感染轮状病毒往往只出现较轻微的临诊症状，这可能与母源抗体保护有关。断奶仔猪腹泻综合征危害严重，所致死亡率可达10%～50%。虽然轮状病毒感染被认为是主要病因，传染性胃肠炎病毒或溶血性肠毒素型大肠杆菌常常并发感染。人工接种试验发现，单独接种轮状病毒或溶血性大肠杆菌，只引起断奶仔猪短暂的轻度腹泻甚至呈亚临诊表现；但如果先接种轮状病毒再接种溶血性大肠杆菌，则可发生类似自然病例的持续性严重腹泻。

4.病理变化

猪轮状病毒感染所致病理变化主要限于小肠，是肠绒毛上皮细胞变性坏死与代偿性再生反应的综合结果。14日龄内的病猪病变最严重，胃内常充满凝乳块和乳汁。小肠的后2/3～1/2肠壁变薄，半透明，肠腔膨胀，含有大量水分、絮状物及黄色或灰白色的液体。有时小肠广泛出血，肠系膜淋巴结肿大。盲肠和结肠也含类似的内容物而显膨胀。21日龄或更大龄猪的大体病变可能不严重。显微镜观察发现绒毛上皮细胞变性，从邻近的细胞或从基底膜脱离，导致绒毛严重萎缩。萎缩的绒毛顶部可能成啮蚀状或由较细的鳞状上皮细胞覆盖，绒毛分布疏散。肠腺上皮增生，导致肠腺深度大大加深。绒毛固有层有淋巴细胞浸润。扫描电镜可观察到变性的绒毛上皮细胞溶解和/或脱落，导致绒毛破溃、高度降低。

5.诊断

在寒冷季节，1～8周龄新生仔猪或刚断乳仔猪突然发生水样腹泻，应考虑轮状病毒感染。但要与类似疾病如猪传染性胃肠炎、流行性腹泻、仔猪黄痢、白痢等鉴别诊断。及时收集疾病急性期粪样或肠内容物送检，对正确诊断非常重要。

轮状病毒的检测方法很多，首推电子显微镜法，其他方法包括：免疫电镜法、免疫组化法、小肠冰冻切片或触片免疫荧光法、ELISA、分离病毒、乳汁凝集反应、斑点杂交试验以及RNA电泳分型等。

电子显微镜法广泛用于轮状病毒的检测，并可作为其他检测方法的参照性方法。ELISA方法常用于检测粪样或肠内容物中的轮状病毒抗原。病毒RNA电泳分型常用于检测和鉴别轮状病毒群。常用血清学方法有间接免疫荧光试验。空斑减少和荧光灶减少中和试验可用于检测中和抗体。血凝抑制试验也被用于检测猪轮状病毒抗体。

6.防治措施

猪自然感染轮状病毒后，可产生循环抗体和分泌性抗体，但提供保护作用的抗体是血液、肠黏膜及乳汁中的分泌型。但乳中的母源抗体很可能会干扰经口免疫的轮状病毒的复制。循环抗体不能保护仔猪免受轮状病毒感染。

疫苗与免疫途径是影响免疫效果的主要因素。活病毒疫苗经口免疫是最为有效的免疫方法，可显著诱导肠道黏膜产生中和抗体IgA与记忆性B细胞，并提供对强毒攻击的免疫保护。非复制型病毒疫苗（灭活病毒或类病毒颗粒VLP）及非消化道免疫途径（肌肉注射、腹腔注射及鼻黏膜免疫等)不能诱导有效的保护性免疫反应。综合上述疫苗与免疫途径的联合接种方案可提供更好的免疫保护。首免用活病毒疫苗经口免疫,加强免疫由非消化道途径用非复制性病毒疫苗配以适当佐剂接种,获得的免疫效果显著高于各疫苗的单独接种。

猪轮状病毒感染尚无特效治疗药。通过加强管理和抗生素治疗可以减少由轮状病毒和继发细菌感染引起的死亡。自由饮用含葡萄糖-甘氨酸的电解质流液,或静脉注射葡萄糖盐水和碳酸氢钠溶液,可最大限度地防止脱水与酸中毒。保持良好的周围环境,减少贼风和温度的波动。在持续存在断奶后腹泻且死亡率又高的猪场,饲喂高能断乳饲料可成功地降低发病率和死亡率。

预防主要依靠加强饲养管理,如搞好清洁卫生与消毒,遵循“全进全出”的管理模式,仔猪尽早吃初乳,不过早断乳。严格执行兽医一般防疫措施,增强母猪和仔猪的抗病力。母猪免疫接种可以保护新生仔猪免受感染。

(七)猪繁殖与呼吸综合征

猪繁殖与呼吸综合征是1987年新发现的一种接触性传染病。主要特征是母猪呈现发热、流产、木乃伊胎、死产、弱仔等症状;仔猪表现异常呼吸症状和高死亡率,当时由于病原不明,症状不一,曾先后命名为“猪神秘病”、“蓝耳病”、“猪繁殖失败综合征”、“猪不孕与呼吸综合征”等十几个病名,至1992年在猪病国际学术讨论会上才确定其病名为“猪繁殖与呼吸综合征”。

1.病原

病原体是有襄膜的核糖核酸病毒,呈球状,根据其形成及其基因结构,归属于动脉炎病毒属,病毒粒子直径为60～70 nm,二十面体对称,有囊膜。无血凝活性,不凝集哺乳动物或禽类红细胞。现有的两个血清型,从欧洲分离到的病毒叫Lelystad病毒(LV)欧洲型,从美国分离到的病毒叫ATCC(VR-2332)美洲型。各病毒株的致病力有很大的差异,这是造成病猪症状不尽相同的原因之一。我国的猪繁殖与呼吸综合征病毒分离毒株均属美洲型。

猪繁殖与呼吸综合征病毒在－70℃可保存18个月以上,4℃可保存1个月,37℃ 48 h,56℃ 45 min以上则完全丧失其感染力,当pH小于5或大于8时,病毒的感染滴度降低90%以上。对常用的化学消毒剂的抵抗力不强。

2.流行特点

本病主要侵害种猪,繁殖母猪及其仔猪,而肥育猪发病比较温和;本病的传染源是病猪、康复猪及临床健康带毒猪,病毒在康复猪体内至少可存留6个月,病毒可从鼻分泌物,粪尿等途径排出体外;主要传播途径是接触感染、空气传播和精液传播,也可通过胎盘垂直传播。卫生条件不良,气候恶劣,饲养密度过高,可促进本病发生。

3.临床症状

本病的症状在不同感染猪群中有很大的差异,潜伏期各地报道也不一致。病的经过通常为3～4周,最长的可达6～12周,感染猪群早期症状类似流行性感冒,出现发热、嗜睡、食欲不振、疲倦、呼吸困难、咳嗽等症状。发病数日后,少数病猪的耳朵、外阴部、腹部及口鼻皮肤呈青紫色,以耳根发绀最常见。部分猪感染后没有任何症状,或症状很轻微,但长期携带病毒,成为猪场持久的传染源。

(1)母猪:反复出现食欲不振、发热、嗜眠,继而发生流产(多发生在妊娠后期),早产,死亡。死产胎儿常自溶、水肿、皮肤呈棕褐色,偶见木乃伊胎。活产仔猪体重小而且衰弱。经2～3周后,母猪开始康复,再次配种时受精率可降低50%,发情期推迟。

(2)种公猪:表现厌食、沉郁、嗜眠、发热,并有异常呼吸症状。精液质量暂时下降,精子数量少,活力低。

(3)育肥猪:症状较轻,仅表现3~7天的厌食,呼吸增数,不安,易受刺激,体温升高,皮肤瘙痒,发育迟缓。发生慢性肺炎或继发感染时,可使死亡率增高。

哺乳仔猪:呼吸困难较严重,甚至出现哮喘样的呼吸障碍(由间质性肺炎所致),张口呼吸,流鼻涕,不安,侧卧,四肢划动。有时可见呕吐、腹泻、瘫痪、平衡失调,多发生关节炎等症状。仔猪的病死亡率可达50%~60%。

4.病理变化

本病毒主要侵害肺脏,但大多数病例如无继发细菌感染,肺部看不到明显的肉眼病变。病理组织学检查,在肺部见有特征性的细胞性间质性肺炎,肺泡壁间质隔增厚,充满巨噬细胞,鼻甲骨的纤毛膜落,上皮细胞变性,淋巴细胞和浆细胞积聚。

5.防治措施

种猪场引种应从无病猪场引进。引进后应隔离观察1个月,并作血清学检查,血清阴性方可入群。

暴发本病时,育成猪实行"全进全出制",每批进出前后,猪舍都要严格消毒;哺乳猪早断奶,母仔隔离饲养,减少病毒从老龄猪传给仔猪的机会;同时注意通风,加强消毒增加营养。使用抗生素和维生素E,控制继发感染。

在流行地区必要时可使用灭活油乳剂疫苗免疫后备母猪和怀孕母猪,也可使用二联苗进行免疫接种。发病猪场的阳性母猪及其仔猪,不准留作种用,应予肥育淘汰。

(八)猪伪狂犬病

伪狂犬病是多种哺乳动物和鸟类的急性传染病。在临床上以中枢神经系统障碍为主征,多数动物于局部皮肤呈现持续性的剧烈瘙痒。病猪随年龄不同,其临床症状也有差异。哺乳仔猪出现发热和神经症状,病死率甚高;成猪呈隐性感染;怀孕母猪发生流产。病猪都无明显的皮肤瘙痒现象。

1.病原

伪狂犬病病毒属于疱疹病毒,呈圆形或椭圆形,直径100~150 nm,属DNA病毒,有囊膜。病毒主要存在于脑脊髓中,在血液和内脏器官中也有病毒存在。病毒对低温、干燥的抵抗力较强,在污染的猪圈或干草上能存活1个月以上,在肉中能存活5周以上,2%的火碱液和3%的来苏儿能很快杀死病毒。

2.流行病学

牛、羊、猪、犬和猫均易感染,马属动物和家禽发病率低。兔最敏感,仔猪发病后较成年猪严重,特别是新生仔猪死亡率较高。

患病和带毒动物是本病的传染源。病猪、带毒猪和带毒鼠是本病的主要传染源。其他家畜多因吃了病鼠、死鼠、病肉及其内脏,以及被污染的饲料,饮水,经消化道感染,也可以经皮肤创伤,呼吸道和生殖道感染。本病多散发,在猪群中呈地方流行性。无明显季节性,猪多为冬、春季节多发。

3.症状

猪的临床症状随着年龄的不同有很大的差异。但是,都无明显的瘙痒现象。

哺乳仔猪及断奶仔猪症状最严重,往往体温升高,呼吸困难,流涎,呕吐,下痢,食欲不振,精神沉郁，肌肉震颤，步态不稳，四肢运动不调，眼球震颤，间歇性痉挛，后躯麻痹，有前进或后退或转圈等强迫运动，常伴有癫痫样发作及昏睡等现象，神经症状出现 1～2 天内死亡，病死率高达 100%。若发病 6 天后才出现神经症状，则有恢复的希望，但可能有长久性后遗症，如(眼瞎、偏瘫、发育障碍等)。

中猪常见便秘，一般症状和神经症状较幼猪轻，病死率也低，病程一般 4～8 天。

成猪常呈隐性感染，较常见的症状为微热，打喷嚏或咳嗽，精神沉郁，便秘，食欲不振，数日即恢复正常。甚少见到神经症状。

怀孕母猪于受胎后 40 天以上感染时，常有流产、死产及延迟分娩等现象。流产、死产胎儿大小相差不显著，无畸形胎，死产胎儿有不同程度的软化现象流产胎儿大多甚为新鲜，脑壳及臀部皮肤有出血点，胸膛、腹腔及心包腔有多量棕褐色潴留液，肾及心肌出血，肝、脾灰白色坏死点。母猪怀孕末期感染时，可有活产胎儿，但往往因活力差，于产后不久出现典型的神经症状而死亡。母猪于流产、死产前后，大多无明显的临床症状。

4. 病理变化

临床上呈现明显的神经症状的病猪，死后常见明显的脑膜充血及脑脊髓液增加，鼻咽部充血，扁桃体、咽喉部及其淋巴结有坏死病灶，肝、脾有 1～2 nm 灰白色坏死点，心包液增加，肺可见水肿和出血点，都非本病的特有变化。组织学检查，有非化脓性脑膜脑炎及神经节炎变化。

5. 诊断

根据病猪临床症状，流行病学分析，可初步作出诊断。确诊本病必须进行实验室检查。方法有血清中和试验、琼脂扩散试验、补体结合试验、荧光抗体试验等。

在临床诊断时应与脑炎型链球菌病、仔猪水肿病、猪沙门氏菌病、猪流行性腹泻、猪李氏杆菌病、断奶仔猪应激症、猪细小病毒病、猪繁殖障碍与呼吸综合征、猪乙型脑炎、猪布氏杆菌病、猪食盐中毒等相区别。

6. 防制措施

不要从发生过本病的地区引进病猪；消灭老鼠，平时注意饲料保管收藏，加强饲养管理和卫生措施；牛、猪分开饲养，防止相互传染。本病常发地区，可定期接种伪狂犬病疫菌。发生本病时应及时隔离。污染的用具、圈舍和环境，用 2% 的氢氧化钠或 10% 石炭酸乳剂消毒。处理好尸体，防止本病传播。

(九)猪圆环病毒感染

猪感染圆环病毒可引起多种疾病；以猪断奶后多系统消耗性综合征和猪先天性震颤较为普遍。猪断奶后多系统消耗性综合征由猪Ⅱ型圆环病毒引起的断奶猪和育肥猪体重减轻和逐渐加重的呼吸困难为主要症状的一种疾病。猪先天性震颤是仔猪中枢神经系统在胎儿期遭受病毒感染，产生机能障碍，出生后立即出现全身或者局部肌肉阵发性震颤或痉挛的一种疾病。

1. 病原

本病病原属于圆环病毒科，该科病毒是已知动物病毒中最小的病毒粒子直径 14～25 nm，为 20 面体对称，无囊膜，无固定的表面结构。病毒粒子浮密度 1.73 g/cm。病毒可抵抗 pH 3 的酸性环境和 56℃及 70℃的高温环境，经氯仿处理不失活。猪圆环病毒可感染猪原代或传代细胞，病毒 DNA 利用宿主细胞的酶自动复制。病毒不引起明显的细胞病变效应。

2.流行病学

猪圆环病毒引起的猪断奶后多系统消耗性综合征，主要影响哺乳后期仔猪和育肥猪，引起多系统损伤。有报道一般在断奶后的5～13周龄（也有报道称6～8周龄）发病并表现症状。发病率通常为8%～10%，也有报道称可达20%左右，猪出现症状后很快死亡，死亡率高，50%的存活猪生长发育不良。

猪圆环病毒引起的猪先天性震颤，各品种及其杂交品系的猪对本病均有易感染性，各次流行间和同一次流行不同窝次间的病死率很不一致，流行期间的病死率范围可能为0%～25%，同次流行的病死率可从0%～100%。在产仔季节，往往是头几窝产的仔猪表现出严重的症状，以后窝次所产的仔猪则表现症状轻微。在传播方式上，仔猪是由母猪垂直传染，未见到仔猪间的水平传播。成年猪在自然状态下多为隐性或无症状感染，其传播方式还有待澄清。发病严重的仔猪在出生1周内，由于不能得到哺乳而死亡，能得到哺乳的仔猪大多数耐过。

3.临床症状

(1)猪断奶后多系统衰弱综合征：主要影响5～12周龄的猪，很少影响哺乳仔猪，主要临床症状包括体重下降、呼吸急促、困难和黄疸。有的还有一些其他症状；包括腹泻，咳嗽和中枢神经紊乱。通常情况是发病率低，但死亡率高。曾有报道称，一些病猪群生长发育不良，死亡率可高达50%。

(2)仔猪先天性震颤：本病主要发生在仔猪，出生后立即出现震颤，有的是全窝，有的是部分仔猪。发病程度也不一致，同窝仔猪发病数少的症状轻，震颤微弱，不易被发现。若全窝仔猪发病，则症状明显严重，全身肌肉表现有节奏的阵发性剧烈痉挛，躯体和头部剧烈抖动，站立不稳，呈不断跳跃姿态，站立时症状明显，躺卧时缓解，入睡时则消失。受外界刺激，如惊扰、驱赶、寒冷和噪声等突然原因，可加重病的表现。另一种表现为后躯肌肉直性痉挛、尾部轻微震颤，后肢分开，呈犬坐姿势，多用前肢负重，强迫行走时，步态僵硬。被感染的妊娠母猪，在产仔前不表现任何症状，只是在分娩后出现病仔猪时方可被证实患有本病。

(3)猪皮肤炎肾病症候群：多发于哺乳猪和生长猪，患病猪只常出现轻度发烧、食欲缺乏、精神不振、衰弱、步伐僵硬或拒绝移动等临床症状。在急性感染期，病猪皮肤常出现大小不一，不规则之红紫色斑和丘疹。主要分布在后肢及会阴，严重时甚至扩及全身。病程后期其病变区可能因坏死会有暗红色痂皮覆盖，继而逐渐消退或留下疤痕。肾脏出现肿大、苍白和皮质部点状出血病变。

(4)繁殖障碍型：哺乳母猪在仔猪断奶后，母猪长时间不发情或虽然发情，却屡配不孕；怀孕母猪体温正常或稍高，皮肤暗红粗糙，阴门上可见黄豆大小的紫疱，流产、早产，产出木乃伊胎或弱仔。

4.病理变化

(1)猪断奶后多系统衰弱综合征：剖检病死猪发现，大多数病猪营养不良，并显示不同程度的肌肉萎缩和严重消瘦，皮肤中度苍白，仍有20%病例出现黄疸，所有淋巴结构增大3～4倍，切面呈均质白色。肺呈弥漫性间质性肺炎病变，质地硬如橡皮，肺表面一般呈灰色到褐色的斑驳样外观，有些病例出现暗红到棕红色的肺小叶出血，在肺的上部和中部常见灰红色的膨胀不全或实变区出现。病猪肾脏肿大和苍白，由于水肿，有些病猪肾脏体积可增大到正常体积的5倍，半数左右病猪肾脏被膜下的肾表面散在肉眼可见的白点。有半数左右的病猪肝脏出现不同程度的萎缩，胃肠通也出现不同程度的病变。

(2)仔猪先天性震颤:有报道称,在先天性震颤严重病例中,发现脊索髓鞘质沉积障碍。在1～13日龄感染仔猪中发现脊索神经中髓鞘形成不全。

(3)猪皮肤炎肾病症候群:肾脏出现肿大、苍白和皮质部点状出血病变。全身淋巴结呈现暗红色和肿大,肺脏灰斑色且不易塌陷,体腔积水,皮下水肿,以及可能出现脾脏坏死或梗塞。

(4)繁殖障碍型:流产、早产和产出的木乃伊胎或弱仔,暂时还没有能明显区别与其他繁殖障碍性疾病的肉眼可见的病变。

5.诊断

初步诊断可根据流行病学,临床症状和病理变化等特点。进一步确诊需要实验室诊断。

(1)病毒分离鉴定。从PMWS暴发流行时采集样品,制成悬液接种PK-15等细胞。但PCV-2在细胞培养中的生长不出现细胞病变,通常需要应用病毒特异性抗体才能证实病毒的复制。可检测病毒的特异性抗原或特异性DNA。

(2)血清学方法。可用间接荧光抗体技术或ELISA方法检测。

(3)电子显微镜检查。可观察到病猪的脾、淋巴结等组织细胞核内堆积大量的无囊膜病毒粒子。

6.防制措施

(1)引进种猪时,要注意来源猪场必须是实施严格的生物安全措施,并且猪群中必须没有猪断奶后多系统衰弱综合征的临床症状。

(2)加强外部生物安全措施,包括严格控制来访及外来车辆、外来货物等。

(3)全进全出。至少在同一栏实行全进全出,最好是同一猪舍或整个猪场做到全进全出。

(4)降低饲养密度,减少应激产生,必要时可出售部分保育舍仔猪和生长猪。

(5)实行严格的清洁消毒措施,可以尽可能消除病毒在栏舍的滋生以及对下批次的动物的传播,也让猪只有个舒适的环境,减少应激,同时减少二次感染的危险性。

(6)硫酸镁有助于减轻仔猪先天性震颤的症状和病死率,可作为对症治疗药物。对仔猪应注意保暖,保持圈舍干燥,使其靠近母猪,增加其存活机会。

(十)猪流行性感冒

猪流行性感冒(SI)简称猪流感,是由A型猪流感病毒引起的一种急性、热性、高度接触性的呼吸道传染病。其特征为:发病急骤,传播快,咳嗽、呼吸困难。发病率高,病死率低。本病自1918年在美国首次报道,1931年Shope首次分离到猪流感病毒以来,在世界分布范围有了很大扩展。现世界上许多国家都先后发现猪流感病毒和与之相应的抗体。

1.病原

猪流感病毒(SIV)属于正粘病毒科流感病毒属。根据病毒粒子蛋白的抗原性分为A、B、C三型,引起猪流感的是A型流感病毒。SIV是多形态,直径约100 nm,有囊膜,囊膜表面上有“纤突”,是主要的表面抗原,它们分为两种,一种是血凝素(H或HA),另一种是神经氨酸酶(N或NA)。HA或NA可作为确定流感病毒亚型和株的主要依据。迄今A型SIV已知有15种HA和9种NA。HA在适宜条件下能凝集某些动物的红细胞,在感染动物中能识别吸附靶细胞,在防止病毒吸附细胞SIV的感染中起重要作用。NA能使吸附在红细胞上的病毒脱离红细胞,也能使病毒从感染的细胞中释放出来。NA的抗体能限制病毒感染细胞。除了HA和NA这两种病毒蛋白以外,病毒蛋白质中还有基质蛋白、核蛋白、多聚酶以及非结构蛋白。

在猪中流行的常见流感病毒亚型是古典的H1N1，类禽源H1N1和类人源H3N2。H1N1流感病毒产生的免疫不能对H3N2亚型病毒的攻击提供保护。

SIV能在鸡胚内繁殖，也可在猪肾、犊牛肾、犬肾、人胚肾、胎猪肺、鸡胚成纤维细胞和人双倍体等多种细胞上生长繁殖，并能引起细胞病变。病毒能凝集鸡、大鼠、小鼠、马和人的红细胞。

SIV对热比较敏感。56℃ 30 min、60℃ 10 min、65～70℃数分钟即可灭活。病毒对低温抵抗力较强，在－70℃稳定，冻干冷冻可保存数年。病料中的病毒在50%甘油生理盐水中可存活40天。福尔马林、酚类、乙醚、氨离子、卤素化合物(如漂白粉和碘制剂等)。重金属离子等一般消毒剂和灭活剂对本病毒均有灭活作用。尤其对碘蒸汽和碘溶液敏感。

2.流行病学

不同年龄、性别和品种的猪都可感染发病。病猪、带毒猪和隐性感染猪是本病主要传染来源。病毒主要在呼吸道黏膜上皮细胞内增殖，随着喷嚏和咳嗽排出体外，经呼吸道感染。主要传播途径是猪与猪通过鼻咽途径直接传播。在感染的急性发烧期中，鼻分泌物存在大量病毒，对易感动物提供了丰富的感染材料。接触传播也很容易发生，在猪群密集、通风不良等环境，空气传播可引起大范围的暴发流行。在常发生本病的地区，也可以散发。

本病的流行有一定的季节性，多发生于气候骤变的晚秋和早春及寒冷的冬季，其他季节也可以发生。本病的流行特点是发病急，病程短，发病突然，病程较短。当存在与胸膜肺炎放线杆菌、多杀性巴氏杆菌、猪2型链球菌等混合或继发感染，即病程延长，病死率增高。

3.症状

典型猪流感的症状是：发病急骤，1～2天内大批猪发病。患猪精神沉郁，食欲减少或废绝，体温升高到40～41℃，呼吸急促，张口呼吸，口流白沫，眼、鼻有浆液性至黏液性分泌物，不活动，蜷缩，肌肉和关节疼痛，常卧地不起。体重明显下降。病程短，若无并发症，多数病猪在7～10天后恢复。临诊典型的急性暴发通常发生于完全易感的血清学阴性猪群。

在非典型发病时，传播慢，病猪数量少。患猪食欲减少，持续咳嗽，消化不良，瘦弱，病程较长。若伴有发症常常引起死亡。

妊娠母猪感染时，可出现流产，严重者引起死亡。康复母猪往往造成木乃伊、死仔和仔猪出生后发育不良和死亡率增高。

4.病理变化

本病的病变主要在上呼吸道。鼻腔、喉头、气管和支气管黏膜充血出血，表面有大量带泡沫的黏液，有时混有血液。肺的病变不一，轻者仅在肺的边缘等部位出现炎症。严重者整个肺均有病变，呈紫红色，触之似皮革，切面实质出血、湿润。颈、纵隔和肺门淋巴结明显肿大，充血出血。胃、肠黏膜呈卡他性炎症变化。

5.诊断

根据流行病学特点，结合临诊症状及病理变化综合分析，可以作出初步诊断。确诊需进行实验室检验。

(1)病毒分离鉴定。从活体内分离病毒的样本是鼻黏膜拭子，在发热期采样较易分离到病毒，采集的拭子应放入适宜的运输培养液中(如甘油生理盐水、PBS液等)，低温(4℃)保存并尽快送往实验室。病死猪可取肺、淋巴结等制成悬液。样品经无菌处理后接种9～11日龄SPF鸡胚或非免疫鸡胚并置于33～35℃孵育，弃除24 h内死亡的鸡胚，并于48～72 h收集鸡胚尿囊液并作 HI 试验，证明是否有流感病毒存在。如第一代鸡胚分离物 HI 阴性，则再盲传几代。然后再进行 HA 试验和 NA 抑制试验以确定 SIV 的 HA 和 NA 亚型。

(2)血清学试验。需用双份血清样本。一份在急性发病期采集，另一份在 3～4 周后采集。常用方法为血凝抑制试验。若恢复期血清比急性期血清的抗体滴度增加 4 倍以上时，即可作出诊断。诊断时应注意血清中可能存在的非特异性血凝抑制因子和非特异性血凝素，以避免出现错误的结果。

此外，中和试验、琼脂扩散试验、免疫荧光试验、聚合酶链式反应(PCR)、核酸探针等试验也可用于本病的诊断。

6. 防制措施

平时严格执行兽医卫生防疫制度。加强饲养管理，保持栏舍干燥、清洁、卫生、通风，注意防寒保暖，定期消毒，防止易感动物与非易感动物接触。猪场不养鸡或远离养禽场。患流感的饲养员应调离工作，以免与猪接触。以防止本病的传入、蔓延和扩散。

本病无特效药物治疗。一般采用对症疗法可以减轻症状。使用抗生素或磺胺类药物可以预防和控制细菌继发感染。祛痰药可减轻症状。盐酸吗啉胍片或金刚胺盐片对减轻发热反应和减少排毒有一定作用。

受威胁地区应选用猪流感疫苗进行免疫接种，可使猪群免疫抗体水平趋于一致，以提高机体的免疫力，预防该病的发生。发生本病时也可选用疫苗进行紧急免疫接种，可缩短病程，减少猪群中病毒的传播，控制疾病的扩散。预防免疫接种的免疫程序为：后备母猪在使用前进行 2 次免疫接种可 2 次免疫间隔时间为 3～4 周。生产种猪每年进行二次免疫接种。

四、猪细菌性传染病

(一)猪丹毒

猪丹毒是由猪丹毒杆菌引起的一种急性、热性传染病。在临床上以急性型呈败血症状、高热、亚急性型在皮肤出现紫红色疹块、慢性为多发性关节炎或心内膜炎为特征。人类亦可被感染称为类丹毒。1882 年 Pasteur 首先从猪丹毒病猪体内分离到丹毒杆菌，随后猪丹毒几乎遍及全世界，也广泛发生于我国各省、市、自治区，对养猪业的危害很大，经过多年的预防注射，发病率逐渐减少。

1. 病原

猪丹毒杆菌为细小的革兰氏阳性小杆菌，不形成芽孢和荚膜，不能运动。在病料内的细菌常单在、成对或成丛排列，在体内主要存在心内膜疣状物上，多呈长丝状。本菌为微需氧菌，在血琼脂或血清琼脂上生长更佳，在固体培养基培养 24 h 长出的菌落，一般可分为光滑型(S)、粗糙型(R)和中间型(I)，三者可互变。本菌分许多血清型，各型的毒力差别很大。

本菌对盐腌、烟熏、干燥、腐败和日光等自然因素的抵抗力较强。在盐腌或熏制的肉内能存活 3～4 个月，在掩埋的尸体内能存活 7 个多月，在土壤内能存活 35 天。但对消毒药的抵抗力较低，用 2%福尔马林、3%来苏儿、1%烧碱、1%漂白粉都能很快将其杀死。但石炭酸杀菌力很低，本菌在 0.5%石炭酸中可存活 99 天。

2. 流行病学

本病主要发生于猪，尤其架子猪，其他家畜如马、牛、羊、犬和鸡、鸭、麻雀、孔雀等也有病例报告，人也能感染本病，称为类丹毒。病猪和带菌猪(30%～50%)，主要存在于扁桃体、其他淋巴组织,目前已知从多种哺乳动物和30种野鸟及近半数的啮齿类动物中分离到本菌,鱼类也带此菌。本病主要是经消化道进行传播。损伤的皮肤也能感染,吸血昆虫也可传播,据报道,作为动物蛋白质补充饲料的鱼粉也曾多次查出本菌。本菌适宜在富含腐殖质、沙质和石灰质的土壤中生存,在弱碱性土壤中可生存90天,土壤的污染在本病流行病学上有极重要意义。

本病主要发生于架子猪,随着年龄的增长而易感性降低,但1岁以上的猪甚至老龄种猪和哺乳仔猪也有发生死亡的报告。猪丹毒一年四季都有发生,有些地方以炎热多雨季节流行最盛;另一些地方不但发生于夏季,就是冬春季节也可形成流行高潮。本病常为散发性或地方流行性传染,有时也发生暴发性流行。

3.临床症状

感染猪丹毒后潜伏期的长短与猪的抵抗力大小、感染途径、病原菌的数量及其毒力强弱等有密切关系。人工感染潜伏期1～7天,一般为3～5天。临床上一般可分为急性、亚急性和慢性三型。

(1)急性型(败血型)见于流行初期,个别猪可能不表现症状而突然死亡,多数病例体温升高达42℃以上,食欲废绝,不愿行动,间或呕吐,眼结膜充血。病初便秘,后腹泻。发病1～2天后,皮肤上出现大小不一、形状不同的红斑,指压褪色。多数病程为2～4天,病死率80%以上。哺乳仔猪和刚断奶小猪发生猪丹毒时往往有神经症状,抽搐,病程不超过1天。

(2)亚急性型(疹块型)此型败血症症状轻微,其特征是在皮肤上出现疹块,病初食欲减退,精神不振,不愿走动,体温升高但很少超过42℃。发病后1～2天在背、胸、颈和四肢等部位出现菱形、方形等大小不等的疹块,先呈浅红,后变为紫红,以至黑紫色,稍隆起,界限明显,白毛猪很容易看出。随着疹块的出现,体温下降,病情减轻,数天后疹块消退,形成干痂并脱落。病程1～2周。

(3)慢性型单独发生少见,多由急性或亚急性转化而来。主要是心内膜炎或四肢关节炎,有时两者兼有。心内膜炎表现为消瘦,贫血,全身衰弱,喜卧伏,厌走动,强迫行走,则举步缓慢,全身摇晃。听诊心脏有杂音,心跳加速、亢进,心律不齐。呼吸急促。通常由于心脏麻痹而突然倒地死亡。患关节炎的猪,受害关节肿胀、疼痛、僵硬、步态强拘,甚至发生跛行。皮肤坏死常发生于背、肩、耳及尾部。局部皮肤变黑,干硬如皮革样,逐渐与新生组织分离,最后脱落,遗留一片无毛而色淡的疤痕。

4.病理变化

(1)急性型。皮肤有红斑或弥漫性红色;脾肿大,呈樱红色,切面髓质隆起,实质易刮脱,淋巴结充血、肿大呈紫红色,切面多汁,有出血点;肾脏淤血、肿大、呈暗红色,皮质部有多量小出血点,胃及十二指肠发炎有出血点。

(2)亚急性型。特征是皮肤疹块,内脏变化略轻于败血型。

(3)慢性型常有房室瓣疣状心内膜炎,多见于左心二尖瓣,瓣膜上有菜花状灰白色的赘生物。关节炎的病猪,肿大的关节腔内常有纤维素性渗出物。

5.诊断

在夏季架子猪突然高烧,皮肤有红斑或方形、菱形的紫红色疹块,关节肿痛,青霉素治疗效果好,一般可以确诊。但在流行初期,往往呈最急性经过,症状无特征,需实验室检查才能确诊。

(1)实验室检查。急性猪丹毒的诊断症状和病变无明显特征,有时需做实验室检查才能鉴别类似疾病。具体方法是急性型应采取肾、脾为病料，亚急性型在生前采取疹块部的渗出液，慢性型采取心内膜组织和患病关节液，制成涂片后革兰氏染色法染色，经镜检如见有革兰氏阳性紫色的细小杆菌，在排除李氏杆菌的情况下即可确诊。

(2)鉴别诊断。应与猪瘟、猪链球菌病、最急性猪肺疫、急性猪副伤寒相鉴别。

①猪瘟：猪瘟呈流行性发生，发病率和病死率高，药物治疗无效，皮肤上有较多的小出血点，病猪常昏睡，病程较长。死后剖检脾有出血性梗死灶，回盲口有纽扣状溃疡，淋巴结出血呈大理石样花纹，肾呈灰黄色，并有许多小出血点大肠充血、出血。

②最急性猪肺疫：猪肺疫的发生与饲养管理条件有密切关系，病猪咽喉部急性肿胀，呼吸困难，口鼻流出泡沫样分泌物，死亡剖检，见肺充血水肿，脾不肿大。取病料做革兰氏染色，可见革兰氏阴性红色小杆菌，呈椭圆形，两端浓染。

③急性猪副伤寒：多发生于2～4周龄小猪，在阴雨潮湿的季节较多见，先便秘后下痢，胸腹部皮肤呈蓝紫色。死后剖检见肠系膜淋巴结显著肿大，肝有小点状坏死灶，大肠壁的淋巴组织肿大或有溃疡脾肿大。

④链球菌病：败血性链球菌病与急性猪丹毒极相似，往往需要经实验室检查才能鉴别。

6.防治

(1)加强猪只的饲养管理，做好防疫卫生工作，提高猪群的自然抵抗力。凡从其他猪场购进猪只，必须先隔离观察2～4周，确认健康后方可合入大群饲养。注意杀死或驱除蚊、蝇和鼠和鼠类，经常保持猪栏、运动场及管理器具的清洁，定期用消毒液消毒，食堂下脚料及泔水必须经煮沸后才能喂猪，粪便垫草要经堆积发酵处理后方可利用。

(2)加强交通检疫、屠宰检疫及农贸市场的检查：如发现病猪或带菌产品，应立即进行隔离消毒，处理产品，杜绝病原传播。

(3)预防注射：按免疫程序注射猪丹毒菌苗是重要的预防措施。我国已生产的三联苗（猪瘟、猪丹毒、猪肺疫）效果也很好，猪瘟免疫期8个月以上，猪丹毒与猪肺疫均为6个月，使用方法和剂量遵照标签说明。

(4)紧急防治：当猪群中发生该病时，应及时进行隔离治疗。病猪污染的猪圈，用具等应彻底消毒，粪便、垫草应进行烧毁或堆积发酵处理。病猪尸体和解剖的内脏器官应深埋或烧毁。对同群未发病猪只用抗生素进行紧急预防性注射。连用3～5天，每天2次。停药后立即进行一次全群消毒，待药效消失后再接种一次菌苗，对患慢性猪丹猪的病猪应尽早淘汰。

(5)治疗：青霉素为本病特效药，用量为每千克体重1×10^4 IU，肌肉注射，每天2次，直到体温和食欲恢复正常后24 h。不宜过早停药以防复发或转为慢性。另外盐酸四环素、红霉素、金霉素也是有效药剂。

(二)猪肺疫

猪肺疫是由多种杀伤性巴氏杆菌所引起的一种急性传染病（猪巴氏杆菌病），俗称“锁喉风”，“肿脖瘟”，主要特征为败血症。急性或慢性经过，急性呈败血症变化，咽喉部肿胀，高度呼吸困难。

1.病原

多杀性巴氏杆菌。本菌为细小的球杆状或短杆状菌，两端钝圆，近似椭圆形，大小为(0.5～2.5) μm×(0.2～0.4) μm，在培养物中呈圆形、卵圆形或杆状，单在，有时成双排列，病料涂片用瑞氏染色或美蓝染色时，可见明显的两极着色。新分离的强毒菌株具有黏液性荚膜，但经培养后迅速消失。本菌无芽孢,无鞭毛。革兰氏染色阴性。

本菌存在于病猪的排泄物和死亡猪的脏器及血液中,污染饲料、饮水经消化道、呼吸道或损伤的皮肤感染。

2.流行病学

对多种动物和人均有致病性,以猪最易感,无明显季节性发生,但以冷热交替,气候剧变,潮湿,多雨发生较多,营养不良、长途运输、饲养条件改变、不良等因素促进本病发生,一般为散发。

3.症状

潜伏期1～5天。最急性型,晚间还正常吃食,次日清晨即已死亡,常看不到表现症状,病程稍长,体温升高到41～42℃,食欲废绝,全身衰弱,卧地不起,呼吸困难,呈犬坐姿势,口鼻流出泡沫,病程1～2天,死亡率100%。急性型(胸膜肺炎型),体温40～41℃,痉挛性干咳,排出痰液呈黏液性或脓性,呼吸困难,后成湿、痛咳,胸部疼痛,呈犬坐、犬卧,初便秘,后腹泻,在皮肤上可见淤血性出血斑。慢性型,持续有咳嗽,呼吸困难,鼻流少量黏液,有时出现关节肿胀,消瘦,腹泻,经2周以上衰竭死亡,病死率60%～70%。

4.病理变化

(1)最急性型:黏膜、浆膜及实质器官出血和皮肤小点出血,肺水肿,淋巴结水肿,肾炎,咽喉部及周围结缔组织的出血性浆液性浸润最为特征。脾出血,胃肠出血性炎症,皮肤有红斑。

(2)急性型:除了全身黏膜、实质器官、淋巴结的出血性病变外,特征性的病变是纤维素性肺炎,有不同程度肝变区。胸膜与肺粘连,肺切面呈大理石纹,胸腔、心包积液,气管、支气管黏膜发炎有泡沫状黏液。

(3)慢性型:肺肝变区扩大,有灰黄色或灰色坏死,内有干酪样物质,有的形成空洞,高度消瘦,贫血,皮下组织见有坏死灶。

5.诊断

本病的最急性型病例常突然死亡,而慢性病例的症状、病变都不典型,并常与其他疾病混合感染,单靠流行病学、临床症状、病理变化诊断难以确诊。

(1)与类症鉴别:在临床检查应注意与急性猪瘟、咽型猪炭疽、猪气喘病、传染性胸膜肺炎、猪丹毒、猪弓形虫等病进行鉴别诊断。

(2)实验室检查,取静脉血(生前),心血各种渗出液和各实质脏器涂片染色镜检。

(3)猪肺疫可以单独发生,也可以与猪瘟或其他传染病混合感染,采取病料做动物试验,培养分离病原进行确诊。

6.防治

根据本病传播特点,防制首先应增强机体的抗病力。加强饲养管理,消除可能降低抗病能力因素和致病诱因如圈舍拥挤、通风采光差、潮湿、受寒等。圈舍、环境定期消毒。新引进猪隔离观察1个月后健康方可合群。

进行预防接种,是预防本病的重要措施,每年定期进行有计划免疫注射。目前生产的猪肺疫菌苗有猪肺疫灭活菌苗、猪肺疫内蒙古系弱毒菌苗、猪肺疫活菌苗、猪肺疫ta53活菌苗、猪肺疫c20活菌苗5种,使用、保存和注意事项按说明书。

发生本病时,应将病猪隔离、封锁、严密消毒。同栏的猪用血清或用疫苗紧急预防。对散发病猪应隔离治疗,消毒猪舍。对新购入猪隔离观察1个月后无异常变化合群饲养。可采用抗菌药物和抗肺疫血清治疗。

(三)猪链球菌

猪链球菌病是一种人畜共患传染病,C、D、E及L群链球菌引起猪的多种链球菌病。在猪常发生化脓性淋巴结炎、败血症、脑膜炎及关节炎,其病原体多为溶血性链球菌。目前是一种最为常见的高度传染性疾病。而且它的病原群、临床症状、感染对象和耐药性都在逐渐变化和增强。

1.病原

链球菌病的病原菌为链球菌,呈链状排列,是革兰氏阳性菌。不形成芽孢,有的可形成荚膜。需氧或兼性厌氧,多数无鞭毛,只有D群某些链球菌有鞭毛。在加有血液及血清的培养基上,37℃培养24 h,可见微小圆形、透明而略带灰白色小滴状菌落。

本菌抵抗力不强,对干燥、湿热均较敏感,常用消毒药都可将其杀死。

2.流行特点

本病对外界环境的抵抗力在逐渐增强,这对我们控制本病产生了较大的困难,但本病对干燥湿热的环境较为敏感,该菌对碳酸、福尔马林等消毒剂敏感,一般在15~25 min内能杀灭该菌。该菌有较强的传染性,一般为接触性传染,也可由呼吸道、消化道、皮肤伤口及黏膜传染。一旦猪群感染该病,病猪在很长一段时间内都带菌、排菌成为传染源。如果有新的健康猪只进圈的话就可能感染上该病。而且有些治愈猪和带菌猪再受应激(如注射疫苗,天气骤变等)情况下也可能再次发病(有较强的反复性)。

3.临床症状

本病的血清型和临床症状很多,一般病猪体温升高,耳部及四肢末端皮肤发紫,淋巴结发炎、肿胀,一肢或多肢关节肿大,跛行或不能站立、呕吐,个别病猪出现神经症状,转圈,共济失调,磨牙、空嚼等最后昏迷死亡。我门诊在多年的临床实践中总结出该病还可以引发猪的肠炎型和肝毒型及肺炎型等病变。发病猪长期腹泻,肠壁变薄,肠道出血,排红褐色稀便,或黄绿色稀便。有的病猪会出现呕吐现象,个别病猪有肝脏病变,肝脏肿大,变硬、质脆、有坏死灶、色泽较深,钝圆、眼睑肿胀、外翻,眼结膜充血、红肿、病猪长期咳嗽呼吸困难该病很容易被误诊为猪水肿病。

4.诊断

(1)类症鉴别:该病有时不是单一发病,通常会和一种或几种疾病共同发病。如附红细胞体,猪瘟,弓形体等。而本病的外观症状极易与其他疾病相混而误诊。诊断时应注意鉴别,微生物学检查确诊十分必要。

(2)实验室诊断:无菌操作取病死猪的肝、肺、肠管等,做成涂片,革兰氏染色,镜检,可见到单个、成双或短链排列的椭圆形革兰氏阳性球菌。

5.防治

(1)治疗:应早期大剂量使用抗生素和磺胺类药物,青霉素每头每次80万~160万IU,同时配合磺胺类药物治疗,效果明显;也可用乙酰环丙沙星治疗;还可用链霉素注射液,0.2 mL/kg肌肉注射一侧;附弓清注射液0.2 mL/kg肌肉注射另一侧;1日1次,连用3天,可取到良好的效果。

(2)预防:本病宜早诊断早治疗,治疗药物可根据药敏实验结果选择使用。治疗过程中需采取隔离消毒,暂停生猪调进、调出等防治措施。

及时隔离病猪，对病死猪做好无公害化处理，控制传染源，有条件的地区和个人应做好链球菌病的疫苗预防接种工作，同时做好环境卫生工作，以防本病发生。

①免疫预防：在60日龄首次免疫接种猪链球菌病氢氧化铝胶苗，猪肉或皮下注射5 mL；浓缩菌苗注射3 mL，免疫期6个月，还可在母猪产前20～30天注射链球菌苗对预防产房哺乳母猪链球菌效果明显。

②药物预防：也可用药物预防来控制本病的发生，每吨饲料中加入四环素125克，连喂4～6周。

(四)猪副伤寒

猪副伤寒又称猪沙门氏菌病，是由猪霍乱和猪伤寒沙门氏菌引起的仔猪传染病。由于它主要侵害1～4月龄仔猪，也称仔猪副伤寒。临床上分为急性和慢性两型。急性型呈败血症变化，慢性型在病毒大肠发生弥漫性纤维素性坏死肠炎变化，表现慢性下痢，有时发生卡他性或干酪性肺炎。

1.病原

病原体主要是猪霍乱沙门氏菌和猪伤寒沙门氏菌。沙门氏菌呈卵圆形短杆菌，兼性厌氧菌，不形成芽孢和荚膜，有鞭毛，能运动，革兰氏染色阴性。在普通培养基上生长良好。常存在于病猪的各脏器及粪便中，对外界环境的抵抗力较强，在粪便中可存活1～2个月，在垫草上可存活8～20周，在冻土中可以过冬，在浓度为10%～19%食盐腌肉中能生存75天以上。但对消毒药抵抗力不强，一般用3%来苏儿、福尔马林等可将其杀死。

2.流行病学

本病主要发生于断奶后6月龄以下的仔猪，主要是1～4月龄，成年猪及哺乳仔猪很少发生。

主要传染源是病猪和带菌猪(临床上健康的带菌猪相当普遍)，病原在其肠道、胆囊内长期存在，并不断随粪、尿排出体外，污染饲料、饮水等。

经消化道感染发病。有的可通过带菌母体子宫内或脐带感染。外界不良环境因素的影响和仔猪抵抗力降低时，也可引起内源性感染。

本病呈散发性，若有恶劣因素的严重刺激，也可呈地方流行性发生。本病一年四季都可发生，但以阴雨连绵和冬春寒冷的季节多发。

3.症状

本病的潜伏期根据猪体的抵抗力及细菌的数量和毒力不同而异，3～30天不等，一般为2～6天。临床上分为急性型和慢性型。

(1)急性型(败血型)。当机体抵抗力弱而病原体毒力很强时，感染后很快发展为败血症。多见于断奶后不久的仔猪。病猪突然体温升高(41～42℃)，食欲不振，精神沉郁。病初便秘，以后下痢，排出黄色恶臭味的稀粪，有时带血，常有腹部疼痛症状，弓背尖叫。耳、腹部及四肢皮肤呈深红色，后期呈青紫色。最后，病猪呼吸困难，体温下降，偶尔咳嗽，痉挛，病程1～4天，多因衰竭而死亡。

(2)慢性型(结肠炎型)。此型最常见，临床表现与肠型猪瘟相似。病猪体温升高至40.5～41.5C，精神沉郁，食欲不振，畏寒，消瘦，眼有脓性分泌物，便秘和下痢症状反复交替发生，粪便呈灰白色、淡黄色或暗绿色，形同粥状，有恶臭，有时带血、坏死组织碎片和纤维素性物质，以后病猪逐渐脱水消瘦。被毛粗乱。皮肤上出现痣样湿疹。有些病猪发生咳嗽。病程

2～3 周或更长，最后极度消瘦，衰竭而死或成为僵猪。

4. 病变

(1)急性型。主要是败血症变化。耳及腹部皮肤有紫斑。淋巴结肿胀、充血、出血；心内膜、心外膜、膀胱、咽喉及胃黏膜出血；脾肿大，呈暗紫色；肝肿大，有针尖大至粟粒大灰白色坏死灶；盲肠、结肠效膜充血、肿胀、肠壁淋巴结肿大。

(2)慢性型。主要病变在盲肠和大结肠。肠壁淋巴小结先肿胀隆起，以后发生坏死和溃疡，表面被覆有灰黄色或淡绿色鼓皮样物质，以后许多小病灶逐渐扩大融合在一起，形成弥漫性坏死，肠壁增厚。肝、脾及肠系膜淋巴结肿大，常见到针尖大至粟粒大的灰白色坏死灶，这是猪副伤寒的特征性病变。肺有时见到卡他性或干酪样肺炎病灶。

5. 诊断

依据流行病学，临诊症状，病理变化，可作出初步诊断。1～4 月龄的仔猪多发，病猪表现慢性下痢，生长发育不良；剖检可见大肠发生弥漫性纤维素性坏死性肠炎变化，肝、脾及淋巴结有小坏死灶或灰白色结节。对急性型病例诊断有困难时，可采取肝、脾等病料做细菌分离培养鉴定。也可做免疫荧光试验。

6. 防治

(1)预防。加强饲养管理，搞好猪舍卫生，保持干燥，定期消毒，消除各种诱因，增强猪体抵抗力。初生仔猪应争取早吃初乳。断奶分群时，不要突然改变环境，猪群尽量分小一些。在断奶前后，应口服仔猪副伤寒弱毒冻干菌苗或肌肉注射 1 头份。遇到天气突变时可添加土霉素等药物预防。

发病后，将病猪隔离治疗，被污染的猪舍应彻底消毒。耐过的猪多数带菌，应隔离肥育，予以淘汰。未发病的猪可用药物预防，在每吨饲料中加入金霉素 100 g，或磺胺二甲基嘧啶 100 g。可起一定的预防作用。

(2)治疗。要在改善饲养管理的基础上进行隔离治疗，才能收到较好疗效。同时注意用药剂量要足，维持时间宜长。抗生素疗法：常用的是环丙沙星、新霉素和强力霉素。磺胺增效合剂疗效亦较好。

(五)大肠杆菌病

大肠杆菌病是致病性大肠杆菌引起的多种幼龄畜禽的一种传染病。通常以腹泻、败血症或毒血症为主要特征。本病引起幼畜死亡和严重影响幼畜生长发育，给畜牧业生产造成重大损失。

病原

大肠杆菌或埃希氏大肠杆菌，是两钝圆的革兰氏阴性杆菌，长 1～3 μm，宽 0.4～7 μm。大多数有周身鞭毛，能运动，无芽孢，少数有荚膜。

大肠杆菌有菌体(O)抗原、表面(K)抗原和鞭毛(H)抗原。目前已发现 O 抗原有 170 个(O_1～170)，K 抗原 103 个(K_1～103)，H 抗原 56 个(H_1～56)。K 抗原又分为耐热的 A 抗原，不耐热的 L 抗原和介于二者之间的 B 抗原。不同血清型的大肠杆菌，能使不同的动物致病，并常常与一般的 O 抗原密切联系。如引起仔猪大肠杆菌病的主要有 O_8、O_{138}、O_{45}、O_{141} 等，此外还有 O_2、O_9、O_{20}、O_{60}、O_{64}、O_{101}、O_{115}、O_{147}、O_{149}、O_{157} 等。肠致病性大肠杆菌，菌毛上的 K 抗原，能黏附在小肠绒毛的上皮细胞上(K_{88}、K_{99} 等)，增强其致病作用；并产生耐热(ST)和不耐(LT)的肠毒素，引起病畜腹泻和脱水。某些致病性溶血大肠杆菌和内毒素及其产生的水肿素，可致内毒素血症，能引起血压急性下降、呕吐、体温升高、里急后重、血管内凝血和白细胞先减少后增多等。

本菌在土壤、水中可存活数月，60℃ 30 min杀死，常用消毒剂均能短时间将其杀死。对某些化学药品如胆盐、煌绿、亚硒酸钠等有选择性的抑制作用，故常用这些化学药品制备分离其他肠道病菌的选择培养基，如SS琼脂培养基。

仔猪黄痢

仔猪黄痢又名早发性大肠杆菌病，为初生仔猪的一种急性，高度致死性的疾病，以腹泻、排黄色或黄白色液状粪便为特征，剖检常见有肠炎和败血症，有的无明显病理变化。

流行病学

病畜和带菌母畜为传染源。主要由传染源排出粪便，污染母畜的乳房、体表和饲料、饮水、用具和环境，经消化道感染。也可经幼畜的脐带感染。饲养管理不善，母畜营养低下，环境卫生差、潮湿、气候骤变，乳汁和饲养改变等，均可为本前几天发生产生诱因。

症状

潜伏期很短，最短的生后12 h，多数3天，7天以上的少见。在一窝仔猪中1～2头突然发病，并迅速蔓延全窝。其他仔猪相继发病，以腹泻为主要症状，每小时泻数次，粪便呈浆状，黄色或黄白色，含有凝乳小片。黄便沾染尾、会阴和后肢等处，最后由于肛门松弛而失禁，病猪精神沉郁，吃奶减少以至停止，口渴、迅速消瘦、脱水、眼球下陷、全身衰弱、昏迷死亡。

病理变化

尸体严重脱水、干瘦。口黏膜苍白、干燥。颈部、腹部的皮下常有水肿。肠道膨胀，有多量液状、黄色的内容物和气体，肠黏膜一般有充血、出血变化，呈急性卡他性炎症，肠壁变薄，松弛。这些变化以十二指肠最严重，空肠、回肠次之，结肠较轻。肠系膜淋巴结呈严重变性，色变淡，有弥漫性小出血点，质脆软。肝、肾有小的凝固坏死灶。肺明显水肿。心房和心室充满凝血块，少数心冠有小点出血。

防治

(1)加强饲养管理，搞好环境卫生。

(2)母猪临产前，产房必须清扫干净、消毒，农村散养户垫上干净褥草。有条件的场做好保温箱加温准备。母猪从怀孕舍转入分娩舍时，应对体表进行清洗、消毒。特别注意乳头、乳房、胸腹部及阴户等的清洗消毒。

(3)母猪分娩后，应将产房再清扫一次，将母猪乳头、乳房用0.1 %高锰酸钾溶液清洗消毒擦干。把每个乳头的乳挤掉一点，以冲除乳头孔的细菌和污物。再固定乳头喂乳。

(4)在本病常发的猪场，用Ny10株大肠杆菌，12 h的肉汤培养物0.5 mL喂服，有条件的可用特异致病菌株死菌苗或活菌苗，对临产母猪进行预防接种，或接种K_{88}菌毛抗原苗。也可在产后全窝开始用抗菌药物口服或注射，连用数天作为预防。

(5)治疗可用呋喃西林、磺胺脒、土霉素、合霉素等对本菌有抑制作用。但细菌易产生抗药性，多次用一种药治疗本病疗效降低，应须改用其他药物。另据介绍，给新生仔猪注射老母猪血清，对本病有一定的预防和治疗作用。

仔猪白痢

仔猪白痢是2～4周龄哺乳仔猪的一种急性传染病。病的特征是拉白色或灰白色的糊状稀粪。本病死亡率较低，但病猪往往体质衰弱，生长发育停滞，给养猪业带来较大影响。

流行病学

本病主要发生于1月龄以内的仔猪，以10～20日龄发病最多。一窝仔猪中，常发一两头，随后蔓延全窝，很少有全窝一齐发病。它除与大肠杆菌的菌型有关外，无季节性，但与各种应激因素有关，如气候骤变，阴雨连绵，严寒，酷热，冷热不定，早晚温差过大；饲料品质不良或者调和不当。栏舍卫生条件太差，潮湿、污秽，仔猪舐食污物或不洁的积水；母猪乳汁过多、过少、过浓都可成为发病诱因。

症状

病猪一般体温正常或稍高，精神、食欲无明显变化。突出的症状是排白色或灰白色的糊状粪便，有特异腥臭味，并混有气泡；随着下痢次数增多，粪便变为稀薄，肛门周围、尾和后肢沾染粪便。病猪逐渐消瘦，被毛粘乱无光泽，精神委顿，怕冷，常堆叠伏卧，吃乳减少或不吃，但喜饮水；眼结膜和皮肤苍白。病情严重的出现排粪失禁，出现脱水症状，眼凹陷，行动缓慢。病程短的2～3天，长的1周以上。大多数能康复，但严重影响仔猪生长发育。

病理变化

从外表看尸体消瘦，皮肤苍白、肛门和尾根附近黏有腥臭的粪便，剖检，除胃肠道有卡他性炎症外，结肠有乳白色或灰白色糊状内容物，并黏附在肠黏膜上，肠壁变薄至灰色透明；肠系膜淋巴结肿胀。病程长的，有些病例可见有肺炎病变。甚至心肌柔软，心冠沟脂肪呈胶冻样。肾多苍白。

诊断

根据仔猪发病日龄，拉白色黏稠糊状粪便，剖检多见胃肠卡他性炎症病变，死亡率不高等，即可作出初步诊断。

防治

(1)加强母猪的饲养管理。做好母猪的适时配种，使母猪产仔能避开过冷和过热季节。注意母猪哺乳期的饲喂和饲料品质，以保持母猪的良好体态，不宜过瘦但也不宜过肥，保持泌乳平衡，使仔猪获得充分的乳水。

(2)母猪临产前要做好接产工作，产房要清洁、干燥、保暖，保持母猪体表、乳头、乳房的清洁卫生，以及不让产后仔猪吮不洁的乳头。

(3)要帮助仔猪固定乳头饮乳，将体质较弱的安排在前面乳头。并对仔猪实施提早补料，一般是在出生后7天开始调教开食，以保持仔猪健壮。

(4)一般用抗菌药物防治，可以奏效。氟哌酸、庆大霉素、卡那霉素、氯霉素、土霉素、呋喃唑酮、磺胺脒等效果都很好，两三天可以治愈。收敛止泻药矽炭银，鞣酸蛋白、活性炭等，也常应用，可以加快治愈。提高消化道内酸度、促进消化道内分泌，从而改变肠道内菌系、加强消化，也有一定疗效，常用的有醋、稀盐酸、龙胆等。

本病治疗除要及时外，还要结合改善饲养管理，除去发病诱因，才能收到满意疗效。

(六)猪传染性胸膜肺炎

猪传染性胸膜肺炎是猪的一种呼吸道传染病，以呈现胸膜肺炎症状和病变为特征。急性型病死率高，慢性型常能耐过。随着集约化养猪业的发展，本病的发生有逐年增多的趋势。

1. 病原

本病的病原体为胸膜肺炎放线杆菌，呈多形态的小球杆菌状，革兰氏阴性，病料中的胸膜肺炎放线杆菌呈两极着色，致病菌具有荚膜，并能产生毒素。至1988年为止，已鉴定出12个血清型，以1型和5型的致病力最强，造成的发病率和病死率最高。本菌的抵抗力不强，容易被一般消毒药杀死。

2.流行特点

不同年龄的猪均有易感性，以4～5月龄猪发病死亡较多，病猪和带菌猪是本病的传染源，胸膜肺炎放线菌主要存在于呼吸道黏膜，通过空气飞沫传播，在大群集约化饲养的条件下最易接触感染。猪群之间的传播主要是因引入带菌猪或慢性病猪。初次发病猪群的发病率和病死率均较高，经过一段时间，逐渐趋向缓和，发病率和死亡率显著下降，但隔一段时间后又可能暴发流行。因此，本病的发病率和死亡率有很大差异，发病率在8.5%～100%之间，死亡率在0.4%～100%之间，猪群受到应激，可促进本病的发生。

3.临床症状

急性病猪开始体温高至41.5℃以上，沉郁，不食，继而呼吸困难，张口呼吸，常站立或呈犬坐姿势，口鼻流出泡沫样分泌物，耳、鼻及四肢皮肤呈蓝紫色，如不及时治疗，常于一两天内窒息死亡。若开始症状缓和，能度过4天以上，则可逐渐康复或转为慢性。此时病猪体温不高，发生间歇性咳嗽，生长迟缓。很多猪开始即呈慢性经过，症状轻微。

4.剖检变化

主要病变为肺炎和胸膜炎。大多数病例胸膜表面有广泛性纤维素沉积，胸腔液呈血色，肺广泛性充血、出血、水肿和肝变。气管和支气管内有大量的血色液体和纤维素凝块。病程较长的病例，肺部有坏死灶或脓肿，胸膜粘连。

5.诊断

根据流行病学、临诊症状和病理变化可以做出初步诊断，确诊需进行实验室诊断和鉴别诊断。

(1)实验室诊断。包括直接镜检、细菌的分离鉴定和血清学诊断。

①直接镜检：从鼻、支气管分泌物和肺脏病变部位采取病料涂片或触片，革兰氏染色，显微镜检查，如见到多形态的两极浓染的革兰氏阴性小球杆菌或纤细杆菌，可进一步鉴定。

②病原的分离鉴定：将无菌采集的病料接种在7%马血巧克力琼脂、划有表皮葡萄球菌十字线的5%绵羊血琼脂平板或加入生长因子和灭活马血清的牛心浸汁琼脂平板上，于37℃含5%～10%CO_2条件下培养。如分离到的可疑细菌，可进行生化特性、CAMP试验、溶血性测定以及血清定型等检查。

③血清学诊断：包括补体结合试验、2-巯基乙醇试管凝集试验、乳胶凝集试验、琼脂扩散试验和酶联免疫吸附试验等方法。国际上公认的方法是改良补体结合试验，该方法可于感染后10天检查血清抗体，可靠性比较强，但操作烦琐，目前认为酶联免疫吸附试验较为实用。

(2)鉴别诊断

①猪肺疫：本病与猪肺疫的症状和肺部病变都相似，较难区别，但急性猪肺疫常见咽喉部肿胀，皮肤、皮下组织、浆膜及淋巴结有出血点，而猪传染性胸膜炎的病变往往局限性肺和胸腔。猪肺疫的病原体为两极着色的巴氏杆菌，而猪传染性胸膜肺炎的病原体为小球杆状的放线杆菌。

②猪气喘病：症状有相似，但猪气喘气体温不高，病程长，肺部病变对称，呈胰样或肉样病变，病灶周围无结缔组织包裹。

6. 防治措施

(1)预防本病的隐性感染率较高，在引进猪菌或种猪时，应注意隔离观察和检疫，以防引入带菌猪。发生本病后，可采以下措施；除将病猪隔离治疗外，其余猪只应进行血清学检查，呈阳性的猪则一律淘汰，其余猪普遍饲喂药物添加剂，进行药物预防。同时改善环境卫生，消除应激因素，用 2%烧碱进行环境消毒，用消毒威、百菌消可带猪消毒。以后引进新猪和猪只混群前，都应以药物预防数日。国内外都有商品化的灭活菌和弱毒菌苗，前者为多价油佐剂灭活苗，仔猪于 6～8 周龄第一次肌肉注射，8～10 周龄再增强免病注射 1 次，可获得保护。

(2)治疗。早期治疗是提高疗效的重要条件，有效的药物有青霉素、乙基环丙沙星、卡那霉素、土霉素、四环素、链霉素及磺胺类药物。能正常采食者，可在饲料中添加土霉素等抗生素或磺胺类药物，连用 3～7 天，可以控制本病的发生。但有些菌株有耐药性，连用数天无效时应更换药品、或几种药物联合使用。

(七)猪地方流行性肺炎

本病在国内称为猪气喘病，是由猪肺炎支原体所引起的猪的一种慢性呼吸道传染病。主要症状为咳嗽和气喘，生长缓慢成为僵猪。本病分布于世界各地，我国许多地区都有发生，患猪生长发育缓慢，造成大量人力和饲料的浪费，如果饲养管理不好，或在流行暴发初也可造成严重死亡，被认为是世界上最主要的猪传染病之一。

1. 病原

猪肺炎支原体为多形性，一般用瑞氏或姬姆萨染色。能在人工养基上生长，但对培养基要求较为严格。分离用的液体培养基是在细胞培养平衡盐类溶液中加入水解乳蛋白、酵母浸液和猪血清置 37℃，含 5%～10% CO_2 条件下培养，固体培养时，在上述培养基中加入 1%优质琼脂，经 7～10 天湿润环境培养，可见“荷包蛋状”菌落。血清学性状：从世界各地分离菌株，抗原性时一致的，即只有一个型。

本菌对温热、日光、腐败和消毒剂的抵抗力不强。环境中病原体生存时间不过 1～2 天，病肺组织中 1～4℃，也只有 7 天。

2. 流行病学

不同年龄、性别、品种猪均易感，土种猪比洋种猪易感，其中以哺乳仔猪、断奶猪死亡率高。而初发地区则为妊娠后期母猪及哺乳母猪较为严重。

病猪、隐性感染猪、康复带菌猪为传染源。很多地区引种时混入了病猪而引起暴发。哺乳母猪常从患病母猪受到感染。多窝仔猪合群饲养时也易暴发。病原体存在于病猪的呼吸道，通过咳嗽、喷嚏等排于外界，病猪即使症状消失，仍长达半年至一年向外排菌。主要通过呼出的飞沫经呼吸道传染，因此健病猪直接接触(同槽、同栏)尤其猪舍通风不良，猪群拥挤时最易流行。

流行特点：无明显季节性，但以秋冬、春寒冷季节较多见。

3. 症状

潜伏期一般 11～16 天。按病的经过不同，大致可分为三型：

(1)急性型：常见于新发病的猪群，尤以仔猪和妊娠、哺乳母猪多见。最引人注目的症状是喘气、张口、伸舌，口鼻流泡沫，呼吸次数可达 60～120 次，偶尔咳嗽，体温一般正常，病死率较高。

(2)慢性型：老疫区常见，架子猪、肥育猪、后备猪多发生。咳嗽是主要表现，反复干咳、濒咳为特征，在清晨进食或活动时最为明显。呼吸困难则罕见。体温、食欲无大影响，猪群常大小不均，发育缓慢。慢性病程可达数月之久。

(3)隐性型：猪只偶尔有上述症状，但发育良好，用X线检查或剖检时，可见有肺炎病灶。该型在老疫区的猪群中占有一定数量。

4.病变

本病的病变局限于肺：肺的心叶、尖叶、中间叶及膈叶前下缘呈现融合性支气管炎变化。病健部界限分明，左右对称，硬度增加，呈梅红色(暗红色)，俗称"肉变"，切开常流出带泡沫的液体。肺门、纵膈淋巴结水肿。急性病例严重水肿、充血、气肿。

5.诊断

对症状明显的猪，可以根据症状、特征性病变，结合流行病学诊断；对慢性和阴性猪，X线检查有重要价值。由于本病的隐性感染较多，因而在诊断时应以猪群为单位，如发现一头病猪，即可认为该群是病猪群。

X线诊断：对隐性猪，早期病猪均可确诊，病猪的肺野心侧区和心膈角区呈现不规则云絮状的阴影，密度中等，边缘模糊，肺野的外周区无明显的变化。但对阴性猪应隔2～3周后再复检。

血清学方法：间接血凝、凝集、琼扩、微量补反及荧光抗体等，但均未应用于生产实践，需做进一步研究。

本病应注意与猪流感、猪肺疫、肺丝虫病、蛔虫病相区别。肺丝虫和蛔虫的幼虫虽都可以引起咳嗽，也可能引起支气管肺炎，但病变部位多位于膈叶下垂部，仔细检查时可发现虫体。

猪流感以突然发生，传播迅速，很快康复，预后良好为特征。多在晚秋、早春、气候骤变时流行，发病率高，病死率低，病程短。病变为呼吸道黏膜充血、呈卡他性炎症，肺水肿，肺部炎症区膨胀不全；而气喘病体温、精神变化不明显，病程较长，传播较缓慢，两者可以区分。

本病确诊在于从肺部病灶分离出病原，需要特殊培养基和操作技术，一般难于实施，特别是肺病灶中多有猪霉形体混合感染，后者在培养基中易于生长，使该病原分离更为困难。

6.防制

根据本病特点，飞沫传染，病原体在外界存活时间不长，所以只要彻底清除病猪、带菌猪，配合消毒和疫苗接种，并采用自繁自养办法，可以控制或消灭本病。

(1)无病地区预防措施：坚持自繁自养原则，尽量不从外地购进猪只；必须引种时应隔离观察3个月，此期间选择健仔猪3～4头混养，观察症状。有条件还应引进X线检查，确无本病方可以混养。此外应加强饲管，做好经常性防疫卫生和消毒工作。

(2)有病猪场的防疫措施

①早期诊断：早期发现，及时隔离和清除。

②假定健康猪隔离饲养，继续观察和治疗，改为肉用催肥出栏。

③培育健康猪群：康复种母猪，单个隔离，人工授精，同时执行三固定(饲养员，母仔猪同圈，仔猪圈内喂料)，使母猪互不见面，仔猪互不窜圈，至小猪断奶时，如未发现症状，X线检查也未见病变，则继续培育；如果多次X线检查均为阴性或经过一年临诊观察，无病猪，屠宰猪未见到病变，就可以定为健康猪群。

(3)猪气喘病疫苗：国内目前有推广应用的弱毒菌苗。国外有供肌肉注射用的灭活菌苗，但价格较高。弱毒苗：对无症状种猪和后备猪，每年春秋各注射一次；仔猪：15日龄后首免一次，如作种用需3～4月龄时再免一次。引种猪前确定健康后注射疫苗。灭活苗：1～2周龄首免，隔2周再免。可以肌肉注射，2 mL剂量。

(4)治疗方面，加强营养，注意防寒保暖、卫生，可以提高药效，有利于康复。土霉素、卡那霉素、金霉素、四环素均有一定疗效。恩诺沙星、单诺沙星、诺氟沙星治疗本病效果较好。

(八)猪附红细胞体病

猪附红细胞体病是由立克次氏体之猪附红细胞体感染猪所引起的一种传染性血液病，附红细胞体寄生于人、猪多种动物的红细胞或血浆中，属人畜共患病。国内外曾有人称之为黄疸性贫血，类边虫病，赤兽体病，或者红皮病等。主要表现为黄疸性贫血，发热、呼吸困难、虚弱、流产、腹泻等症状。

1. 病原

猪附红细胞体(旧称边虫)附着在红细胞表面或游离于血浆中，其形态呈圆形、卵圆形，平均直径为0.2～2 μm，在高倍光学显微镜下才能看到。单独或链状附着于红细胞表面，呈芒刺状，红细胞如星形或不规则的多边形.该病原对外界的抵抗力极弱，自然状态下无法在环境中生存，一般消毒药均可将其迅速杀灭。

2. 流行特点

不同年龄、品种的猪均可发生本病，通过对未发病猪群的血液学检查发现本病隐性感染率高达95%以上，以哺乳仔猪的发病率和死亡率较高，有时可达80%～90%。其他猪多为隐性感染。该病主要发生于温暖季节，夏秋季发病较多，尤其是多雨之后最易发病，常呈地方流行性。感染猪引进到易感猪群是本病发生的主要大原因，其传播途径主要如下几种：

(1)血液污染的针头、剪刀、手术器械、保定器械等传播。

(2)吸血的节肢动物如寄生于体表的血虱、疥螨、蚊蝇等传播。

(3)母猪通过胎盘感染垂直传染给仔猪。

(4)配种时公母猪互相传播。

本病是多因素性致病，品种的抗病能力弱、饲料营养不全面、卫生环境差、饲养管理技术不科学、免疫程序不合理等方面因素都会成为诱发本病的原因，引起的机体抵抗力下降时，可大面积暴发本病。

3. 症状

(1)急性期：主要发生于仔猪阶段，多突然死亡，死时口鼻流血，全身红紫，指压褪色。有的突然瘫痪，食欲下降或废绝，无端嘶叫或呻吟，肌肉颤抖，四肢抽搐。死亡时口内出血，肛门出血。这主要是由于消耗性血凝固病理作用，使血凝时间延长，血栓数量增加，引起机体出血。

(2)亚急性期：体温升高达42℃，呈稽留热。精神沉郁，食欲不佳，主要表现为前期便秘，大便干燥如算盘珠状，有的带肠黏膜，后期腹泻，排黄色或灰褐色水样稀便。尿色变重，呈黄色有些猪颈部、耳部、鼻部、胸腹下部，四肢内侧、皮肤发红，指压不褪色，严重的出现全身紫斑，毛孔有铁锈色斑点，即红皮猪。有的猪两后肢不能站立，流涎，呼吸困难，咳嗽，眼结膜发炎。

(3)慢性期：主要表现为持续性贫血和黄疸。黄疸程度不一，皮肤或眼结膜呈淡黄色至深黄色。皮肤和黏膜苍白。母猪出现流产、死胎、弱仔增加、产仔数下降、不发情等繁殖障碍。母猪临产前后发病率较高，乳房、外阴水肿，产后泌乳量减少，缺乏母性。育成育肥猪主要表现为全身苍白，被毛粗乱无光泽，皮肤皴裂，层层脱落，不痒。生长发育不良，消瘦，易继发其他疾病，使临床症状更加复杂。公猪出现性欲减退，精子稀薄，受胎率低等现象。

4.病理变化

主要病理变化为贫血、黄疸。血液稀薄如水，不易凝固，全身肌肉颜色变淡，皮上脂肪黄染，体表、肝脏、肾脏、肺脏、脾脏肿大并且都有大小不一的出血点或出血斑。肝脏可见黄条状坏死。脾脏边缘不整齐，有粟粒大的结节。胆囊膨胀，胆汁浓稠。心包积液，心肌苍白柔软，心外膜及心冠脂肪出血黄染，有少量针尖状出血点。全身淋巴结肿大，切面外翻，浆液渗出，切面有灰白色坏死灶或出血点。胃底部出血坏死严重，十二指肠黏膜脱落，肠管充血。膀胱苍白、黏膜有少量的出血点，内有积尿，颜色深黄或如浓茶。胸腹腔大量积液，脑软膜充血、水肿、脑室液增多。

5.诊断

根据流行特点，突出的症状和病理变化(如黄疸)可做出初步诊断。确诊需进一步进行血液学检查。

(1)血液镜检。取高热期的病猪血一滴涂片，加等量生理盐水，混匀，加盖玻片，放在400～600倍显微镜下观察，发现红细胞表面及血浆中有游动的各种形态的虫体，附着在红细胞表面的虫体大部分围成一个圈，呈链状排列。使红细胞呈星形或不规则的多边形。

(2)血片染色。血涂片用姬姆萨染色，放在油镜暗视野下检查发现多数红细胞边缘不整齐、变形，表面及血浆中有多种形态的染成粉红色或紫红色的闪光虫体。但要注意染料沉着而产生的假阳性。

(3)鉴别诊断。应注意与硒、维生素E缺乏，仔猪断脐、剪牙和去势时引起的慢性感染(如链球菌)，钩端螺旋体病，真菌霉素(如黄曲霉毒素)中毒，寄生虫性疾病(如蛔虫、鞭虫、肝片吸虫)，以及其他引起不孕和泌乳障碍的因素等进行鉴别诊断。

6.治疗

(1)血虫净(贝尼尔)按每千克体重5～10 mg，用生理盐水稀释成5%的溶液，深部肌肉注射，1天1次，连用3～5天。

(2)长效土霉素治疗，剂量为每千克体重10～20 mg口服、肌肉注射或静脉注射。金霉素(每千克体重15 mg)连用7天。

(3)饲料中添加洛克沙生50 mg/kg，或阿散酸(对氨苯胂酸)100 mg/kg，连续使用30天。

(4)对症治疗。仔猪感染和慢性病例，要补铁，如使用200 mg右旋糖苷铁。饲料中适当补充复合维生素和硫酸亚铁，饮水中稍加些盐。促进机体组织的修复，增强动物机体的抵抗力及解毒能力。应用抗生素防止继发感染。病情严重的采取补液、强心。轻易不要使用退热药物。

7.预防

(1)科学的饲养管理和良好的卫生环境是控制此病的必要条件。

(2)采用英特威生产的倍特1 000倍液对猪体表进行喷雾，以控制虱、螨等体外寄生虫。同时也可用倍特药液喷洒猪舍地面和围栏，以杀灭环境中的螨及虫卵，防止猪体外寄生虫的反复感染从而有助于控制本病的发生。另外使用伊维菌素类注射液控制体内外寄生虫。

(3)在发病期间，在进行免疫注射接种时，每头猪都要更换针头，使用其他手术器械时，严格消毒。

(4)加强饲养管理，搞好常规消毒工作，杀灭吸血节肢动物(蚊蝇等)。可用细线绑上棉球，将棉球蘸上农药，吊在离地面1.5 m高的猪圈内利用空气流动驱杀蚊蝇。

(九)猪痢疾

猪痢疾又称血痢。是由猪痢疾密螺旋体引起的一种严重的肠道传染病，主要临诊症状为严重的黏液性出血性下痢，急性型以出血性下痢为主，亚急性和慢性以黏液性腹泻为期为主。剖检病理特征为大肠黏膜发生卡他性、出血性及坏死性炎症。

1.病原

猪痢疾密螺旋体为螺旋体科、密螺旋体属的猪痢疾密螺旋体。菌体长 6～8.5 μm，宽 0.3～0.37 μm，多为 4～6 个弯曲，有的 5～6 个弯曲，两端尖锐，形如双雁翼状，革兰氏染色阴性。新鲜病料在暗视野显微镜下可见活泼的螺旋体活动。

病原对外界环境有较强的抵抗力，在粪便中 5℃时可存活 61 天，25℃能存活 7 天，在土壤中 4℃能存活 102 天。但对消毒药抵抗力不强，普通消毒药均能将其迅速杀死。

2.流行病学

本病只感染猪，不同年龄、品种的猪均易感，以 7～10 周龄的猪最易发病。病猪和带菌猪为主要的传染源，粪便排毒污染环境，易感猪经消化道感染本病。

本病发病季节不明显，但以 4、5、9、10 月发病较多。流行缓慢持续期长。应激因素可促进本病的发生。如果发病后自行痊愈的猪，可产生免疫；但如果在急性发病期给予药物治疗的猪，则不产生免疫。带菌猪，在正常的饲养管理条件下常不发病，当有降低猪体抵抗力的不利因素、饲养不足、缺乏维生素和应激因素时，便可促进引起发病。

3.临床症状

本病潜伏期一般为 7～8 天。新发生本病时，常呈急性经过，后逐渐转为亚急性和慢性。

(1)最急性型：见于流行初期，死亡率高，个别表现无症状，突然死亡。多数病例为厌食，剧烈下痢，粪便由黄灰色软粪变为水样泻，内含有黏液和血液或血块。随病程的发展，粪便中混有黏膜或纤维素渗出物的碎片，味腥臭。病猪精神沉郁，排便失禁，弓腰，腹痛，呈高度脱水现象，往往在抽搐状态下死亡。病程 12～24 h。

(2)急性型：多见于流行的初、中期，病初排软便或稀便，继而粪便中含有大量半透明的黏液，粪便呈胶冻样，多数粪便中含有血液和血凝块、脱落黏膜组织碎片。食欲减退，口渴加重，腹痛消瘦，有的死亡，有的转为慢性。病程 7～10 天。

亚急性和慢性型：多见于流行的中后期，亚急性病程为 2～3 周，慢性型为 4 周。反复发生下痢，粪便含有黑红色血液或黏液，病猪食欲正常或减退。消瘦、贫血、生长迟缓。

4.病理剖检

主要病变局限于大肠(结肠、盲肠)。急性病猪为大肠黏液性和出血性炎症，黏膜肿胀、充血和出血，肠腔充满黏液和血液；病例稍长的病例，主要为坏死性大肠炎，黏膜上有点状、片状或弥漫性坏死，坏死常限于黏膜表面，肠内混有多量黏液和坏死组织碎片。其他脏器常无明显变化。

5.诊断

根据流行病学、症状和病理变化可作出初步诊断，确诊尚需进行细菌学检查。病原学诊断：

(1)取病猪新鲜粪便或大肠黏膜涂片，用姬姆萨、草酸铵结晶紫或复红色液染色、镜检，高倍镜下每个视野见 3 个以上具有 3～4 个弯曲的较大螺旋体，即可怀疑此病。

(2)分离培养：需在厌氧条件下进行。血清学诊断，有凝集试验、免疫荧光试验、间接血凝试验、酶联免疫吸附试验等，以凝集试验和酶联免疫吸附试验较好，可作为综合判断的一项指标。

6. 防治

采取综合性的防治措施，加强检疫，禁止从疫区引种。药物治疗可采用磺胺类、呋喃类、硝基咪唑类抗生素。本病尚无有效的疫苗。

(1)防止从病场购入带菌种猪。如果引入，猪只需隔离观察和检疫。

(2)病猪及时治疗，药物治疗，常有一定效果，如痢菌净，二甲硝基咪啶、硫酸新霉素、痢特灵、林肯霉素、四环素族抗生素等多种抗菌药物都有一定疗效。该病治后易复发，须坚持疗程和改善饲养管理相结合，方能收到好的效果。

(3)做好猪舍、环境的清洁卫生和消毒工作；处理好粪便。病猪最好淘汰。

(4)坚持药物、管理和卫生相结合的净化措施，可收到较好的净化效果。

(十)猪梭菌性肠炎(仔猪红痢)

猪梭菌性肠炎又称仔猪红痢、猪传染性坏死性肠炎，主要发生于初生1周龄以内的仔猪，是由C型产气荚膜梭菌引起的肠毒血症，下痢红色，肠坏死，病程短，死亡率高。

1. 病原

本病原体为C型魏氏梭菌，是一种革兰氏染色阳性的厌氧大肠杆菌。在自然界中分布广，在人畜肠道、粪便、土壤、下水道等都有存在，特别是发病猪群的母猪肠道更为多见，其致病性，主要是C型菌株分泌α和β毒素，引起仔猪肠毒血症和坏死性肠炎。

2. 流行病学

本病主要发生于1～3日龄的初生仔猪，1周以上的仔猪很少发病。在同一猪群各窝仔猪的发病率不同，最高可达100%；死亡率一般为20%～70%。本菌对外界因抵抗力特强，一旦传入某一猪场，常顽固地在此地扎根，要想彻底根治除本病很困难。

本菌被初生的仔猪通过吃奶或被污染地面吞下而感染。进入空肠内繁殖，产生大量外毒素，使受害肠壁充血，出血和坏死。细菌主要在肠壁繁殖，不进入血液但能侵入至肠道浆膜下和肠系膜淋巴结进行繁殖。

3. 症状

最急性者，仔猪出生后几小时至1天内突然下血痢，后躯沾满血样稀粪，衰弱，不愿走动，很快变为濒死状态。少数出现虚脱及死前不见下痢。常在出生后的当天或第2天死亡。急性者病程常维持2天。整个病程均下痢，粪便粉红棕色液状，内含灰色坏死组织碎片。病猪迅速瘦削、衰弱，常在出生后3天死亡。部分仔猪为非出血性下痢，粪便初为黄色柔软，后变清液状，内含灰色坏死组织碎片，类似“米粥”状。食欲不振，逐渐消瘦，表现为亚急性，常在发生后第5至第7天死亡。慢性症状是间歇或持续下痢1周至数周，粪黄灰色糊状，逐渐瘦弱，生长停滞，于数周后死亡，或因无生产价值被淘汰。

4. 病理变化

可见腹腔内有多量樱红色积液。病变主要在空肠，有时可延至回肠前部，病变部肠壁为深红色，与正常肠段的界限分明。剖开病变肠段，可见黏膜及黏膜下层有广泛性出血，肠内容物暗红色液状，肠系膜淋巴结鲜红色。病程稍长的病例，肠管的出血性病变不严重，而以坏死性炎症为主，肠壁变厚，弹性消失，表面的色泽变成浅黄色或黄土色。剖开可见黏膜上附有灰黄色坏死性假膜，容易剥下。在坏死肠段的浆膜下层及充血的肠系膜淋巴结中有数量不等的小气泡。心肌苍白，心外膜有出血点。肾呈灰白色，皮质部小点出血。膀胱黏膜也有小点出血。

5.诊断

本病根据其流行病学特点，临床表现和病理变化的特征，如主要发生7日龄内的仔猪，排红色痢便，病程短，致死率高。病变肠段呈红色，肠腔充满含血液体，以坏死性肠炎为主，肠系膜下层有气泡等。一般可以初步诊断。

6.防治

本病预防首先应搞好猪舍和周围环境的消毒工作。尤其是对产房的地面和生产母猪的体表，特别是乳头和乳房进行清洗，消毒尤其重要，这样可以明显减少本病的发生和传播。

应用C型魏氏梭菌福尔马林氢氧化铝类毒素，对产前1个月的母猪肌肉注射5 mL，2周后再补注5～8 mL，母猪可得到免疫。初生仔猪如及时吮吸到免疫母猪初乳，即可防止本病。

用抗仔猪红痢血清，直接给初生仔猪按每千克体重3 mL肌肉注射，仔猪可以获得充分保护。

由于本病的病程短，病情急，发病后药物治疗效果不佳。对初生仔猪出生时用抗生素或磺胺类药物，每日口服2～3次，作紧急药物预防，效果还好。

(十一)猪副嗜血杆菌病

猪副嗜血杆菌病是由猪副嗜血杆菌引起猪的多发性浆膜炎和关节炎的细菌性传染病，主要引起肺的浆膜和心包及腹腔浆膜和四肢关节浆膜的纤维素性炎为特征的呼吸道综合征。严重危害仔猪和青年猪的健康。目前，副猪嗜血杆菌病已经在全球范围影响着养猪业的发展，给养猪业带来巨大的经济损失。

1.病原

副嗜血杆菌目前暂定为巴氏杆菌科嗜血杆菌属，镜下本菌有多种不同形态，从单个的球杆菌到长的、细长的以及丝状菌体。无鞭毛，无芽孢，新分离的致病菌株有荚膜。美蓝染色呈两极革兰氏染色阴性。

本菌需氧或兼性厌氧，最适生长温度37℃，pH 7.6～7.8。初次分离培养时供给5%～10% CO_2 可促进生长。本菌生长时需要X因子和V因子。血液培养基上该菌落不出现溶血现象。

本菌存在大量的异源基因型，天然存在各种血清型，有15种血清型，4、5和13型常见。用限制性内切酶分析法可将61个菌株分为29个型。但各型毒力差别很大，某些血清型致病力较强。本菌已在猪群中存在，时而侵入猪群中，可能导致猪群高发病率和死亡率的全身性疾病。

本菌对外界的抵抗力不强。干燥环境中易死亡，60℃ 5～20 min被杀灭，4℃存活7～10天。常用消毒药可将其杀死。本菌对阿莫西林、泰农、红霉素、林可霉素、土霉素、卡那霉素、磺胺类药物敏感。

2.流行病学

患病或带菌猪是主要传染源，该细菌寄生在鼻腔等上呼吸道内。猪副嗜血杆菌只感染猪，可以影响从2周龄到4月龄的青年猪，主要在断奶前后和保育阶段发病，通常见于5～8周龄的猪，有时哺乳仔猪也会发病，尤其是免疫水平较低的初产母猪产下的仔猪更易感染。发病率一般在10%～15%，严重时死亡率可达50%。主要通过空气直接接触感染，其他传染途径如消化道等亦可感染。

当猪群中存在繁殖呼吸综合征、流感或地方性肺炎的情况下，该病更容易发生。环境差，断水等情况下该病更容易发生。饲养环境不良时本病多发。断奶、转群、混群或运输也是常见的诱因。猪副嗜血杆菌病曾一度被认为是由应激所引起的。

3.临床症状

本病多因被PRRSV等病毒类和霉形体感染后猪场的仔猪发生和流行，多呈继发和混合感染，其临床症状缺乏特征性。人工接种试验潜伏期2～5天，一般几天内发病，出现体温升高40℃以上，食欲不佳，精神沉郁，有的四肢关节出现炎症，可见关节肿胀、疼痛、起立困难，一侧性跛行。驱赶时患猪发出尖叫声，侧卧或颤抖、共济失调，患猪逐渐消瘦，被毛粗糙，起立采食或饮水时频频咳嗽，咳出气管内的分泌物吞入胃内，鼻孔周围附有脓性分泌物，并有呼吸困难症状，出现腹式呼吸，而且呼吸频率加快，心率加快，节律不齐，可视黏膜发绀，最后因窒息和心衰死亡。如出现急性败血病时，不出现典型浆膜炎时而发生急性休克肺死亡，剖检为急性肺水肿。

4.病理变化

本病最具特征性的剖检变化是：胸膜炎、腹膜炎、脑膜炎、心包炎、关节炎等多发性炎症。并有纤维素性或浆液性渗出。全身淋巴结肿大，腹股沟淋巴结、颌下淋巴结为严重。胸膜、腹膜、心包膜以及关节的浆膜出现纤维素性炎。表现为单个或多个浆膜的浆液性或化脓性的纤维蛋白渗出物，外观淡黄色蛋皮样的薄膜状的伪膜附着在肺胸膜、肋胸膜、心包膜、脾、肝与腹膜、肠、以及关节等器官表面，亦有条索状纤维素性膜。一般情况下肺和心包的纤维素性炎同时存在。

5.诊断

本病根据流行病学和临床症状以及尸体剖检为基础，以细菌培养做诊断是必要的。但细菌培养往往不易成功。因嗜血杆菌非常娇嫩，在采集的病料中可能出现其他杂菌，培养基难以满足猪副嗜血杆菌生长的营养需要。培养分离本菌成功技术之一，采病料必须要采浆膜表面的物质或渗出的脑脊液及心血。同时做血清型鉴别。

鉴别诊断首先与链球菌、放线杆菌、猪霍乱沙门氏杆菌、埃希氏大肠杆菌等引起的败血性疾病相区别。同时还应与3～10周龄患霉形体多性浆膜炎和关节炎相区别，因为与猪副嗜血杆菌有相似病变。所以只有确认了其他病毒和细菌病原之后，才能认清副猪嗜血杆菌在支气管肺炎的作用。这些病原体可能作为多因子在疾病的发病全过程中起作用。

6.防治

(1)治疗原则。本病多为群发，在治疗时应全群投药，如应用针剂时，应按疗程用药。推荐以下药物：隔离病猪，用敏感的抗菌素进行治疗，口服抗菌素进行全群性药物预防。为控制本病的发生发展和耐药菌株出现，应进行药敏试验，科学使用抗菌素。

(2)预防与免疫。用自家苗(最好是能分离到该菌，增殖、灭活后加入该苗中)、猪副嗜血杆菌多价灭活苗能取得较好效果。种猪用猪副嗜血杆菌多价灭活苗免疫能有效保护小猪早期发病，降低复发的可能性。

母猪：初免猪产前40天一免，产前20天二免。经免猪产前30天免疫一次即可。受本病严重威胁的猪场，小猪也要进行免疫，根据猪场发病日龄推断免疫时间，仔猪免疫一般安排在7～30日龄内进行，每次1 mL，最好一免后过15天再重复免疫一次，二免距发病时间要有10天以上的间隔。

消除诱因,加强饲养管理与环境消毒,减少各种应激,在疾病流行期间有条件的猪场仔猪断奶时可暂不混群,对混群的一定要严格把关,把病猪集中隔离在同一猪舍,对断奶后保育猪"分级饲养",这样也可减少 PRRS、PCV-2 在猪群中的传播。注意保温和温差的变化;在猪群断奶、转群、混群或运输前后可在饮水中加一些抗应激的药物,如维生素 C 等。

任务 6-3　猪寄生虫病的防治技术

随着我国养猪业的发展和养猪方式的改变,近 10 多年来我国猪寄生虫病的流行和危害情况已经发生了很大的变化,过去一些常见、比较重要的寄生虫病如猪蛔虫病、食道口线虫病、肺线虫病(后圆线虫病)、肾虫病(有齿冠尾线虫病)、姜片吸虫病、棘头虫病等,由于有了越来越多的有效药物进行防治,以及饲养方式的变化如从过去粗放型的养殖方式为主转变为集约化、规模化养殖方式为主,这些猪寄生虫病得到了较好的控制,尤其是在规模化养猪场,这些寄生虫病已基本上得到控制。但是,也正是由于猪饲养管理方式的改变,一些过去不是那么常见、危害不那么严重的猪寄生虫病却逐渐变得越来越重要,下面对目前养猪业中几种常见的猪寄生虫病及其防治做一个简单的介绍。

一、规模化养猪场寄生虫病的控制

由于生态环境的变化,密集封闭的环境,寄生虫病已经成为规模化养猪的重要疾病之一。寄生虫的严重感染可引起生长猪的消瘦、贫血、饲料报酬下降、流产,甚至死亡,寄生虫病造成养猪业的直接经济损失可达猪场直接产值的 8%左右,我国每年因猪寄生虫病造成直接经济损失可达数百亿之巨。

1. 规模化猪场寄生虫病的主要特点

近年来,规模化猪场寄生虫病的发生呈现以下几个特点:①土源性寄生虫感染仍然十分严重。集约化猪场的寄生虫感染一般是生活史简单、抵抗力强、不需要中间宿主或以猪为中间宿主的寄生虫,如猪蛔虫、猪结节虫、猪鞭虫、猪球虫、猪结肠小袋纤毛虫等。②生物源性寄生虫病减少甚至消失。像华枝睾吸虫和姜片吸虫需淡水螺作中间宿主、猪绦虫以猪作中间宿主的寄生虫,如加强饲养管理、不放牧、控制中间宿主,猪就很难感染这类寄生虫。③多种寄生虫的同时感染、交叉感染、重复感染严重。临床上多种寄生虫感染的比例达到 50%以上。

2. 规模化猪场寄生虫病的流行规律

规模化养猪场猪舍内的温度和湿度一年四季均保持在相对恒定的状态,避免了季节和气候的变化对母猪发情、配种、怀孕、生产和仔猪的生长发育的影响,与此同时,这种条件在客观上也为猪场内寄生虫的繁殖、虫卵的体外发育、生存和传播创造了良好的条件,所以规模化猪场的寄生虫病无明显的季节性差异。无论是需要在外界一定条件下发育才具有感染性的寄生虫如猪蛔虫、猪球虫等,还是在猪体之间直接传播的寄生虫如猪疥螨等均呈现出全年感染和发病的趋势。

3. 规模化猪场寄生虫病的综合控制

(1)影响寄生虫病防控的依据,猪舍的温度、湿度、饲养密度、卫生状况;猪场环境卫生条件及猫鼠的密度;猪群的隔离和转群管理前期的发病状况等。所以在规模化养猪寄生虫病控制过程中,应遵循"带虫免疫"、"自愈"和"成熟前驱虫"的原则。在控制规模化养猪寄生虫病时过分强调对体内外寄生虫的"净化",驱虫不适时机或采用一年2次的驱虫模式都是不可取的,有时方法不当,实施时机不当,不仅不会减少寄生虫病的危害,反而会扩大污染,严重影响养猪的经济效益。

(2)建立有效的生物安全体系,减少寄生虫病的发生　坚持自繁自养、定期免疫、消毒等制度,逐步形成猪与猪、猪场与周边环境之间良好的安全体系。对新引进的种猪应在隔离期间进行粪便及其他方面的检查,并使用广谱驱虫剂进行重复驱虫,严防外源寄生虫的传入;严禁饲养猫、狗等宠物,搞好猪群及猪舍内外的清洁卫生和消毒,定期做好灭鼠、灭蝇、灭蟑、灭虫等工作,消灭中间宿主,有效地切断寄生虫的传播途径;加强饲养管理,保障猪群不同时期各个阶段的营养需要,以提高猪群机体的抵抗力,同时要制订科学的驱虫方案,按时驱虫。

(3)搞好环境"消毒",切断寄生虫的传播途径　规模化猪场寄生虫病控制除了药物的治疗以外,与环境消毒措施的落实有重要关系。在全场或分栋舍进行投药驱虫时,必须同时配合环境消毒等措施,才可收到较彻底的控制效果。由于许多寄生虫病是因猪食入感染性虫卵或幼虫而直接感染的。因此,杀灭寄生虫虫卵和幼虫是环境消毒的重要目的,所使用的消毒液是杀虫药。对栏舍、运动场、运输车等应用溴氰菊酯、双甲脒、氨水、石炭酸溶液等进行喷洒消毒。其中10 %氨水对球虫卵囊有较强的杀灭作用。对于在外界环境中抵抗力较强的寄生虫虫卵,做好猪舍和运动场的粪便处理,将清扫出来的猪粪堆积发酵,杀灭虫卵和幼虫,减少环境中的寄生虫对猪的再次感染,这是寄生虫病控制的重要环节。

(4)合理驱虫,消除寄生虫的传染来源　各猪场应根据自场猪舍被寄生虫污染的具体情况以及同舍猪群寄生虫感染的强度制订一个合理的驱虫方案,并经常根据对自场寄生虫感染的监测情况进行适当调整。一般的驱虫模式为:仔猪在20～30日龄(乳猪补料期间)、35～45日龄、65～75日龄(仔猪转群期间)各体内驱虫一次,口服给药,每次连用3～5天,第3次驱虫时,应同时配合体表驱虫2～3次,每次间隔3～5天。新购仔猪进场后1周内应驱体内外寄生虫一次,间隔15天后再驱一次;生长育成猪3、4月龄各进行一次体内外驱虫。母猪配种前一周和猪产前1～2周内各驱一次。进入产房前配合体表驱虫一次。公猪:应每隔3个月进行一次驱虫。后备猪:在配种前进行1～2次的驱虫。每月对种公母猪及后备猪喷雾驱体外寄生虫一次。

(5)建立寄生虫病监测体系,适时调整驱虫方案　规模化养猪场要根据自场寄生虫感染的种类及其发育史、流行病学特点、环境气候条件等因素,建立寄生虫病的监测体系,即监测的时间、次数、程序以及检测评估标准和驱虫效果的评价等体系,以便根据监测情况及时调整驱虫的时间和驱虫药物,提高寄生虫病的控制水平。

(6)合理用药,提高规模化养猪场寄生虫病防控技术水平　就猪寄生虫病的控制而言,了解猪场中寄生虫的种类和感染强度对驱虫药的选择有着重要意义,只要驱虫药的使用方法合适并且使用时间得当,即使在严重污染的猪舍,猪的寄生虫感染也能得到有效控制。

①用药原则:首先,要安全低毒,注意药物的安全性,不能引起母猪流产、死胎等。其次,药物的驱虫谱要广,寄生虫的感染一般呈混合感染,猪体内同时存在不同种类的幼虫及成虫,驱虫药应对主要危害的寄生虫幼虫、成虫均有效。第三,尽可能减少应激,药物的给药途径不同,对猪只应激不同,一般来说拌料给药比注射好,药物一般采用预混剂形式添加在饲料中。

②目前规模化猪场选用较多的驱虫药有:阿维菌素,对疥螨、绝大部分的线虫有效,但对吸

虫、绦虫、毛首线虫和线虫的移行期幼虫无效；伊维菌素、多拉菌素，二者是阿维菌素的衍生物，但比阿维菌素稳定且有效时间长；芬苯哒唑，对线虫及其移行期的幼虫、绦虫都有较强的驱杀效果，对虫卵的孵化有极强的抑制作用；氟苯哒唑，药物作用与芬苯哒唑相似，对猪毛首线虫、肺丝虫和肠道线虫有特效。各猪场可根据上述药物的特点合理地选择使用。

二、猪蛔虫病

猪蛔虫病是由猪蛔虫寄生在猪小肠内而引起的一种寄生虫病，主要危害仔猪，是猪常见的寄生虫病。本病的流行和分布很广泛，呈世界性分布，对养猪业危害极为严重。

1.病原体

猪蛔虫的成虫寄生于猪小肠中，是一种大型线虫，新鲜虫体为淡红色或淡黄色，体表光滑，虫体呈中间稍粗、两端较细的圆柱形，死后转为苍白色。雄虫小于雌虫，长 12～15 cm，尾端向腹面弯曲，有一对交合刺；雌虫长 20～24 cm，尾端是直的。虫卵呈椭圆形，黄褐色，卵壳较厚，外膜凸凹不平，大小为(50～75) μm×(40～50) μm。

2.生活史

蛔虫的发育不需要中间宿主。寄生在猪小肠中的雌雄虫交配后，雌虫产出大量的虫卵(1 条雌虫一昼夜可产 10 万～20 万个虫卵)，并随病猪的粪便排到外界。虫卵在 10～37℃的潮湿环境里经 15～30 天可发育为感染性虫卵，随饲料、饮水等被猪吞食后，卵中幼虫在小肠内逸出，钻入血管并移行至肝脏，再随血液循环到肺脏，经细支气管、支气管移行到咽喉部，再吞咽到消化道，然后在小肠内经 2～3 个月发育为成虫，其寿命 7～10 个月。

3.流行病学

猪蛔虫病流行十分广泛，仔猪蛔虫病由其多见。其主要原因是蛔虫生活史简单，不需要中间宿主；繁殖力强，产卵数多；卵对各种外界环境的抵抗力强。

猪蛔虫病的流行与饲养管理和环境卫生关系密切。在饲养管理不良、卫生条件恶劣、猪过于拥挤及营养缺乏，特别是饲料中缺少维生素和矿物质等情况下，3～5 月龄的仔猪常大批感染蛔虫。猪感染蛔虫主要是由于采食了被虫卵污染的饮水和饲料，另外母猪的乳房容易被虫卵污染，使仔猪在吃奶时受到感染。

4.症状

大量幼虫移行至猪肺脏时，引起蛔虫性肺炎，表现为咳嗽，呼吸增快，体温升高，食欲减退，甚至卧地不起，嗜酸性白细胞增多。

成虫寄生于小肠时，损伤肠壁可发生肠炎，患猪表现食欲减退，消化不良，生长缓慢，被毛粗乱。肠内有多量成虫时也可引起肠阻塞、肠破裂。有时蛔虫钻入胆管，引起阻塞性黄疸。

5.诊断

根据流行特点和典型症状，可初步诊断为猪蛔虫病。要确诊可采取粪便，用直接涂片法或饱和盐水浮集法进行实验室检查，检出粪便中的猪蛔虫卵就可确诊。

6.防治

(1)加强饲养管理：加强饲养管理和猪舍、运动场的卫生消毒，减少蛔虫卵的污染，对运动场和猪舍周围，应于每年春末或秋初深翻一次，或铲除一层表土，换上新土，并进行消毒。猪的粪便和垫草清除出圈后，应堆积发酵或挖坑沤肥，以杀死虫卵。

(2)引种：引进种猪时要隔离观察，发现有寄生虫寄生，先进行驱虫后方可并群饲养。

(3)驱虫:每年春、秋两季对全群猪各驱虫一次;仔猪断奶后进行一次驱虫,3月龄进行第二次驱虫,5月龄时进行第三次驱虫;种猪每年春、秋各驱虫一次;怀孕母猪应在怀孕中期进行一次驱虫,临产前彻底清洗母猪体表并放入消毒后的产房内。每吨饲料内添加利肥素(含2%的越霉素A)500 g饲喂仔猪,有良好的驱虫效果。仔猪断奶后,可选用左咪唑(每千克体重8 mg)或丙硫苯咪唑(每千克体重5～10 mg)混入饲料或饮水中给药,隔20天再用药1次。用阿维菌素、伊维菌素等效果更好。

三、猪弓形体病

弓形体病是由粪地弓形体寄生于各种动物的细胞内引起的一种人畜共患寄生虫病,该病以患病动物的高热、呼吸及神经系统症状、动物死亡和妊娠动物的流产、死胎、胎儿畸形为特征。如果预防工作未做好,常在猪群中暴发,病死率高达60%。发病后,其临床症状与猪瘟相似,在农村常因误诊错过了最佳治疗时间,而造成很大经济损失。

1.病原

粪地弓形虫为细胞内寄生虫,根据其发育阶段的不同而分为五型,肠外期包括速殖子和组织包囊,见于中间宿主和终末宿主的非肠组织,肠内期只见于终末宿主——猫体内,包括裂殖体、配子体和卵囊。在猪体内存在的弓形体有速殖子和组织包囊。速殖子主要发现于疾病的急性期,常散布于血液,脑脊液和病理渗出液中,速殖子的形态呈月牙形、香蕉形或弓形。

2.流行特点

猪感染弓形体病后,多无明显症状,为隐性感染。2～4月龄猪多发。本病多发于7～9月份,有明显的季节性。弓形虫可通过口、眼、鼻、呼吸道、肠道、皮肤等途径侵入猪体。

3.症状

根据感染猪的年龄、弓形虫虫株的毒力,弓形虫感染的数量以及感染途径等的不同,其临床表现和致病性都不一样。发病初期体温升达40.5～42℃,稽留1周左右,精神不振,食欲废绝,粪便干硬,常带有黏液,断乳仔猪多数排水样稀粪,后期呼吸困难,呈腹式呼吸,尾部、四肢下部及腹下部、耳翼出现瓦片状紫色淤血斑,有的四肢全身肌肉强直。

4.病变

在病的后期,病猪体表尤其是耳、下腹部、后肢和尾部等因淤血及皮下渗出性出血而呈紫红斑。内脏最特征的病变是肺、淋巴结和肝,其次是脾、肾、肠。全身淋巴结肿大,切面有粟米粒大的灰白色或黄色坏死和大小不一的出血点,肺常肿胀出血,呈大叶性肺炎;肝肿大变硬,并有散在针尖至黄豆大的灰白或灰黄色的坏死灶。大肠部分发生溃疡,心包、胸腹腔积水,皮肤紫斑,脾有丘状出血点,肾有出血点和坏死灶。

5.诊断

一般根据临床症状和病理变化特点可作初步诊断,确诊须采用实验室检查法,如涂片法检查虫卵等。

6.防治

平时要加强饲养管理,搞好猪场卫生和定期消毒工作;猪群生活区禁止养猫并注意检疫。一旦发现此病,要立即予以首选磺胺类药物治疗,如磺胺嘧啶、磺胺甲氧嘧啶、磺胺-6-甲氧嘧啶等肌肉注射或口服均有较好疗效,但要早期用药。无论采用何种药物,剂量应以体重计算,首次倍量,每日1次,连用3～5天。

四、猪球虫病

猪球虫病是由猪等孢球虫和某些艾美耳属球虫寄生于仔猪小肠上皮细胞所致的一种原虫病。以腹泻为主要临床症状，表现为出生后1～2周发生非出血性的黄色至白色腹泻。仔猪球虫病常常会伴发一些继发性疾病(比如由细菌、病毒引起的疾病)，造成仔猪的死亡率升高。近几年来，猪球虫病的发生在规模化猪场呈上升暴发趋势，对养猪业危害很大，且分布极为广泛，已引起业内人士的高度重视。

1.病原

引起猪球虫病的病原有很多种，目前还不确切，主要为猪等孢球虫和某些艾美耳属球虫。据报道，新生仔猪52%的球虫病的病原是猪等孢球虫。球虫为原虫，球虫卵囊较小。卵囊随粪便排出，在外界经一定的温度和湿度时，约经7天发育成熟，具有感染性。卵囊对化学药品和低温的抵抗力很强，大多数卵囊可以越冬。紫外线对各个发育阶段的球虫有很强的杀灭作用。卵囊在干燥和高温下容易死亡。

2.流行特点

本病主要发生于小猪，且多发于7～11日龄的乳猪，但是断奶仔猪也会发生，成年猪为带虫者。以8～15日龄多发，此病又称“10日下痢”;成年猪多为带虫者，不表现临床症状。传染源是病猪和带虫者。传播途径主要是消化道，即“病从口入”。常年可感染发病，但以夏、秋季节发病率最高。大部分仔猪都是因感染了前一窝遗留下来的卵囊而发病，因为猪球虫卵囊不仅能抗干燥，还耐受几乎所有消毒剂。

3.症状和病变

腹泻是本病主要的临床症状，粪便呈黄色到灰色。开始时粪便松软或呈糊状，随着病情加重粪便呈液状。仔猪粘满液状粪便，使其看起来很潮湿，并且会发出腐败乳汁样的酸臭味。腹泻可持续4～8天，病猪常因脱水而死亡或虚弱，消瘦，生长迟缓。一般情况下，仔猪会继续吃奶，但被毛粗乱，脱水，消瘦，增重缓慢。不同窝的仔猪症状的严重程度往往不同，即使同窝仔猪不同个体受影响的程度也不尽相同。本病发病率通常很高，但死亡率一般较低。

仔猪球虫病特征性病变是空肠和回肠黏膜出现纤维素性坏死，但只有在严重感染的仔猪中出现。病死猪的空肠、回肠黏膜上有异物覆盖，肠绒毛萎缩和脱落。

4.诊断

(1)根据临床症状及发病年龄，可做出初诊。临床上一般根据本病主要引起7～14日龄仔猪腹泻，并且这种腹泻用抗生素治疗无效等特征做出初诊。

(2)与仔猪大肠杆菌病(黄痢、白痢)相区别仔猪黄痢常发生在7日龄内的仔猪，以1～3日龄的仔猪最多见;仔猪白痢是发生于10～30日龄的仔猪，且多见于10～20日龄的仔猪。

(3)实验室诊断 取少量仔猪粪便(10～20 g)，加入50 mL生理饱和盐水，搅匀后静置10 min，取表层液滴入载玻片上，镜检发现有大量球虫卵囊即可确诊。

5.防治

(1)预防

①严格消毒对猪舍要经常清扫，并及时收集猪粪进行堆积发酵处理，以杀灭猪球虫卵囊，并对各种用具进行定期消毒。这样，可明显降低猪球虫病的发生。

②预防感染，在污染的猪场，在产前和产后15天内的母猪饲料中，用氨丙啉、氯苯胍等抗

球虫药拌料,可防仔猪感染。

③仔猪口服药物预防,使用 5% 百球清口服液(甲苯三嗪酮),按 20 mg/kg 体重 3～6 日龄 1 次口服可有效预防仔猪球虫病的发生。

(2)治疗　可用 9.6%氨丙啉口服 2 mL,1 次/天,一般在第 2 天即可停止腹泻。也可用氯苯胍 30 mg/kg 体重,拌料 4 天,病猪可停止腹泻。或尼卡巴嗪按 125 mg/kg 饲料混饲,连喂 6 天。或阿克洛胺按 0.05 g/kg 饲料混饲,连喂 4～6 天,疗效最好。5%百球清口服液(甲苯三嗪酮) 按 0.4 mg/kg 体重,经口 1 次灌服即可。以上治疗方法可任选 1 种进行治疗,但对脱水严重的病猪应结合补液治疗,并加入维生素 C、维生素 B 和 ATP 等,以增强其抵抗力,提高治愈率。

五、猪毛首线虫病(鞭虫病、毛尾线虫病)

猪毛首线虫病由猪毛首线虫又称为鞭虫寄生在于猪的大肠(主要是盲肠)引起。本病主要危害小猪,严重时可引起死亡。由于毛首线虫虫体前部细,后部粗,外观像鞭子,所以又俗称鞭虫。

1. 病原

猪毛首线虫属于毛首科、毛首线虫属的肠道寄生性线虫。虫体呈乳白色(雌虫常因子宫含有虫卵而呈褐色),鞭状,前不呈细长的丝状,约占全长的 2/3,内为食道;后部粗短为体部,约占全长的 1/3,内含生殖器官及肠管。雄虫长 20～50 mm,后端卷曲;雌虫长 39～53 mm,后端钝直。虫卵呈棕黄色,腰鼓形,卵壳厚,两端有塞,长 50～80 mm。虫卵的壳较厚,抵抗力强,故感染性虫卵可在土壤中存活 5 年。

2. 致病作用与症状

虫体以其细长的头部深深刺入肠壁,造成机械性损伤,加上虫体分泌的毒素作用,盲肠、结肠出现严重的卡他性炎症、出血性炎,黏膜上还可以出现坏死、溃疡等(形成结节的情况较少)。临床上病猪表现为腹泻,食欲减少,贫血,消瘦,仔猪发育受阻,顽固性腹泻,粪中有脱落的黏膜,可引起断奶期仔猪死亡。

3. 诊断

根据临床症状结合实验室粪检虫卵可确诊。粪检可采用饱和盐水浮集法检查虫卵。鞭虫卵形态特殊,容易辨认,呈黄褐色,腰鼓状,两端有塞,大小为(52～61) μm×(27～30) μm,卵壳厚,卵内含有 1 个卵胚。

4. 防治

(1)治疗。治疗鞭虫病常用的药物比较多,目前对本病比较有效的驱虫药是羟嘧啶,猪驱虫用药量为 2 mg/kg,口服。其他药物药物及反复发可参考猪蛔虫病。但常用的一些驱虫药如敌百虫、左旋咪唑、丙硫咪唑等对猪鞭虫的驱虫效果都不很理想。这是本病比较难控制的主要原因。

(2)预防。平时要保持环境卫生。定期给猪舍消毒,更换垫草,减少虫卵污染的机会;粪便要勤清扫并发酵进行无害化处理,借以消灭虫卵、从外地引进猪时,应进行本病虫卵的检查,确定无本病时方可放入猪舍。对本病常发地区,每年春秋应给猪群两次驱虫,并对猪舍周围的表层土进行换新或用生石灰进行彻底消毒。另外,加强饲养管理,提高猪体的抵抗力也时预防本病的重要措施。

六、猪后圆线虫(肺丝虫病)

猪后圆线虫病是由后圆科、后圆属的线虫寄生在猪的支气管和细支气管而引起的一种寄生虫病,又称猪肺丝虫病。本病遍及全国各地,常呈地方性流行,主要侵害幼猪。

1.病原体与生活史

我国常见的为野猪后圆线虫和复阴后圆线虫,萨氏后圆线虫很少见。虫体呈乳白色或灰色,细丝状,雄虫长 11～25 mm,雌虫长 20～50 mm。

猪后圆线虫寄生在猪的支气管里,雌虫在支气管内产卵,虫卵随气管黏液到咽喉部,被猪咽入消化道,并随粪便排出。在适宜的温度和潮湿的土壤中,经 1～2 天幼虫即可形成或从虫卵中孵出,当被蚯蚓吞食了幼虫或虫卵后,经 10～20 天在其体内发育成感染性幼虫,并随粪便排到土壤中。猪吞食了带虫的蚯蚓或感染性幼虫(蚯蚓死后逸出的)时,幼虫穿透其肠壁到肠系膜淋巴结,经血液循环移行到肺脏,再经细支气管到支气管,经过 25～35 天便可发育为成虫,大部分虫体在感染后数周被排出体外,只有在肺深部的少数虫体保留下来,寿命约为 1 年。

2.流行病学

野猪后圆线虫是猪肺线虫病的主要病原体,流行广泛,发现于我国 23 个省(市、区);复阴后圆线虫只发现于我国 6 省(市、区),萨氏后圆线虫仅见于 3 个省(市、区)。

后圆线虫主要感染猪,6～12 月龄的猪易感性强。其他动物和人也可感染。猪多在采食和拱土的时候食入感染性幼虫或蚯蚓而受感染。后圆线虫的感染性幼虫,在蚯蚓体内可长期保持其生活力。

猪的后圆线虫病多发生在雨季,在仲夏和秋季,猪容易吞食幼虫或带虫的蚯蚓而遭到感染。本病的发生与饲养管理方式有关,舍饲猪群比放牧猪群感染的机会少。常呈地方流行性。

3.症状及病变

轻度感染猪的症状不明显。严重感染时,可引起支气管炎和肺炎,病猪在早晚运动、采食或遇到冷空气时出现阵发性咳嗽,有时鼻孔流出脓性黏稠液体,并呈现呼吸困难。病程长者,食欲减退,进行性消瘦,便秘或下痢,贫血,生长发育迟缓等,即使病愈也常成为僵猪。

主要在肺脏,可见部分支气管增厚,扩张,肺尖叶和膈叶腹面边缘有局限性肺气肿,呈灰白色,界限明显,微突起,肌肉样硬变的病灶,切开后从支气管流出黏稠的分泌物和白色丝状虫体。

4.诊断

根据流行特点和临床症状可提示为后圆线虫病。确诊需要取猪粪便用饱和硫酸镁溶液浮集法检查虫卵。必要时进行剖检诊断,病猪的虫体多寄生在肺膈叶后缘,形成一些灰白色、隆起而呈肌肉样硬变的病灶,切开后从支气管流出黏稠分泌物及白色丝状虫体。

5.防治

在流行地区,对猪群每年春、秋两季各进行一次预防性驱虫。可用左咪唑,每千克体重 8 mg 剂量混入饲料或饮水中。及时清除粪便,进行堆肥发酵处理。防止蚯蚓滋生,可将猪场建于地势较高的干燥处,铺水泥地面,及时排水等。运动场用 1%氢氧化钠液(或 30%草木灰水)消毒,既能杀灭虫卵,又能促使蚯蚓爬出并杀死它们。病猪治疗可用左咪唑(用量用法同上)或伊维菌素(皮下注射每千克体重 0.3 mg)。

七、猪类圆线虫病

猪类圆线虫病是由革兰氏类圆线虫寄生于仔猪小肠引起，对仔猪影响很大，不但影响生长，甚至造成大批死亡。并且有可能传染给人。

1. 病原

主要是兰氏类圆线虫，虫体细小，呈细发丝状、乳白色，长 3.1～4.6 mm，宽 0.055～0.080 mm；虫卵大小为(42～53) μm×(24～32) μm。

2. 生活史及流行病学

雌虫在宿主小肠内产卵和一期幼虫的虫卵，虫卵随粪便排出体外，在外界环境中孵出第一期幼虫(杆虫型幼虫)。杆虫型幼虫的发育有直接和间接两种类型。在不适宜的外界环境条件下(温度低于 25℃，营养环境不合适)进行直接发育，直接发育成具有感染性的第三期幼虫(丝虫型幼虫)；在适宜的条件下进行间接发育，杆虫型幼虫在 48 h 内变为性成熟和自由生活的雌虫和雄虫，交配后，雌雄虫产含第一期幼虫的卵，之后发育为具有感染性的丝虫型幼虫。两种发育方式可以在外界的粪便和土壤中同时进行。

只有丝虫型幼虫对猪具有感染性，可经皮肤或经口感染。通过皮肤感染时，虫体在体内移行，通过血液循环到心、肺后通过过肺泡到支气管、气管再到咽，被吞咽后，到小肠发育为成虫。经口感染时，幼虫从胃黏膜钻入血管，以后的移行途径同皮肤感染。本病多流行于夏季和雨季，猪圈卫生不良且潮湿时，流行比较普遍。

主要是乳猪(1 月龄左右)感染率高，2～3 月龄后逐渐减少。仔猪可从猪舍的土壤中经皮肤感染，也可从母猪被污染的奶头经口感染。

3. 症状及病变

当类圆线虫的感染性幼虫经皮肤进入宿主体内时，能引起宿主皮肤湿疹，幼虫移行过肺时，可引起支气管肺炎、胸腔炎等。虫体在肠道大量寄生时，能引起肠黏膜的剧烈炎症、出血、溃疡等，病畜表现精神不振、腹泻、腹痛、呕吐、消瘦、贫血，最后极度衰弱死亡。皮肤有湿疹，可见肺部充血、出血，支气管黏膜充血，小肠充血、出血、溃疡，十二指肠扩张，内含有白色水样物。

4. 诊断

本病的诊断可根据临床症状如顽固性腹泻，抗生素治疗无效等情况做出初步判断后，取新鲜粪便用饱和盐水漂浮法检查虫卵确诊，虫卵椭圆形，虫卵大小为：46 μm×28 μm，内含有幼虫。死后尸体剖检时，用外科小刀刮取十二指肠黏膜置载玻片上镜检，可找到雌虫。

由于类圆线虫生活史简单，具有自由生活的能力，而且感染门户多，因此在一些卫生条件比较差的猪场常常还会发生类圆线虫病，是引起小猪腹泻的主要原因之一。

5. 防治

(1)治疗本病常用的治疗药物丙硫咪唑、噻苯唑、左旋咪唑、伊维菌素。

(2)预防措施

①保持猪舍的清洁卫生、干燥，并常用消毒剂(如石灰乳、热水、热碱水、石炭酸水等)消毒地面、饲槽等处。

②定期检查和驱虫。

③粪便要进行无害处理。

④加强饲养管理，提高仔猪的抵抗力。

八、猪小袋纤毛虫病

猪小袋纤毛虫病是由小袋虫科的结肠小袋纤毛虫寄生于猪大肠（主要是结肠）所引起腹泻的一种寄生虫病。轻度感染时，猪无异常表现，严重感染时有肠炎等症状，甚至可导致死亡，是猪场仔猪腹泻的主要原因之一。

1. 病原

小袋纤毛虫寄生在猪的大肠，主要以包囊的形式排出体外，其中也有滋养体。包囊圆形或椭圆形。活体绿色或黄色。直径 40～60 μm。囊壁较厚而透明（包囊内有核），初期包囊可见其内有活动的滋养体，后期滋养体变成一团颗粒状的细胞质。滋养体梨形，卵圆形。大小（50～200）μm×（30～100）μm。虫体前端有一凹入处称胞口，后端也有一凹入处称胞肛。虫体全身被纤毛。

2. 生活史

当猪吞食了被包囊污染的饮水和饲料后，囊壁在肠内被消化，包囊内虫体逸出变为滋养体，进入大肠寄生，然后以横分裂法繁殖，形成两个新个体。经过一定时期的无性繁殖后，虫体进行有性接合生殖，然后又进行二分裂法繁殖。部分新生的滋养体在不良环境或其他因素的刺激下变圆，分泌坚韧的囊壁包围虫体成为包囊，随宿主粪便排出体外。本虫的包囊期没有包囊内生殖，一个包囊将来只能变为一个滋养体，滋养体若随粪便排出，也可在外界环境中形成包囊。猪吞食了被包囊污染的饲料和饮水而感染。本病多发生于冬春季节，呈地方流行性。

3. 症状

病猪开始出现腹泻，粪便烂泥状，混合有黏液和血液，继而出现水样腹泻，仔猪生长缓慢，减食，病重时精神沉郁，体温升高、食欲废绝，发抖等症状，整窝猪缩成一堆；重剧病例（顽固性腹泻）后期至死亡前，机体严重脱水，体温下降，可视黏膜苍白，尿呈深黄色，四肢无力，行走不稳可引起仔猪死亡。

4. 诊断

根据临床症状，如粪便烂泥状，混合有黏液和血液等，结合粪便检查找到大量包囊或混养体，死后刮取肠黏膜做涂片检查虫体即可确诊。

5. 防治

（1）治疗。痢菌净：每千克饲料中添加 250 mg 痢菌净混料喂服，连用 5 天；甲硝唑：每千克饲料中添加 20～30 mg 甲硝唑喂服，每天 1 次，连用 3 天。

（2）预防。加强饲养管理，定期消毒，保持猪栏清洁卫生、干燥，另外要及时隔离治疗病猪并管理好粪便。

九、囊尾蚴病

猪囊尾蚴病又称猪囊虫病，是由猪带绦虫的幼虫引起的一种严重的人畜共患寄生虫病。本病呈全球性分布，是肉品卫生检验的重点项目之一。有囊虫寄生的猪肉俗称“米猪肉”。

1. 病原体

猪囊尾蚴的成虫猪带绦虫属于圆叶目带科带属。寄生于人的小肠内。虫体长 2～7 m，乳白色，呈扁平长带状，由头节、颈节和节片组成。节片分未成熟节片、成熟节片和孕卵节片 3 种。头节上有 4 个圆形吸盘，最前端的顶突上有多个角质小钩（25～50 个），分为两圈排列。

猪带绦虫的幼虫叫猪囊尾蚴，一般称为猪囊虫。外形椭圆，黄豆大小(6～10) mm×5 mm，半透明，囊内充满液体，囊壁为一层薄膜，壁上有一个圆形粟粒大的乳白色小结节，其内有一个内翻的头节，所以整个外形像石榴子。

2. 生活史

猪带绦虫的成虫寄生在人的小肠内，成熟的节片随人的粪便排出体外，猪(或犬、猫、羊)吞食了含有猪带绦虫的孕节或虫卵的粪便，或者是被污染了的饲料、饮水后，虫卵经胃肠消化液和六钩蚴本身的作用，六钩蚴从卵内逸出，在1～2天内钻入肠壁，进入淋巴管及血管，随血流带到全身各部组织中去，到达横纹肌组织(有时也能在各器官组织)后，开始发育，约经10周发育为成熟的囊尾蚴。人吃了带活囊尾蚴的肉(主要是猪肉)后，囊尾蚴进入消化道，在肠中受胆汁的刺激作用，头节翻出，用吸盘和小钩附着在肠壁上，吸取营养，生长发育，经2～3个月发育为成虫，随粪便徘出孕节和虫卵，再按上述生活史循环。绦虫在人体内可存活数年，甚至可达25年。

3. 流行病学

猪囊尾蚴病呈全球性分布，我国绝大部分省(区)都有。本病的发生主要与人的生活习惯有关，如猪圈兼厕所(即所谓"连茅圈")。人患本病是由于有生食或半生食猪肉的不良习惯。

4. 症状及病变

患猪多不出现症状，在极强度的感染或重要器官受损害时才可见到症状。主要表现为营养不良、生长发育受阻、贫血、水肿等。如囊尾蚴寄生于肺脏及喉头，则出现呼吸困难、声音嘶哑与吞咽困难等症状，寄生于脑和眼时则出现神经症状或视力障碍。

严重感染的猪咬肌、舌肌、膈肌、心肌、肋间肌等部位的肌肉，表现为苍白色，切面湿润，可见到椭圆形、黄豆粒大小、半透明的囊尾蚴。囊尾蚴周围有结缔组织增生。

5. 诊断

本病在猪生前诊断比较困难，除严重时在舌肌和眼部肌可看见猪囊尾蚴突出外，一般在屠宰后检验才能确诊。

6. 防治

控制和消灭本病，要采取综合性预防措施。做到人有厕所，猪有圈舍，革除连茅圈，避免人粪被猪吞食；人粪便须经过堆肥发酵处理后才可施用；认真进行肉品卫生检验，有囊尾蚴的猪肉及肉制品，应按规定进行无害化处理。对患绦虫病的病人进行驱虫治疗。

丙硫苯咪唑和吡喹酮对本病有一定疗效。丙硫苯咪唑按每千克体重20～50 mg，一次喂服。吡喹酮按每千克体重50～80 mg，一次肌肉注射，隔2天再用药1次。

十、猪旋毛虫病

猪旋毛虫病是由旋毛虫的成虫寄生于肠内，其幼虫寄生于横纹肌内所引起的寄生虫病。也是一种流行普通的、人畜共患的寄生虫病。在我国许多省和地区都有发生，其中以东北三省犬的旋毛虫感染率最高，河南、湖北猪的旋毛虫发生率最高。

1. 病原体及生活史

旋毛虫的成虫是一种纤细的线虫，雄虫体长1.4～1.6 mm，雌虫体长3～4 mm。幼虫寄生在肌肉纤维间，并卷曲在肌肉纤维间形成包囊。眼观呈白色针尖状。

当人、猪或其他动物吃了带有纤毛虫幼虫包囊的肉后，包囊被消化，幼虫退出，钻入十二指肠和空肠黏膜内，约经 2 天发育成成虫。它为白色小线虫。雌雄交配后，雄虫就死亡，雌虫钻入肠黏膜深层组织中产出幼虫，在雌虫生活期间内（25～45 天），一条雌虫可产出几千条到上万条幼虫。大部分幼虫经肠系膜淋巴结到达胸导管，入前腔静脉流入心脏，然后随血流到达全身各组织器官，横纹肌是它最适宜的寄生部位。经 3～8 周的发育形成具有感染力的包囊，并在 1～2 年内钙化。每个包囊有 1～2 条幼虫，也有 6～7 条的。由此可见，患旋毛虫病的猪和其他动物，既是旋毛虫的终宿主，也是它的中间宿主。

2. 症状

感染旋毛虫的病猪，一般无明显症状。严重感染时，病猪可表现食欲减退、腹泻。幼虫进入肌肉后，引起肌炎，肌肉疼痛或麻痹，运动发生障碍。病猪日渐消瘦。

3. 诊断

病猪生前难以诊断，大多在屠宰后肉检中发现。肉检时以眼观检查为主，旋毛虫包囊仅有针尖大小，乳白色或灰白色。未钙化包囊半透明，露滴状比肉色淡。发现可疑病变时，取膈肌或腰肌各一块，剪为麦粒大小 24 块，并排在玻璃压定板内压片，40～50 倍镜检，如发现包囊或尚未形成包囊的幼虫，可以确诊。

4. 防治

(1)治疗。对患有本病的猪只，生前难以确诊。如在宰后发现本病，对可疑猪只或流行本病猪群，采取预防性给药。可往饲料内拌入丙硫咪唑，每千克体重 80～100 mg，一次见效。

(2)预防措施。加强肉品卫生检验，不仅要检验猪肉，还要检验狗肉或其他动物肉。如在 24 块肉中发现旋毛虫包囊超过 5 个者，肌肉应销毁，脂肪炼食用油；如旋毛虫包囊不超过 5 个者，肌肉高温处理后出场；防止人感染旋毛虫的关键性措施是绝对不吃生肉；用于加工含有旋毛虫包囊的肉品的餐具，要严格清洗或煮沸后再用。

十一、猪疥螨病

猪疥螨病由猪疥螨寄生于猪的皮肤引起皮肤发生红点、脓疱、结痂、龟裂等的外寄生虫病，是猪场常见的寄生虫性皮肤病。

1. 病原

猪疥螨是一种肉眼不易看到的小型蜘蛛类动物，虫体细小、呈圆形或龟形，暗灰色，头、胸、腹融为一体，腹面有 4 对足。虫卵椭圆形，大小约 150 μm×100 μm，灰白色。虫体在猪皮肤真皮层以其咀嚼式的口器挖掘穴道、产卵，虫卵经 1 周左右孵化出幼虫，幼虫再经 1 周左右发育为成虫。

2. 流行特点

健康猪主要通过直接与病猪或被其污染的物体相互接触而遭感染。在秋、冬季节，疥螨蔓延较广，特别是在阴暗、潮湿的环境里，疥螨较易在猪体上繁殖。仔猪往往易患疥螨病，发病也较严重。多发生在 5 月龄以下的猪。白毛猪比黑毛猪容易发生疥螨病。

3. 症状

主要是皮肤发炎、脱毛、奇痒和消瘦。通常开始发生于皮肤细薄、体毛短少的头部、眼窝、颊及耳部，并可蔓延到颈、肩胛、背部、躯干两侧及后肢内侧等部位。病初患部皮肤发红并表现剧痒，经常在墙角、柱栏等处摩擦或搔痒，进而皮肤出现小结节，形成水疱或脓疱，破溃后结痂脱毛。严重时皮肤肥厚粗糙、干裂,出现食欲减退、精神不振、消瘦、发育停止和贫血等全身症状。

4.诊断

本病根据临床症状特征如剧痒、皮肤增厚、有皱褶、龟裂、脱毛等皮肤的多种变化确诊并不困难,但症状不明显时,需取患部皮肤上的痂皮,检查有无虫体,才能确诊。消毒后刮取患病部与健康部交界的皮屑,在显微镜下找到虫体即可确诊。

5.防治

本病比较有效的控制方法和措施是:病猪隔离治疗与全场猪只预防结合起来,治疗、预防与环境杀虫结合起来。规模化猪场做好定期驱虫计划,加强饲养管理,保持猪舍的干燥、清洁、通风,冬季应勤换垫草。对病猪所污染的圈舍和用具,可用2%～5%热的克辽林水彻底消毒。对病猪应隔离饲养,及时治疗。本病的治疗可以皮下注射伊维菌素、灭虫丁30 μg/kg,20%碘硝酚10～12 mg/kg;口服畜卫佳0.2 mg/kg。

十二、猪虱病

猪虱病是由昆虫纲、虱目的猪血虱寄生于猪的体表引起的体外寄生虫病。本病分布于全世界。在饲养管理不良的猪场,几乎所有的猪都有程度不同的寄生,从而可诱发皮肤病,对猪的生长发育有较大的影响。

1.病原体

本病的病原体是猪血虱,虫体呈灰黄色,个体很大,雄虫长4 mm,雌虫长5 mm,无眼无翅,背腹扁平,由头、胸、腹3部分组成。头部狭长,比胸部显著狭窄。胸部有3对发育良好的足,虫卵卵圆形,呈黄色,牢固地粘在猪毛上,不易脱落。

2.生活史

猪血虱终生不离开猪体,整个发育史为卵、若虫和成虫3个阶段。雌雄交配后,雌虱把卵产在猪毛上,虫卵经12～15天孵出若虫,经过3次蜕皮后,若虫发育成成虫。从卵发育为成虫需30～40天。

3.流行病学

猪血虱常寄生于猪耳根、颈部及后肢内侧。病猪是主要的传染源,通过直接接触而传染,也可通过被污染的用具垫草等间接感染。在场地狭窄、饲养密度大、管理不善时,猪群最易感。本病一年四季都可发生。

4.临床症状

猪血虱吸食猪血液,刺激皮肤,使皮肤发痒,患猪不安静,常摩擦皮肤,患部被毛脱落,皮肤损伤,食欲不振,营养不良,消瘦。

5.诊断

本病的诊断比较容易,虫卵和虫体都在体表,很容易发现。

6.防治

预防措施主要是加强饲养管理,保持猪舍清洁卫生。杀灭猪虱可用敌百虫、双甲脒药浴或涂洒,还可用阿维菌素或伊维菌素皮下注射。

任务 6-4　猪普通病的防治技术

一、胃肠炎

胃肠炎是胃肠黏膜及其深层组织发生重剧炎症的疾病。临诊上以严重的胃肠机能障碍和伴发不同程度的自体中毒为特征。

1. 病因

发病主要是由于喂给腐败变质、发霉、不清洁或冰冻饲料，或误食有毒植物以及化学药物，或暴饮暴食等刺激胃肠所致，此外，某些传染病也能继发胃肠炎。

2. 症状

病初精神萎靡，多呈现消化不良的症状，以后逐渐或迅速呈现胃肠炎的症状，病猪精神沉郁，食欲废绝而饮食亢进，鼻盘干燥，可视黏膜初暗红带黄色，以后则变为青紫，口腔干燥，气味恶臭，舌面皱缩，被覆多量黄腻或白色舌苔。体温通常升高至 40℃以上，脉搏加快，呼吸频数。常发生呕吐，呕吐物中带有血液或胆汁，持续而重剧的腹泻，粪便稀软，粥状、糊状以至水样，有恶臭或腥臭味，混杂数量不等的黏液、血液或坏死组织片，重症时肛门失禁或呈里急后重现象。

3. 诊断

根据食欲紊乱，舌苔变化，呕吐与腹泻及粪便中见有病理性产物等可作出诊断。

4. 防治措施

(1)预防：严禁喂变质和有刺激性的饲料，定时定量喂食。猪舍保持清洁干燥。

(2)治疗：发现消化不良的猪，及时治疗。一旦发生胃肠炎要及早进行治疗，抑菌消炎是根本，可用黄连素、土霉素、庆大霉素、喹诺酮类等药物口服。

根据具体情况，用人工盐缓泻，用木炭末或矽炭银片等止泻。脱水、自体中毒、心力衰竭等是急性胃肠炎的直接致死因素，因此，施行补液、解毒、强心是抢救危重胃肠炎的三项关键措施，静注 5%葡萄糖生理盐水和复方氯化钠或碳酸氢钠是较常用的方法。静脉输液有困难时，应用口服补液盐放在饮水中让病猪足量饮用也有较好的效果。

二、肺炎

肺炎是理化因素或生物学因素刺激肺组织而引起的肺部炎症。发生于个别肺小叶或几个肺小叶的炎症称为小叶性肺炎(又称支气管肺炎)，发生于整个肺叶的急性炎症称为大叶性肺炎。猪以小叶性肺炎较常见。

1. 病因

饲养管理不当，受寒感冒，物理和化学因素的刺激，长途运输，气候骤变和大雨浇淋等是引发肺炎的主要原因；由于误咽或灌药不慎而使药液误入气管等在猪场可引发异物性肺炎；某些传染病如猪肺疫、寄生虫病如肺丝虫病等以及霉菌病等也能继发本病。

2. 症状

病猪食欲废绝，体温升高至 40℃以上，出现弛张热型。病初表现为干短带痛的咳嗽，继而变为湿长但疼痛减轻或消失，气喘，流鼻涕。胸部听诊，在病灶部分肺泡呼吸音减弱，可听到捻发音及各种啰音，以后由于渗出物堵塞了肺泡和细支气管，肺泡呼吸音消失，可能听到支气管呼吸音，而在其他健康部位，则肺泡音增强。

病猪白细胞总数和中性粒细胞增多，并伴有核左移现象。如白细胞增多转为减少，且单核细胞减少和嗜酸性粒细胞缺乏时，多是预后不良的征兆。X光线检查，显示肺纹理增粗，伴有小片状模糊阴影（小叶性肺炎），或呈现明显而广泛的阴影（大叶性肺炎）。

3. 诊断

本病应与支气管炎和胸膜炎等相区别。单纯支气管炎，咳嗽明显，全身症状较轻，热型不定，体温正常或升高0.5～1℃，一般持续2～3天即下降，听诊肺泡音亢盛并有各种啰音，但无捻发音。胸膜炎，初期可听到胸膜摩擦音，当有渗出物积聚时，叩诊呈水平浊音。触诊或叩诊胸部，病猪有痛感。

4. 防治措施

（1）预防：加强饲养管理，搞好舍内外环境卫生，以增强猪体的抵抗力。

（2）治疗：主要是消炎、止咳、制止渗出，促进吸收与排出以及对症治疗法，同时应改进营养，加强管理。

消除炎症可用抗生素类药，条件允许时可进行药敏试验以选择最佳药物。

分泌物黏稠不易咳出时，去痰可口服氯化铵；频发痛咳，分泌物不多时，可应用止咳剂如磷酸可待因；10%氯化钙液10～20 mL，静脉注射，每日1次，有利于制止渗出和促进吸收。

三、乳房炎

母猪乳房炎是指乳腺叶间结缔组织或乳腺体发炎，是带仔泌乳母猪一种常见疾病，是由各种机械的、物理的、化学的和微生物感染等多种因素引起的乳腺组织及乳头发生炎症的一种疾病。

1. 病因

生产繁殖应激引起母猪抗病力下降以及机械损伤，使细菌侵入，发生感染而引发乳房炎。常见的致病菌有大肠杆菌、葡萄球菌、化脓性链球菌、变形杆菌、绿脓杆菌、双球菌等。乳房炎也可继发于某些疾病，如布氏杆菌病、结核病、子宫内膜炎等。在母猪哺乳期间，有的乳房无仔猪吸奶以及断奶后，给母猪饲喂大量发酵饲料和多汁饲料，导致乳汁在乳腺泡和乳腺导管内积滞，也可引发乳房炎。

2. 症状

通常在母猪分娩后1～2天，有时在第3天发现最初症状，患猪体温上升，但很少超过42℃，精神沉郁，虚弱无力，对仔猪漠不关心，胸部伏地。严重者僵直、不能站立、甚至昏迷。饲料和饮水消耗量下降或食欲废绝。拒绝哺乳、伏地，乳房压置于腹下，不让仔猪吮乳；急性可见患病乳房可见潮红、肿胀、触之热感而有疼痛。转为慢性乳房炎时，乳房硬肿并不发热。黏液性乳房炎则表现乳汁稀薄，以后变成乳清样，并含有絮状物。发展成脓性乳房炎时，可排出淡黄色或黄色脓汁，还可形成乳房脓肿，久则破溃而排出带有臭味的脓汁。

3. 诊断

在泌乳初期出现的少乳情况可怀疑为乳房炎。发热、厌食、不愿起立、俯卧、对仔猪失去兴趣等症状的出现可辅助诊断。急性病例的乳腺发红、肿胀、坚硬，分泌物外观异常。细菌学和细胞学检查分泌物的方法只有在对所有乳腺均进行取样或被感染乳腺已知的情况下才可行。

4. 防治措施

(1)预防

①卫生措施。合理设计分娩舍(栏),减少机械性乳房炎的发生。母猪排泄物及时清除,对分娩舍(栏)和新转入的母猪进行清洗和消毒,检查垫料。

②母猪的管理。在母猪分娩前避免乳房机械伤害。

③药物预防。

(2)治疗　乳房炎的治疗原则为抗菌消炎,清热解毒,活血化瘀,消肿散结。

①局部疗法:急性乳房炎的疗法。乳房基部周围封闭,青霉素 80 万～160 万 IU,溶于 0.25%～0.5%普鲁卡因溶液 100 mL 中,作乳房基部环行封闭,每日 1～2 次。

慢性乳房炎的治疗。局部刺激疗法,选用樟脑软膏、鱼石脂软膏(或鱼石脂鱼肝油)、5%～10%碘酊或碘甘油,待乳房洗净擦干后,将药涂擦于乳房患部皮肤。其中以鱼石脂鱼甘油疗效明显。亦可温敷。

②全身疗法:以青霉素与链霉素,或青霉素与新霉素的联合疗法或四环素疗法效果为优。四环素用于慢性乳房炎比急性乳房炎的疗效要好。也可用青霉素与磺胺噻唑,或四环素与磺胺噻唑的联合应用。

化脓性乳房炎,可行切开排脓、冲洗、撒布消炎药等一般外科处理。当乳腺发生坏疽时,应进行切除,以免引起脓毒血症,然后进行全身治疗,出血性乳房炎可用抗生素配合治疗。

四、子宫内膜炎

子宫内膜炎是子宫黏膜的黏液性或化脓性炎症,为母猪常见的一种生殖器官的疾病。子宫内膜炎发生后,往往发情不正常,或者发情虽正常,但不易受孕,即使妊娠也易发生流产。在规模化猪场,该病是造成的经济损失的重要原因。

1. 病因

(1)后备、初产母猪子宫内膜炎主要是后备母猪发情时子宫颈和阴道口开张、初产母猪分娩过程和产后初期易发生外源性感染;还可能发生亚临床细小病毒、猪瘟病毒、伪狂犬病病毒或链球菌等造成的内源性感染。

(2)经产母猪子宫内膜炎是母猪在分娩、难产、产褥期的抵抗力下降,加之分娩时环境不洁、助产时发生产道损伤或未达到无菌操作、胎衣不下、产后恶露等,从而促发母猪子宫内膜炎;人工授精器具消毒不彻底、输精未达到无菌操作规范也能引发母猪子宫内膜炎。

2. 症状

(1)急性子宫肉膜炎:母猪食欲下降,体温升高,频频排尿,弓背,努责,从阴门中排出灰白色含有絮状物的分泌物和脓性分泌物,躺卧时排出较多。

(2)慢性卡他性子宫内膜炎:母猪一般无全身症状,体温有时略有升高,食欲及泌乳量下降,发情周期不正常,有时发情虽正常但屡配不孕,冲洗子宫时回流液略浑浊,似淘米水或清鼻液样。

(3)慢性卡他性化脓性子宫内膜炎:母猪有轻度的全身反应,逐渐消瘦,发情周期不正常,从阴门流出灰色或黄褐色稀薄脓液,尾根、阴门、腓节上常粘有阴道排出物并形成干痂。

(4)慢性化脓性子宫内膜炎:阴门常排出脓性分泌物,躺卧时较多,阴门周围及尾根上黏附有脓性分泌物,干后形成薄痂。冲洗子宫时,回流液浑浊,像稀面糊状,有时是黄色脓液。

3.治疗

(1)全身治疗:当患猪伴有全身症状如体温升高、食欲下降时,先进行全身治疗,可肌肉注射头孢拉定1 g+地塞米松10 mL,链霉素100万IU,安乃近20 mL,分点注射,全身症状好转时再冲洗子宫、给药。

(2)冲洗子宫:当阴户排出炎性物较浓稠、含絮状物,产后有恶露时,可用0.2%百菌消溶液500~1 000 mL,用灌肠器或一次性输粗器反复冲洗,清除滞留在子宫内的炎性物。

(3)宫内投药

①先冲洗后投药:按3.2冲洗,同时肌肉注射缩宫素50 IU,2~3 h后,用0.9%生理盐水90 mL,加碳酸氢钠10 mL、稀释林可霉素和新霉素各2 g投入子宫,连续给药3天,隔天再冲洗1次。经此治疗仍不愈者应淘汰。

②直接宫内给药:当阴户排出炎性物较清淡,发现较早时,可用0.9%生理盐水100 mL、稀释林可霉素和新霉素各2 g及缩宫素40 IU直接宫内给药,连续3天未见好转的,用0.2%的百菌消溶液1 000 mL冲洗。

4.预防

针对病因,采取综合防治措施。

(1)防疫注射:根据当地疫情,做好母猪繁殖障碍性疫病的免疫接种,如细小病毒病、乙型脑炎、猪瘟、伪狂犬病等。

(2)清洁消毒:空栏消毒,母猪进产房当天应冲洗消毒,产前母猪乳房、阴部及助产器具等严格消毒,保持产栏清洁卫生。配种前母猪阴部及人工授精器具等要严格消毒。

(3)母猪保健:妊娠母猪要补充一定量的青饲料,或在饲粮中适当添加多种维生素。母猪产后进行补液,以尽早恢复体力和食欲。

(4)预防性用药:对流产、产死胎、木乃伊、经助产和产后胎衣不下的母猪,用0.9%生理盐水100 mL、稀释林可霉素和新霉素各2 g及缩宫素40 IU直接宫内投药或投放诸如宫康素等中成药。

五、直肠脱

直肠脱是直肠末端一部分黏膜或直肠肠壁全层脱出肛门之外而不能自行缩回的一种疾病,多发生于仔猪和分娩期间母猪。

1.病因

长期努责是引起直肠脱的主要原因,如长期下痢、便秘、肠炎等。主要由于便秘、腹泻,病后体弱及用刺激性药物灌肠后引起强烈努责,或慢性便秘或下痢,母猪妊娠后期等,强烈努责,腹内压增高,肛门括约肌松弛,促使直肠一部分或大部分由肛门向外翻出,不能自行缩回。此外维生素缺乏、饲料突然改变以及冬季猪舍寒冷湿潮是诱发本病的原因。

2.症状

病初常在排粪时,直肠黏膜翻出,可在肛门口处见到圆球形,颜色淡红至暗红的肿胀,但常能自行缩回,脱出日期较长,肠黏膜发炎后即不能自行恢复,黏膜发生肿胀,红紫色,糜烂,甚至引起创伤和撕裂。

3.诊断

肛门外可见淡红色至暗红色的脱出物。

4. 治疗

(1)肛门周围注射酒精治疗，整复后分别在肛门上下左右四点注射，深度 3～8 cm，注射前预先将食指伸入肛门内以定点针头在直肠外壁周围，而后注射，每点注射 95%酒精 0.5～2 mL，一般经注射后不久就不再脱出。如脱垂的直肠水肿糜烂严重，不易整复，须考虑直肠截断术。

(2)手术治疗：患猪倒立保定，先用 0.1%高锰酸钾溶液冲洗脱出直肠和肛门周围污物，并清除坏死组织，然后整复。双手托住脱出直肠，两拇指缓慢内翻纳入骨盆腔里。用 2%盐酸普鲁卡因沿肛门外周做皮下浸润局麻，在离肛口环周 1.5～2.5 cm(视猪大小而定)做皮肤荷包缝合 5～7 针，两线稍拉紧打结。以直肠脱不出而中央空隙又能排下粪便为宜。

(3)手术治疗注意事项

①整复前双手指甲剪短磨平，整复时努责频繁可尾椎 1～2 间封闭麻药。

②脱出部位破烂程度较重需涂抹抗菌药粉再纳入。手术后注射抗菌素或口服抗菌药物，必要时每天用 0.1%高锰酸钾溶液冲洗直肠 1～2 次。

③术后加强饲养管理，单圈饲养，喂稀粥或青嫩饲草等消化食物，以利排便和减少排大便，1 周后可拆线。

六、风湿病

风湿病是一种主要侵害背腰、四肢的肌肉和关节，同时也侵害蹄真皮和心脏，以及其他组织器官的全身性疾病。

1. 病因

因环境潮湿、寒冷、运动不足、饲料突变等诱因而引起的疾病。

2. 症状

风湿病的特点是突然发病，疼痛有转移性，容易再发。临诊上根据发病组织和器官不同，将风湿病分为肌肉风湿病和关节风湿病。

(1)肌肉风湿病：触诊患部疼痛、温热，肌肉表面坚硬、不平滑。转为慢性时患部肌肉萎缩。因疼痛有转移性，故出现交替性跛行。

(2)关节风湿病：多发生在肩、肘、髋等活动性较大的关节，常呈对称性，也有转移性。脊柱关节也有发生。急性关节风湿病表现为急性滑膜炎的症状，关节肿胀、增温、疼痛、关节腔有积液，触诊有波动，穿刺液为纤维素性絮状浑浊液。站立时患肢常屈曲，运动时呈支跛为主的混合跛行。常伴有全身症状。转为慢性时，呈现慢性关节炎的症状，滑膜及周围组织增生、肥厚，关节变粗，活动受到限制，被动运动时有关节内摩擦音。

颈风湿：一侧患病时，颈弯向患侧，叫斜颈。两侧同时患病时，头颈伸直，低头困难。

背腰风湿：背腰稍拱起，凹腰反射减弱或消失，运步时后肢常以蹄尖拖地前进，转弯不灵活，卧地起立困难。

四肢风湿：患肢举抬困难，运步缓慢，步幅缩短，跛行随运动量的增加而减轻或消失。

3. 诊断

通常依据病史和病状特点不难诊断，必要时可内服水杨酸钠、碳酸氢钠，1 h 后运步检查，如跛行明显减轻或消失即可确诊。

4.防治措施

(1)预防:应注意冬季防寒,避免感冒,猪舍经常保持清洁干燥,防止贼风袭击,在雨淋后应置于避风处,以防受风寒。

(2)治疗:本病的疗法很多,但易复发。常用的疗法有以下几种。

①水杨酸制剂疗法:水杨酸制剂具有明显的抗风湿、抗炎和解热镇痛作用,用于治疗急性风湿病效果较好。除内服水杨酸钠外,还可静脉注射10%水杨酸钠溶液20～100 mL。应用安替比林、氨基比林也有良好效果。

②可的松制剂疗法:可的松类具有抗过敏作用和抗炎作用,用来治疗急性风湿病也有显著效果。可选用醋酸可的松、氢化可的松、地塞米松等。

此外,也可用中草药、针灸疗法,背腰风湿可用醋酒灸法(火鞍法)。

七、中暑

中暑又称日射病与热射病,是由于机体遭受外界光或热的作用或机体散热不良而引起的一种以急性体温过高为特征的疾病。本病是夏季常见病。

在炎热的季节里,猪由于头部受到阳光的直接照射,引起脑、脑膜和脑实质的急性病变,使中枢神经系统机能发生严重障碍的现象,称为日射病。

当猪在潮湿闷热的环境中,由于机体产热多而散热少,使热量在机体内积聚,引起严重的中枢神经系统功能紊乱的现象,称为热射病。日射病与热射病都因脑及脑膜充血,脑实质受到损害而产生急性病变,体温、呼吸与循环等重要的生命中枢陷于麻痹,病猪常突然倒地,几分钟后死亡。

1.病因

猪场遮阴不良或无遮阴、通风不够好,缺水,猪群密度较大等。常见在炎热盛夏,商品猪运输途中猪过于拥挤时发生;或猪体虚弱、大量出汗、失水、失盐过多,引起神经失调而发生;另外体质弱、心脏机能、呼吸机能失调、皮肤出汗过多、饮水不足、缺喂食盐、猪耐热能力低,都容易导致此病的发生和发展。

2.病状

中暑的主要表现是:突然发病,精神沉郁,心跳加快,呼吸迫促,体温升高,眼结膜发红,口流白沫,触摸皮肤烫手,全身出汗,步行不稳,流涎呕吐;结膜充血或发绀,瞳孔初散大后缩小。严重的倒地抽搐痉挛、流涎,四肢做游泳状划动。如不及时治疗可在数小时内死亡。有些病猪犹如电击一般,突然晕倒,甚至在数分钟内死亡。剖检见鼻内流出血样泡沫,肺水肿,脑部高度充血或水肿。

3.诊断

根据病史和临床症状,结合气候和环境条件等,不难确诊。

4.防治

中暑病猪,病情紧急,发展迅速,及时确诊是采取正确救治措施的前提条件。把握高温闷热病因,抓住体温迅速升高、特高的特征,结合其他症状,可以迅速作出诊断,及时治疗。

(1)治疗:发现猪中暑,要立即将病猪置于阴凉通风处,用凉水喷洒猪体,给予清凉淡盐水饮服或用之反复灌肠进行药物降压;为减轻脑和肺部充血和改善循环,可以耳尖、尾尖剪毛消毒后,剪开放血100～300 mL。与此同时,灌服20 mL左右的藿香正气水或十滴水;若猪中暑较重，呈昏迷状态，应静脉注射5%葡萄糖盐水200～500 mL，维生素C 10～20 mL；肌肉注射安乃近10～20 mL。狂暴不安者，肌肉注射2.5%氯丙嗪2～4 mL；心衰昏迷者，肌肉注射10%安钠咖5～10 mL或10%樟脑磺酸钠10 mL。对中暑后还能饮食的病猪提供西瓜等青绿多汁饲料，对病的恢复有一定的帮助。

(2)预防

①饲养密度要适宜。进入炎热季节，要防止潮湿闷热和拥挤，猪群的饲养密度不能过大，尤其饲养的成年肥猪，一般夏季每头猪所占的面积要大于其他季节。猪舍保持通风良好。常用冷水喷洒猪体，中午让猪在阴凉处休息。

②采取遮阴办法。在猪场道路两旁、猪舍周围种植树木或藤蔓植物，也可搭遮阴网构成凉棚，使每头猪所占遮阴面积在1.5 m^2左右，并注意通风透气，确保空气对流。

③供给充足饮水。应提供充足的饮用水，让猪及时喝上清凉、清洁、卫生的水。

④炎热天气用车、船运猪时，应注意通风，要避免装载过多，造成挤压，做好防暑急救的准备工作，防止太阳直射，运输应安排在早晚进行，途中定时给猪喷淋凉水。

八、猪应激综合征

猪应激综合征(PSS)是猪遭受多种不良因素的刺激，引发的非特异性应激反应。多发生于封闭饲养或运输后待宰的猪，表现为死亡或屠宰后猪肉苍白、柔软和水分渗出，从而影响肉的品质。在国内外发病较多，给养猪业带来巨大的经济损失。

1.病因

多因受到饲养管理中某些不良环境因素的刺激时，产生应激反应以提高机体对内外环境的适应，比如驱赶、抓捕、车船运输、外界是气温过高、交配、惊吓、混群、猪群密度过大，咬斗、去势、外伤、注射疫苗，保定、烧伤、冻伤，各种毒物的中毒，环境突变，药物麻醉，药物治疗，噪声刺激等。此外，分娩、泌乳、生长发育，血压升高，维生素缺乏，饲养管理不善，失血，脱水，缺氧，异常运动等。

猪应激综合征(PSS)的发生还与遗传因素有关，常发生于瘦肉型、肌肉丰满、腿短股圆而身体结实的猪。易感猪较容易受惊，难以管教，常表现肌肉和尾部发抖。

2.症状

猪发生应激后，最初表现肌肉纤维颤动，尤其是尾部快速颤抖。进一步呈现不规则的呼吸及明显的呼吸困难，皮肤一会儿白一会儿红，体温迅速升高，皮肤、黏膜发绀，呈现酸中毒现象。最后导致虚脱，肌肉显著发硬和高热，在休克阶段中发生死亡。

在临床上，根据应激的性质、程度和持续时间，常见的有以下几种形式。

(1)猝死性(或突毙)应激综合征　多发生于运输、预防注射、配种、产仔等受强应激原的刺激时，并无任何临诊病征而突然死亡。死后病变不明显。

(2)恶性高热综合征　体温过高，皮肤潮红，有的呈现紫斑，黏膜发绀，全身颤抖，肌肉僵硬，呼吸困难，心搏过速，过速性心律不齐直至死亡。死后出现尸僵，尸体腐败比正常快；内脏呈现充血，心包积液，肺充血、水肿。此类型病征多发于拥挤和炎热的季节，此时，死亡更为严重。

(3)白猪肉型(即PSE猪肉)　病猪最初表现尾部快速的颤抖，全身强拘而伴有肌肉僵硬，皮肤出现形状不规则苍白区和红斑区，然后转为发绀。呼吸困难，甚至张口呼吸，体温升高，虚脱而死。死后很快尸僵，关节不能屈伸，剖检可见某些肌肉苍白、柔软、水分渗出的特点。死后45 min肌肉温度仍在40℃，pH低于6，而正常猪肉pH应高于6。

3. 诊断

据应激的病史、临诊表现、剖检所见做出诊断。但注意与其他可导致猝死的疾病相区别。

4. 防治

(1)治疗：首先用盐酸氯丙嗪注射液，1～3 mg/kg体重，肌肉注射，也可肌肉注射复方氯丙嗪，0.5～10 mg/kg体重。配合耳静脉注射5%碳酸氢钠溶液20～30 mL。也可注射安定、静松灵等药物。

(2)预防措施

①改善饲养管理。注意合理组群，不任意混群；保持猪舍内安静，防止噪声和骚扰；注意冬季防寒保温，夏季防暑降温，保持舍内温度均衡，防止骤升骤降；出栏前12～24 h内减食或不饲喂，可有效避免出栏过程中发生应激现象。

②保证饲料全价平衡。保证供给猪群全价饲料，不仅有足够的蛋白质和能量，还要有充足的维生素和微量元素。有关资料报道，维生素E和微量元素硒可提高猪的抗应激能力。

九、疝

腹腔内脏器官通过腹壁的天然孔或病理性裂口脱出称之为疝。疝分为可复性疝(疝内容物通过疝也可以纳入腹腔)及不可复性疝(疝内容物被疝孔嵌闭或疝囊粘连而不能纳入腹腔)。根据疝发生的部位，常可分为脐疝、腹股沟疝和腹壁疝。前两者多发，后者发生较少，常由外伤引起。

脐疝是腹腔内脏通过脐孔脱至皮下称为脐疝。腹股沟阴囊疝是腹腔内脏器官经腹股沟环脱出，进入阴囊称之为腹股沟阴囊疝，多发生于幼猪。

1. 病因

主要是生理性孔道闭锁不全或完全没有闭锁，或受外界钝性暴力作用，如冲撞、踢打等作用腹壁，使皮下的肌肉、腱膜等破裂，形成病理性孔道，当奔跑、捕捉、按压等情况下，腹压增高，腹腔脏器通过生理性或病理性的孔道进入皮下而发病。

2. 症状

脐疝多见于20 kg以下仔猪，脐部出现大小不等的圆形隆起，触摸柔软，无痛，无热。挤压疝囊或背卧位时，疝内容物可还纳。在该处可触摸到呈圆形的脐孔，当病猪挣扎或立起时，隆起又呈现。此种为可复性疝。少数病例疝内容物发生粘连或嵌闭，触诊囊壁紧张，压迫或改变体位不能还纳。若疝内容物为肠管则表现为腹痛不安、饮食废绝、呕吐，继发肠气臌死亡，此种为不可复性疝。腹股沟阴囊疝见阴囊部膨大，听诊可见肠管蠕动音，后肢提起或于推压时消失，但复原后又出现。

3. 治疗

(1)脐疝治疗：将肠管还纳腹腔，然后在脐部周围分点注射75%～95%酒精，每点1～2 mL，打上腹绷带。可使脐部周围发生炎性肿胀，结缔组织增生，将脐孔闭锁。手术治疗可将患猪术前停食半天以上，仰卧或半仰卧保定，局部剪毛消毒，1%普鲁卡因10～20 mL作浸润麻醉。切开疝囊，暴露疝内容物。如疝内容物无粘连，未嵌闭，则将之还纳腹腔；如发生粘连，应小心钝性剥离后还纳。疝环过小时，可扩大后再还纳。修整疝环，闭合疝孔，缝合腹壁。

(2)腹股沟阴囊疝治疗:手术整复,患猪倒提保定,局部剪毛消毒,切开阴囊后,还纳疝内容物,尽量于创口深部闭合腹股沟环,并力求多带一些环壁周围组织。

十、亚硝酸盐中毒

亚硝酸盐中毒又称“饱潲病”或“饱食瘟”,是猪摄入富含硝酸盐、亚硝酸盐过多的饲料或饮水,引起高铁血红蛋白症,导致组织缺氧的一种急性、亚急性中毒性疾病。临床上以突然发病,黏膜发绀,血液呈褐色,呼吸困难,胃肠炎等为特征。

1.病因

(1)饲料里的白菜、菠菜、甜菜、萝卜叶及一些牧草、野菜、作物幼苗等,都含有大量的硝酸盐,这些饲料如果用文火闷煮,或在温度为40～60℃时放置过久,或经日晒雨淋、霜冻变质、堆垛发热腐烂等,其中的硝酸盐在硝酸还原菌的作用下生成大量的亚硝酸盐,饲喂后则引起猪中毒。猪主要以食入已形成的亚硝酸盐而引起中毒。

(2)少数是因为胃肠疾病或胃酸不足,肠道中的细菌将硝酸盐还原为亚硝酸盐而中毒,即所谓“肠源性紫绀症”。在一般情况下,硝酸盐在胃肠道转化为亚硝酸盐的能力比较弱,但当猪的胃肠道机能紊乱,如患肠道寄生虫病或胃酸浓度降低时,可使胃肠道内的硝酸盐还原菌大量繁殖,此时若动物大量采食含硝酸盐的饲料,可使亚硝酸盐在肠内大量产生,吸收后引起中毒。

(3)饮水中硝酸盐含量高,也是造成亚硝酸盐中毒的原因。施氮肥地区的田水、污染的井水以及厩舍、厕所、垃圾堆附近的地面水,其硝酸盐可达1 700～300 mg/kg,有的甚至高达8 000～10 000 mg/kg,极易造成中毒。

(4)误食硝酸铵(钾)等化肥而中毒的。能致猪亚硝酸钠中毒的48～77 mg/kg,最小致死量为88 mg/kg;亚硝酸钾的最20 mg/kg。各种饲料中硝酸钾安全限度是其干物质的1.5%,饮水的硝酸钾安全限度为200 mg/kg。

2.症状

猪通常在采食后1 h左右突然发病。同群同饲的猪相继发病,且采食量大的猪发病最快,病情最严重。病猪突然不安,口吐白沫或呕吐,流涎,呼吸困难,可视黏膜发绀,呈蓝紫色乃至紫褐色。血液褐变,呈咖啡色或酱油色,血液凝固不良。耳、鼻、四肢以及全身厥冷,心跳急速,脉搏细数,体温正常或降低37～35℃,临死前兴奋不安,无目的地徘徊或作转圈运动,不久即昏迷倒地,四肢呈游泳状,最终因抽搐而死。整个病程不超过1 h。

3.病变

腹部多数膨胀,特征性病变是口鼻、眼结膜发绀,血液呈酱油色,暴露于空气中经久仍不转成鲜红色凝固不良。各脏器血管淤血,胃肠道有不同程度的充血、出血,黏膜易脱落,肠系膜淋巴结轻度出血。肾脏呈暗红色,肺脏充血,气管和支气管黏膜充血、出血,管腔内充满带红色的泡沫液体,心外膜、心肌有出血斑点。

4.诊断

可根据黏膜发绀,血液颜色呈酱油色,呼吸困难等主要临床症状及病理变化、发病史、饲喂了含有亚硝酸盐饲料、群发性发病以及表现等作出初步诊断。确诊可采取饲料、饮水、胃内容物、呕吐物等进行亚硝酸盐含量的测定。

5.预防

改善青绿饲料的蒸煮和存放过程。使用青绿饲料喂猪时,最好新鲜生喂,这样既保留了饲料的营养成分,又不易使猪发生中毒。如需蒸煮时,应加足火力,敞开锅盖,迅速煮熟并不断搅动,不要闷在锅内过夜。

青绿饲料应摊开存放,以免腐烂发酵而产生亚硝酸盐。接近收割的青绿饲料作物,不应再施硝酸铵等化肥,以免增高其中的硝酸盐或亚硝酸盐的含量。不喂腐烂变质的青绿饲料。不用含有亚硝酸盐的废水喂猪。

6. 治疗

特效解毒药为美蓝和甲苯胺蓝。

症状严重者,尽快剪耳、断尾,放血 100～300 mL 美蓝溶液(取美蓝溶于纯酒精中,再加灭菌生理盐水 90 mL),每千克体重 0.1～0.2 mL 静脉注射。若同时配合注射维生素 C 及高渗葡萄糖注射液 300～500 mL 静脉注射,效果更好。

甲苯胺蓝还原高铁血红蛋白的速度比美蓝快 37%。5% 的甲苯胺蓝溶液按每千克体重 0.5 mL 静脉或肌肉注射,亦可腹腔注射。

对症治疗:对呼吸困难、喘息不止的病猪可注射尼可刹米、山根菜碱等呼吸兴奋剂;对心脏衰弱者可注射强尔心、安钠咖等强心剂;对严重溶血者,可放血后输液或静脉注射肾上腺皮质激素,同时给予碳酸氢钠等药物,使尿液碱化,以防止血红蛋白在肾小管内凝集。

十一、食盐中毒

猪食盐中毒是由于采食过量含盐饲料,日粮内添加食盐过多或搅拌不匀等,尤其是在饮水不足的情况下,发生的中毒性疾病。本病主要病理变化是消化道炎症和脑组织水肿、坏死,伴有脑膜脑实质的嗜酸性粒细胞浸润(特称嗜酸性粒细胞脑膜脑炎)。主要临床特征是神经症状和消化功能紊乱。

食盐中毒,实质上就是钠中毒,因此,近年来多倾向于统称"钠盐中毒"。仔猪对钠盐特别敏感,通常中毒量为每千克体重 1.0～2.2 g,致死量每千克体重为 150～250 g。

1. 病因

猪食盐中毒是由于采食含盐较多的饲料或饮水,如饲喂含盐分较高的酱渣、咸菜、咸鱼粉、泔水、饭店残羹腌菜水和卤咸鱼水等;配料疏忽,误投过量食盐或对大块结晶盐未经粉碎或充分拌匀;投喂较多的乳酸钠、碳酸钠、硫酸钠等钠盐。

2. 症状

猪急性食盐中毒主要表现神经系统症状。病猪口黏膜潮红,磨牙,呼吸加快,流涎,从最初的过敏或兴奋很快转化为对刺激反应迟钝,视觉和听觉障碍,盲目徘徊,不避障碍,转圈等,但体温正常。病程后期全身衰弱,肌肉震颤,严重时呈间歇性癫痫样痉挛发作,角弓反张,有时呈犬坐姿势,甚至仰翻倒地不能起立,四肢侧向划动,最后在阵发性惊厥、昏迷中因呼吸衰竭而死亡。

猪慢性食盐中毒表现便秘、口渴或皮肤瘙痒等症状,其后突然大量饮水后,引起脑组织和全身组织急性水肿,表现出与急性中毒相似的神经症状。病程短的数小时,长的可延长为 3～4 天。

3. 病变

食盐中毒一般表现为胃肠黏膜充血、出血,以胃底部最为严重,有的胃黏膜可见溃疡。实质器官充血或出血,肝肿大、质脆,肠系膜淋巴结充血、出血,心内膜有出血点。脑脊髓各部分可能有程度不同的充血、出血。尤以急性病例的软脑膜和大脑实质最为明显，以至脑回展平和发水样光泽。

4. 诊断

根据病史、神经症状及病理剖检等可作出初步诊断。

5. 预防

控制日粮中添加的食盐量（占总量 0.25％～0.5％的食盐），防止添加过量。限量使用咸菜水喂猪。饲喂含盐分较高的饲料时，应严格控制用量，同时给以充足的饮水。

6. 治疗

食盐中毒尚无特效解毒药。主要采取利尿排钠、双价离子等渗溶液输液（以恢复阴阳离子平衡）及对症治疗。

（1）应用钙制剂：病猪可用 5％氯化钙明胶溶液（氯化钙 10 g，溶于 10％明胶 200 mL 中），以 20.2 mL/kg 的剂量分点皮下注射。每点注射量不得超过 50 mL，以免引起组织坏死。

（2）利尿排钠：可用双氢克尿噻，以 0.5 mg/kg 体重 0.5 mg 内服。

（3）解痉镇静用 5％ 溴化钾、25％硫酸镁溶液静脉注射。

（4）缓解脑水肿、降低颅内压用 25％山梨醇或甘露醇静脉注射；也可用 25％～50％高渗葡萄糖溶液进行静脉或腹腔注射。

十二、棉籽饼中毒

棉籽饼中毒是指猪因过量或长期连续饲喂未经脱毒处理的棉籽饼，导致棉酚在体内蓄积，引起猪的实质细胞损伤的一种病。其实质是棉酚中毒。

1. 病因

（1）棉籽或棉籽油、饼的榨取物中有多种棉酚色素或衍生物，包括棉酚、棉紫素和棉绿素等。棉籽饼中棉酚的含量因棉籽加工方式不同而异。

（2）日粮中维生素和矿物质（尤其是维生素 A 及铁和钙）缺乏以及其他过度刺激均可促使中毒发生或使病情加重。

（3）妊娠母畜和幼畜对棉酚比较敏感，幼畜也可能因哺乳而摄入棉酚，发生中毒。

2. 症状

棉籽饼中毒的共同症状是食欲下降和体重减少。棉酚的急性毒性相对很小，中毒多呈慢性经过。棉酚对非反刍动物的生理作用是累积性的。棉籽饼中棉酚的含量越高，采食时间越长，中毒的可能性就越大，中毒后的症状表现就越严重。猪中毒时心跳剧烈，呼吸困难，虚弱，消瘦，腹泻，毛变色以及夜盲等。血液血红蛋，血细胞比容下降。猪棉籽饼中毒时，精神沉郁，低头，拱腰，后肢软弱，走路摇晃，喜卧于阴湿凉爽之处，呼吸迫促。犊牛中毒时表现食欲反常，腹泻和呼吸困难以及视力障碍。小公牛还可出现尿结石。

3. 病理变化

体腔积液，胃肠出血性炎症。许多器官弥漫性充血和水肿，肾脏发生脂肪变性，脾萎缩，肺充血和水肿。心肌松弛、肿胀，心内外膜有出血。肝脏脂肪变性、胆囊肿大，并有出血点。蛋鸡中毒表现为蛋变小，蛋黄变色（茶青色），孵化率降低。剖检可见胆囊和胰增大，肝脏变色，其中有许多空泡和泡沫状间隙，肝、脾和肠黏膜上有蜡质样色素沉积。

4. 诊断

根据吃棉籽饼(皮)、棉叶的病史,胃肠炎、视力障碍、排红褐色尿液等临床症状及相应的病理学变化,可作出诊断。

5. 治疗

目前还无好的治疗方法,主要采用消除致病因素、加速毒物的排除及对症疗法。

(1)停止饲喂棉籽饼(皮)和棉叶。

(2)急性中毒:0.01%高锰酸钾溶液,连续饮水4～5天。1.5%葡萄糖溶液、速补-14或维康安保强等,饮水4～5天。

6. 预防

(1)限制喂量:每天不得超过0.5 kg,怀孕母畜和幼畜最好不要喂。

(2)加热减毒处理:榨油时最好能经过炒、蒸,使游离的棉酚转变为结合的棉酚。生棉籽皮炒了再喂,棉渣必须加热蒸煮1 h后再喂;发酵过的棉叶用清水洗净,再用5%的石灰水浸泡10 h,软化解毒后再喂猪。

(3)加铁去毒:铁与棉酚结合成不被家畜吸收的复合物,使棉酚的吸收量大大减少。用0.1%～0.2%硫酸亚铁溶液浸泡棉籽饼,可使棉酚的破坏率达80%以上。给喂棉籽饼的家畜同时喂硫酸亚铁,铁与棉酚(游离)之比为1∶1;但需注意应使铁与棉籽饼充分混合接触。猪饲料中的铁含量不得超过500 mg/kg。

(4)增加日粮中蛋白质、维生素、矿物质和青绿饲料:饲料中蛋白质含量越低,中毒率越高。饲料里增加维生素(主要是胡萝卜素)、矿物质(主要是钙和食盐)、青绿饲料对预防棉籽饼中毒都有很好的作用。

十三、黄曲霉中毒

黄曲霉毒素中毒是由于采食被黄曲霉等特定真菌所产生的代谢产物即黄曲霉毒素污染的饲料而引起的一种危害极大的中毒病。主要破坏肝脏、血管和中枢神经,病畜表现全身出血、消化障碍和神经症状等。各种动物均可发生,人也可发病,是一种严重的人畜共患病。

1. 病因

黄曲霉和寄生曲霉等广泛存在于自然界中,主要污染玉米、花生、豆类、麦类、秸秆等。在其中产生毒素,从而使一般谷物及其副产品发霉变质。猪采食了这些发霉变质的饲料就会中毒。黄曲霉菌最适宜在温度24～30℃的条件下繁殖,在谷物和粮油加工副产品中,若含水分达20%～30%,繁殖最快。黄曲霉菌是玉米中的主要霉菌之一。当玉米含水量为16.2%～24.4%时作常温贮藏,黄曲霉菌是最主要的霉菌。

2. 症状

急性型发生于2～4月龄的仔猪,尤其食欲旺盛、体质健壮的猪发病率较高。多数在临床症状出现前突然死亡。

亚急性型体温升高1～1.5℃或接近正常,精神沉郁,食欲减退或丧失,口渴,粪便干硬呈球状,表面覆盖黏液和血液。可视黏膜苍白,后期黄染。后肢无力,步态不稳,间歇性抽搐。严重者卧地不起常在2～3天死亡。

慢性型多发于育成猪和成年猪,病猪精神沉郁,食欲减退,皮肤出现紫斑,随着病情的发展,病猪出现精神症状。

3. 病理变化

急性病例主要病变为贫血和出血。全身黏膜、浆膜、皮下和肌肉出血；肾、胃弥漫性出血，肠黏膜出血、水肿，肝脏肿大，脾脏出血。慢性病变主要表现肝硬变，黄色脂肪变性及胸腹腔积液，有时结肠浆膜胶样浸润；肾脏常呈苍白、肿胀；淋巴结充血、肿胀。

4. 预防

(1)健康猪吃少量轻微发霉玉米，少见病变；但患有萎缩性鼻炎或其他病症的猪并发中毒，则治愈率低。

(2)黄曲霉毒素中毒主要是损害肝脏，因此中毒猪即使治愈，其后期生长缓慢。建议体弱病重的小仔猪应该淘汰。

(3)中毒前期采用抗生素、阿托品无效，但用绿豆、甘草加糖有解毒作用。

5. 治疗

目前尚无有效解毒剂，只能采用对症疗法，大猪用25%的葡萄糖连续3～4天静脉推注，或直接用葡萄糖＋维生素C滴注。绿豆50 g，甘草20 g，煎水，放入水槽内让猪自饮，同时用白糖拌料，每头20 g，1天2次，连续7～10天，有一定的辅助作用。

十四、有机磷中毒

猪有机磷农药中毒是由于猪接触、吸入或误食某种有机磷农药所致，以体内胆碱酯酶活性受抑制，出现神经机能紊乱为特征。病因是猪采食了喷洒过农药的青绿饲料，误食或接触农药。有机磷农药种类较多，引起家畜中毒的含硫磷酸酯的甲拌磷(3911)、对硫磷(1605)、内吸磷(1059)等；强毒类有敌敌畏、甲基内吸磷、乐果等；低毒类有敌百虫、马拉硫磷等。

1. 病因

(1)误食或偷食有机磷洒过的饲料或青料及农作物。

(2)用有机磷药物治疗内、外寄生虫病，内服过量或涂布体表太多而中毒。

(3)误食用有机磷浸泡的种子。

(4)饮用了被有机磷污染的水、饲料等。

(5)人为破坏性投毒、用有机磷制剂喷洒圈舍或体表。

2. 临床症状

最急性在数分钟内死亡。一般在采食后约0.5 h出现症状，先兴奋后精神沉郁，食欲不振，肌肉颤抖或痉挛，伸舌，眼球震颤。全身无力，角弓反张。全身表现体温升高，张口呼吸，出汗。中毒较严重的出现流涎，呕吐，口吐白沫，呼吸困难，瞳孔缩小，肌肉抽搐，昏迷，粪尿失禁，1～3天内死亡。

3. 病理变化

肝充血，局灶性肝细胞坏死，胆汁淤积，脑水肿，充血，肺水肿，气管及支气管内有大量泡沫样液体，肺胸膜有点状出血。心外膜下出血，心内膜有不整形白斑，心肌断裂、水肿。胃肠黏膜弥漫性出血，胃黏膜易脱落，胃肠内容物有蒜臭味、韭菜味、胡椒味。肠系膜淋巴结肿胀、出血。肾混浊肿胀，被膜不易剥离。

4. 诊断

根据使用和接触有机磷制剂经过和临床表现、病理变化等可做出初步诊断；用阿托品、解磷定、氯磷定、双复磷等药试验性治疗有效，则可做出确诊。在必要时采集病料可进行试验室检验作毒物分析。

5.防治

(1)治疗。发病后立即使用特效解毒剂，尽快除去尚未吸收的毒物，同时配合必要的对症治疗。

①尽快除去毒物立即离开有毒环境，及时移到空气新鲜处，如经皮肤中毒，可用肥皂和水洗涤(敌百虫中毒忌用肥皂水洗)，经消化道中毒而未完全吸收者，用1%～2%苏打水或食盐水等洗胃，并催吐、灌肠等去除毒物。

②特效解毒剂 应用胆碱酯酶复活剂(解磷定、氯磷定、双解磷、双复磷)和乙酰胆碱对抗剂(硫酸阿托品)双管齐下，疗效确实。

③对症治疗 当病猪兴奋不安，痉挛抽搐时可用巴比妥；当病猪腹泻时，注射葡萄糖和复方氯化钠、维生素C和防止继发感染的消炎药；为了维护心脏功能，可用安钠咖或尼可刹米等。

(2)预防。严格管理农药，防止猪误食，保证饲料、饮水不被农药污染。刚喷洒过农药的青绿饲料不能喂猪。用含有有机磷的药物给猪驱虫时一定要控制剂量。

十五、磷化锌中毒

1.概述

猪磷化锌中毒是由于猪误食含磷化锌的灭鼠药，或采食了被磷化锌污染的饲料所致。磷化锌是速效的灭鼠药或熏蒸杀虫剂，纯品为黑色或灰黄色粉末，有类似大蒜的气味，不溶于水，能溶于酸、碱和油。磷化锌在胃内酸性环境下产生剧毒的磷化氢和氯化锌。磷化氢分布于肝、心、肾和骨骼肌，抑制组织细胞色素氧化酶，影响细胞内代谢，造成细胞内窒息，肝脏和血管受到损害，引起全身泛发性出血。中枢神经系统受损害，出现痉挛、昏迷等。

2.症状

病初食欲显著减退，继而发生呕吐和腹痛，其呕吐物有蒜臭味，在暗处有磷光。同时有腹泻，粪中混有血液，在暗处也见发磷光；患病动物迅速衰弱，脉数减少而节律不齐，黏膜呈黄色，尿色也带黄色，并出现蛋白尿、红细胞和尿管型，粪便带灰黄色，体温下降到35～36℃，末期可能陷于昏迷。

3.病变

切开胃散发带有蒜味的特异臭气。将其内容物移置在暗处时，可见有磷光。尸体的静脉扩张，泛发性的微血管损害。胃肠道充血，出血，肠黏膜脱落。肝、肾淤血，混浊肿胀。肺间质水肿，气管内充满泡沫状液体。

4.诊断

根据病史、临诊症状、剖检变化可做出诊断。确诊需采取呕吐物、胃内容物或可疑饲草、饮水进行磷化锌检验。胃内容物中检出磷化锌，可以确诊。

5.防治

(1)预防：加强对灭鼠药的保管和使用，杜绝敞露、散失等一切漏误事故。凡制订和实施灭鼠计划时，均需在设法提高对鼠类的杀灭功效的同时，确保人和动物的安全。

(2)治疗：用5%碳酸氢钠溶液洗胃，从而阻止磷化锌转化为磷化氢；或用0.5%～1%硫酸铜灌服，使磷化锌形成不溶性磷酸铜，同时具有催吐作用；或灌服 0.1%～0.5%的高锰酸钾溶液，使磷化锌氧化成磷酸酐失去毒性。口服硫酸钠导泻(禁用油类泻剂)，采取强心、利尿、补糖等支持疗法。

◈思考题

1.影响预防接种效果的因素有哪些？

2.请谈谈现代化养猪场的疫病防制有哪些措施？

3.猪瘟的症状、病变有哪些特点？如何预防和扑灭猪瘟？目前猪瘟发生了什么样变化？

4.猪丹毒、猪肺疫、仔猪副伤寒和猪瘟鉴别、诊断要点。

5.引起仔猪腹泻的传染病有哪些？各自的流行特点和主要的病理变化。

6.如何区分猪支原体肺炎和其他常见呼吸道传染病？

7.在规模化猪场中，主要存在哪些繁殖障碍性传染病，请你谈谈它们的特点和防治方法。

8.猪的肠道寄生虫最常见的有几种？应采取什么预防措施和治疗方法？

9.猪疥螨的治疗方法？

10.旋毛虫病、弓形虫病的流行特征及防治策略？

11.猪应激综合征的发病原因及主要表现。

12. 猪中毒病的一般诊断措施有哪些？一般治疗措施有哪些？

参考文献

[1] 王爱国.现代实用养猪技术.北京:中国农业出版社,2006.

[2] 阿尔伯特.养猪生产.刘海良主译.北京:中国农业出版社,2002.

[3] 张文灿.国外畜禽生产新技术.北京:中国农业出版社,2002.

[4] [英]N. G. Gregory.动物福利与肉类生产.顾宪红,时建忠主译.北京:中国农业出版社,2008.

[5] 赵书广.中国养猪大成.北京:中国农业出版社,2000.

[6] 岳文斌,张建红.动物繁殖及营养调控.北京:中国农业出版社,2004.

[7] 王凯军.畜禽养殖污染防治技术与政策.北京:化学工业出版社,2004.

[8] 赵兴绪.猪的繁殖调控.北京:中国农业出版社,2007.

[9] 王林云.养猪词典.北京:中国农业出版社,2004.

[10] 李立山,张周.养猪与猪病防治.北京:中国农业出版社,2006.

[11] 徐相亭,秦豪荣,张长兴.动物繁殖技术.北京:中国农业大学出版社,2011.

[12] 刘作华.猪规模化健康养殖关键技术.北京:中国农业大学出版社,2008.

[13] 杨公社.绿色养猪新技术.北京:中国农业大学出版社,2004.

[14] 姜延志,李学伟.全球生猪市场形势分析与前景预测.中国畜牧杂志,2012(2).

[15] 邢军.养猪与猪病防治.北京:中国农业大学出版社,2012.

[16] 戴益刚,万勇林.母猪营养与繁殖关系研究进展.江西畜牧兽医,2005(3).

[17] 黄薇,徐顺来.中国养猪业的现状与发展方向.畜禽业,2011(9).